수학 리더 연산 1-B

차례

이 책의 구성과 특징

이번에 배울 내용을 알아볼까요?

공부할 내용을 만화로 재미있게 확인할 수 있습니다.

기초 계산 연습

계산 원리와 방법을 한눈에
익힐 수 있고 계산 반복 훈련으로
확실하게 익힐 수 있습니다.

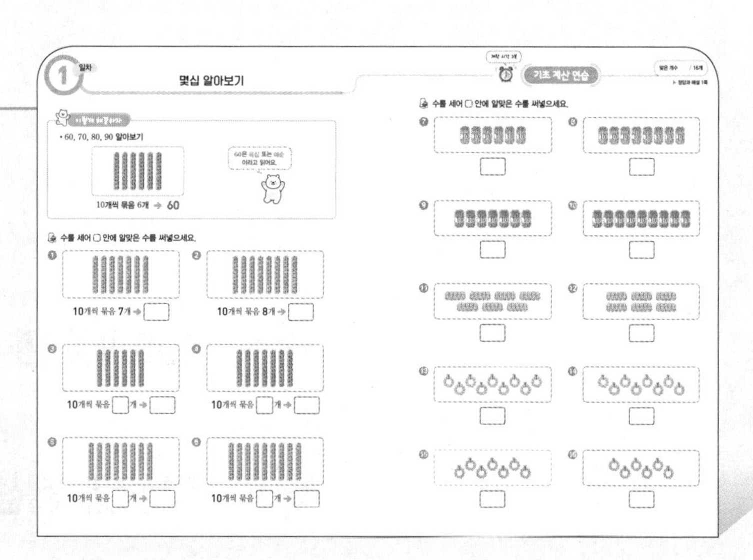

플러스 계산 연습

다양한 형태의 계산 문제를 반복하여
완벽하게 익힐 수 있습니다.

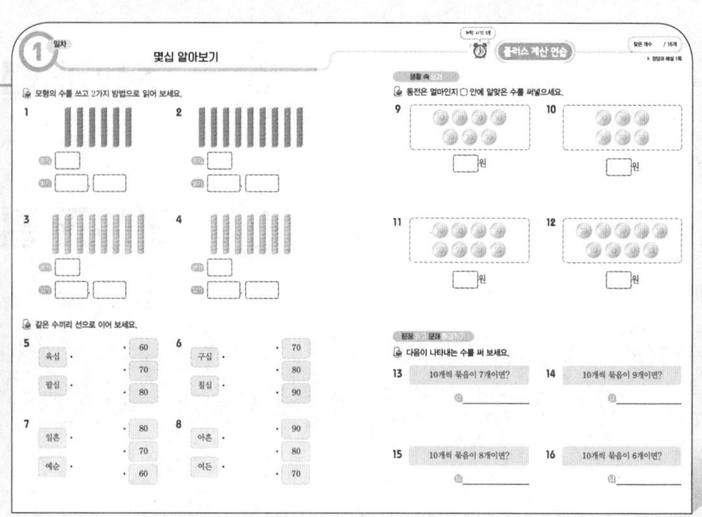

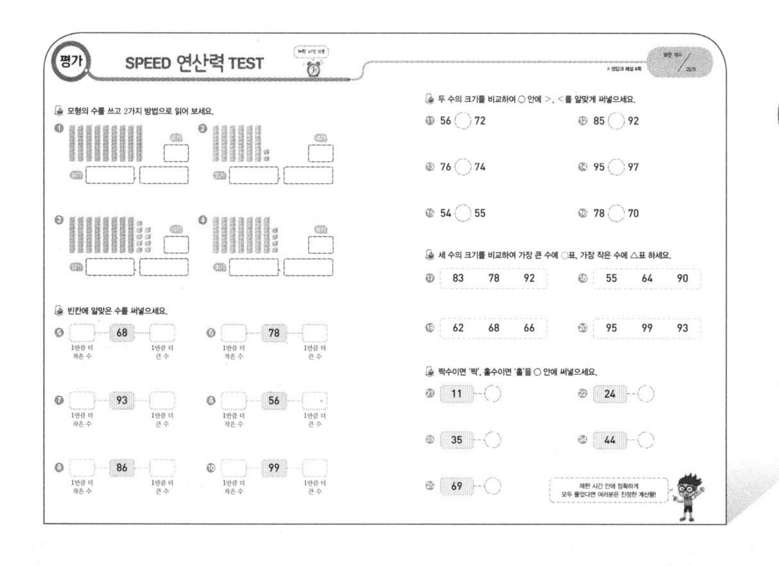

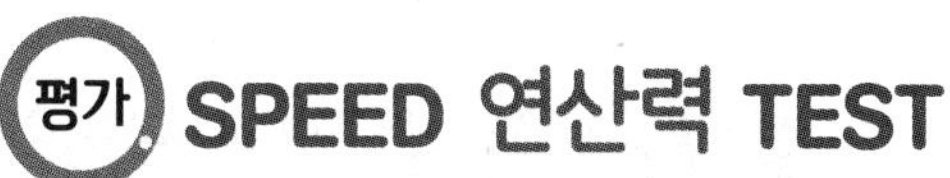

평가 SPEED 연산력 TEST

배운 내용을 테스트로 마무리 할 수 있습니다.

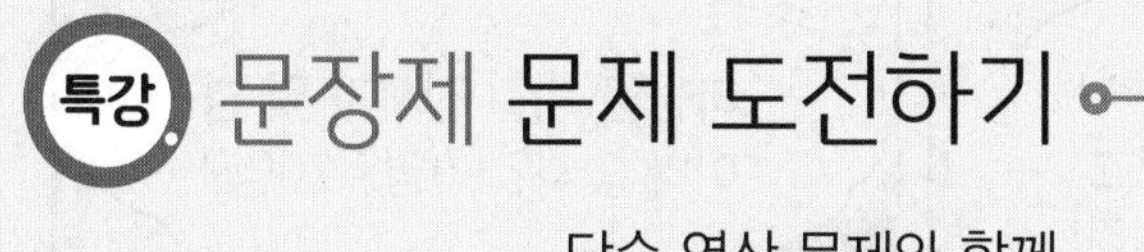

특강 문장제 문제 도전하기

단순 연산 문제와 함께
문장제 문제도 연습할 수
있습니다.

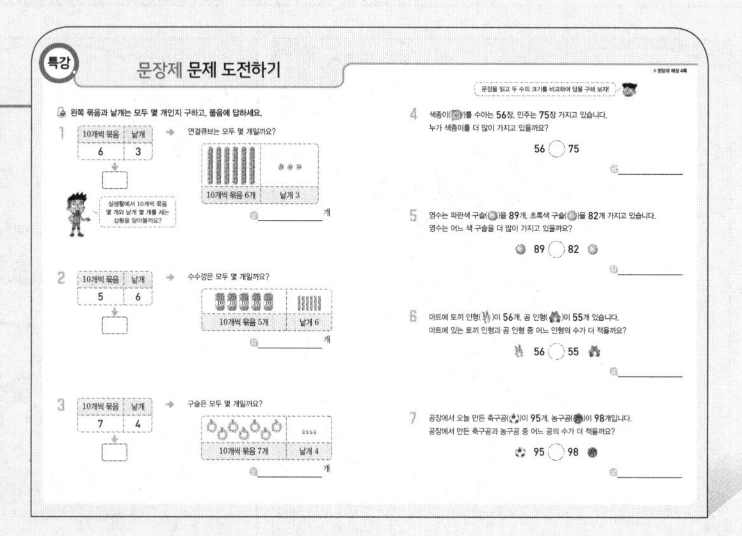

특강 창의·융합·코딩·도전하기

요즘 수학 문제인 창의·융합·코딩
문제를 수록하였습니다.

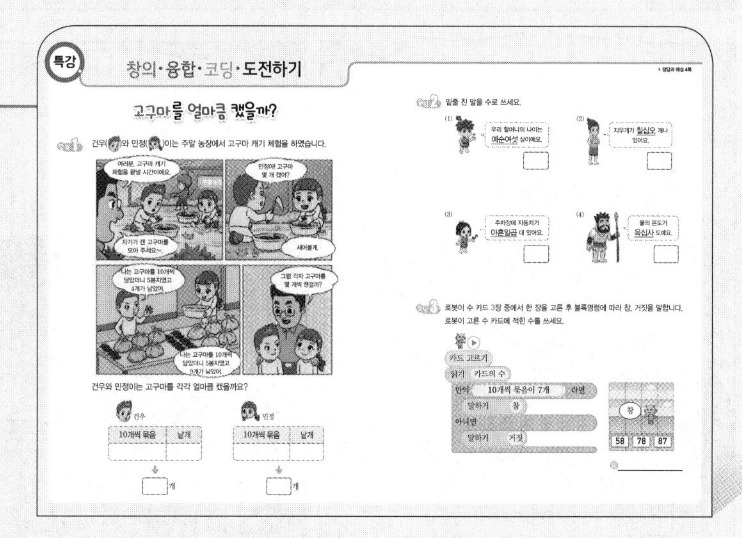

100까지의 수

실생활에서 알아보는 재미있는 수학 이야기

이번에 배울 내용을 알아볼까요?

1일차 몇십 알아보기
2일차 99까지의 수 알아보기
3일차 1만큼 더 작은 수, 1만큼 더 큰 수
4일차 수의 순서
5일차 두 수의 크기 비교하기
6일차 세 수의 크기 비교하기
7일차 짝수, 홀수 알아보기

몇십 알아보기

이렇게 해결하자

• 60, 70, 80, 90 알아보기

10개씩 묶음 6개 → 60

60은 육십 또는 예순 이라고 읽어요.

수를 세어 ▢ 안에 알맞은 수를 써넣으세요.

❶ 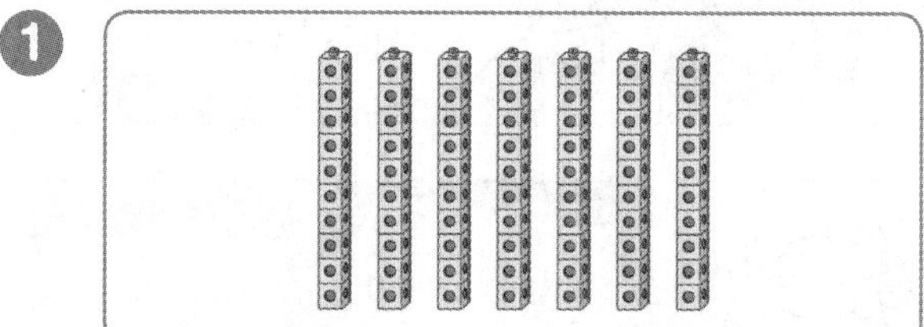

10개씩 묶음 7개 → ▢

❷ 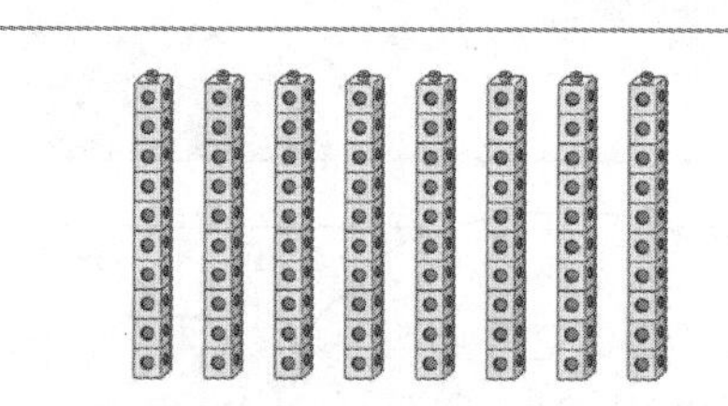

10개씩 묶음 8개 → ▢

❸ 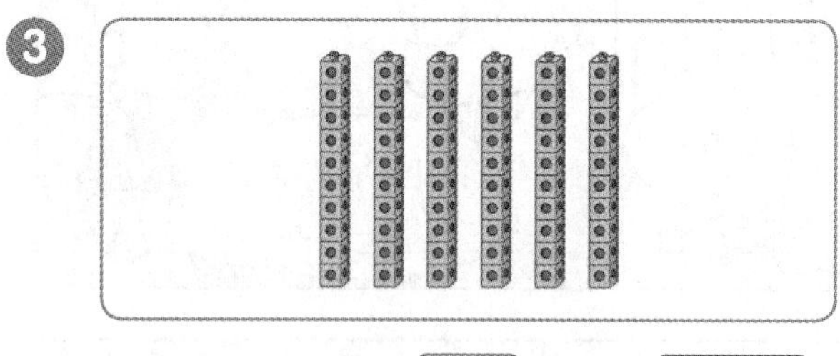

10개씩 묶음 ▢개 → ▢

❹ 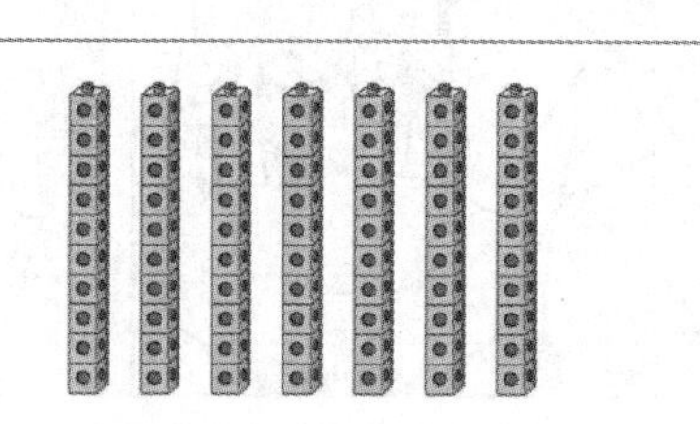

10개씩 묶음 ▢개 → ▢

❺ 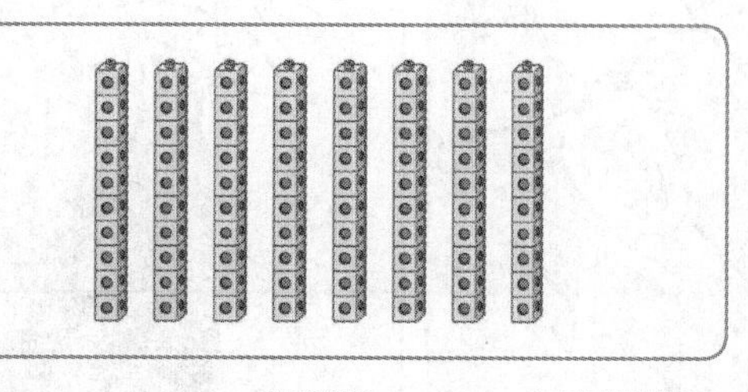

10개씩 묶음 ▢개 → ▢

❻ 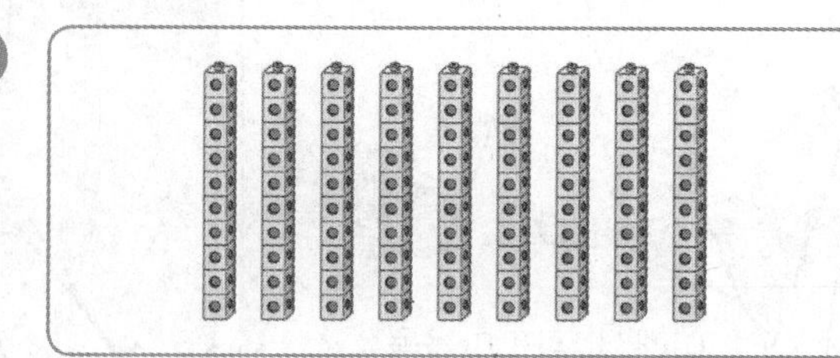

10개씩 묶음 ▢개 → ▢

기초 계산 연습

맞은 개수 / 16개

▶ 정답과 해설 1쪽

수를 세어 ▢ 안에 알맞은 수를 써넣으세요.

7
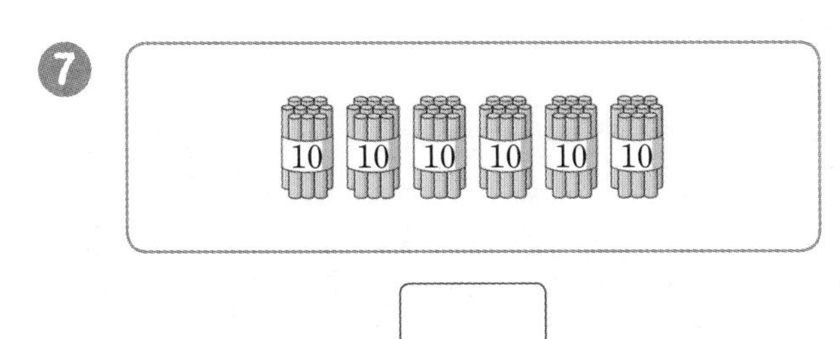

8
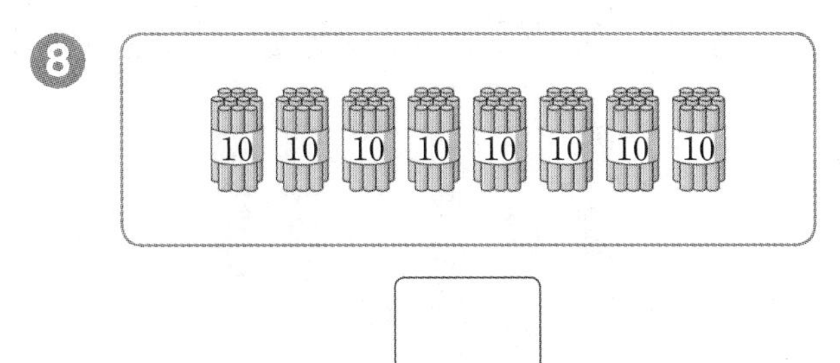

9
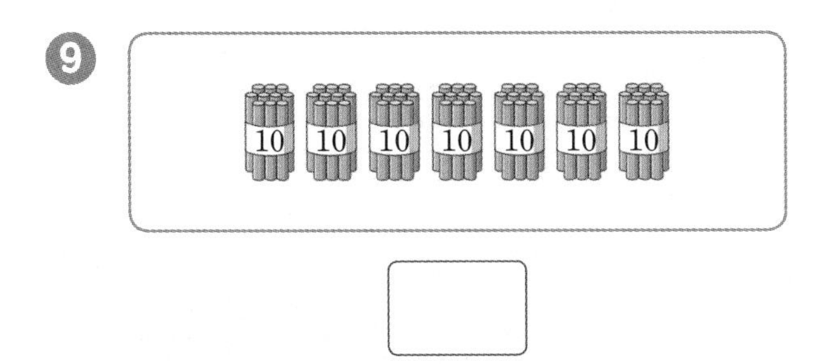

10
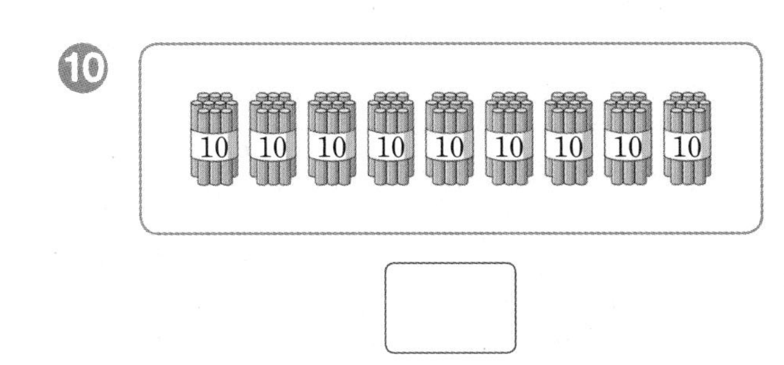

11
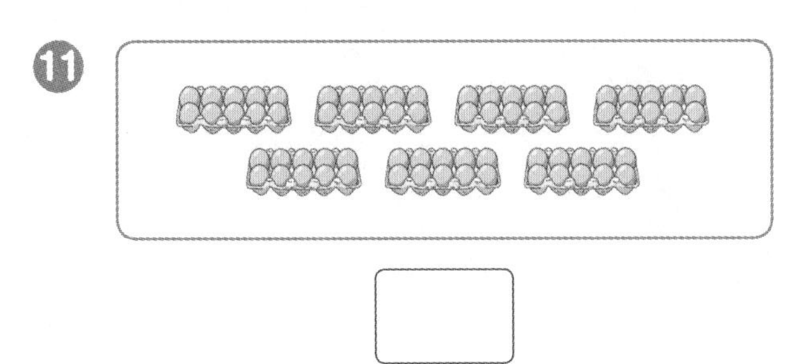

12
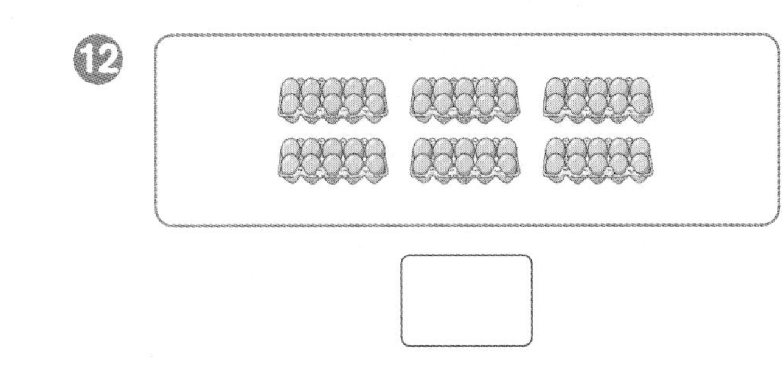

13
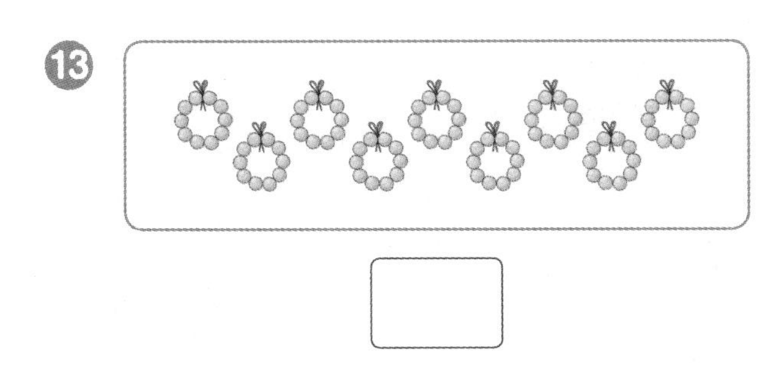

14
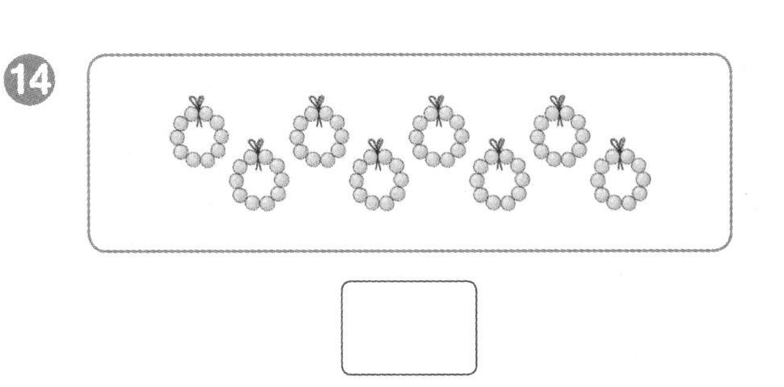

15
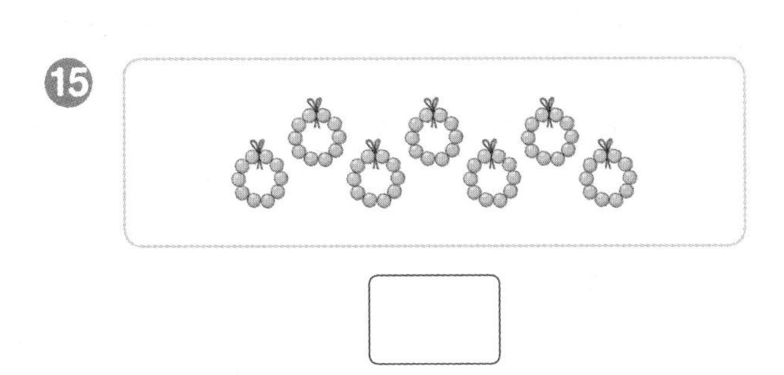

16
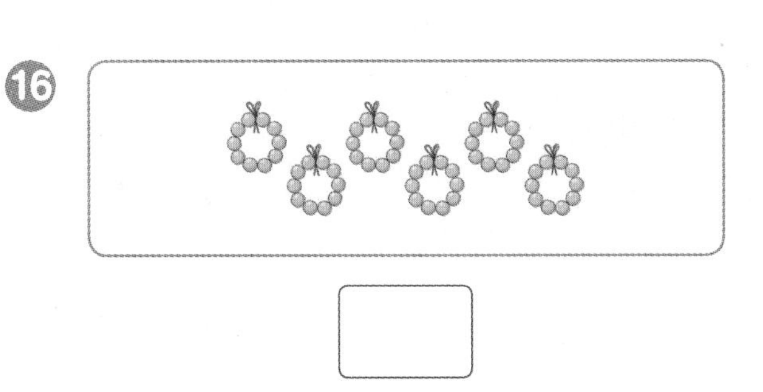

1 일차

몇십 알아보기

모형의 수를 쓰고 2가지 방법으로 읽어 보세요.

1

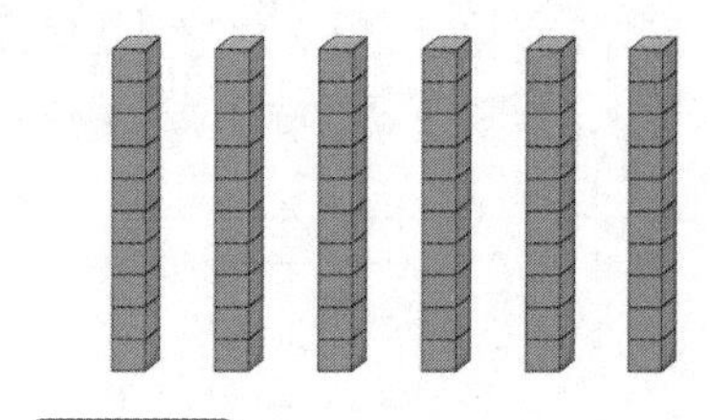

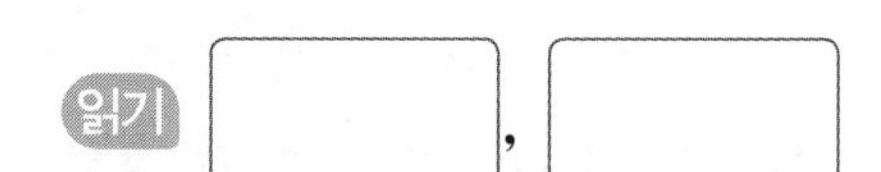

쓰기

읽기 ,

2

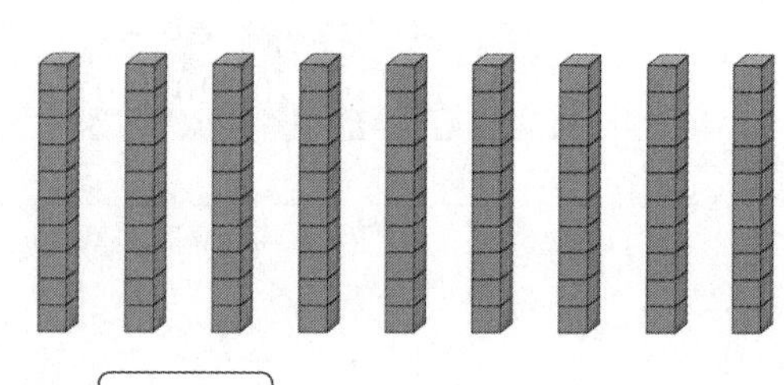

쓰기

읽기 ,

3

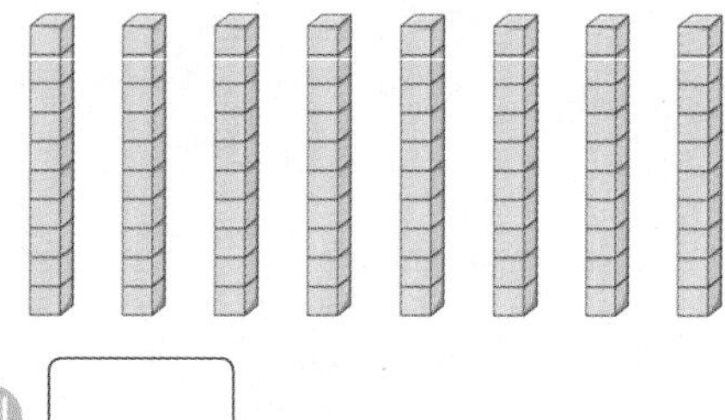

쓰기

읽기 ,

4

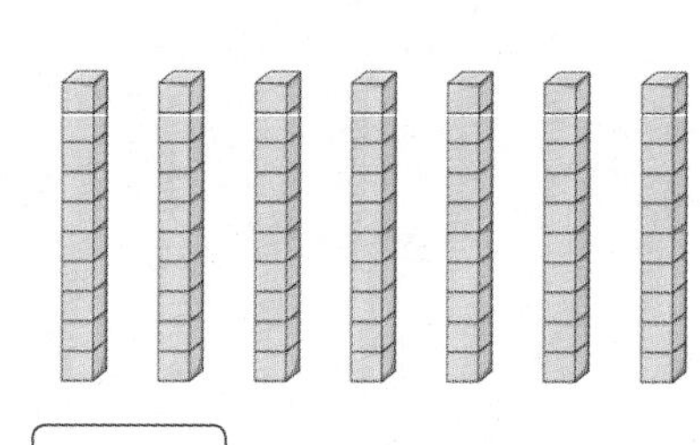

쓰기

읽기 ,

같은 수끼리 선으로 이어 보세요.

5

60 · 70 · 80

6

70 · 80 · 90

7

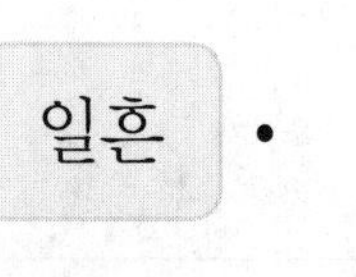

80 · 70 · 60

8

아흔 · 여든

90 · 80 · 70

제한 시간 5분

플러스 계산 연습

맞은 개수 / 16개

▶ 정답과 해설 1쪽

생활 속 문제

동전은 얼마인지 ▢ 안에 알맞은 수를 써넣으세요.

9

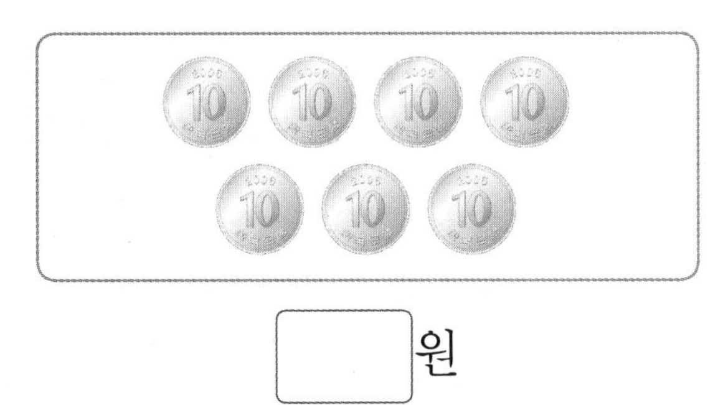

▢원

10

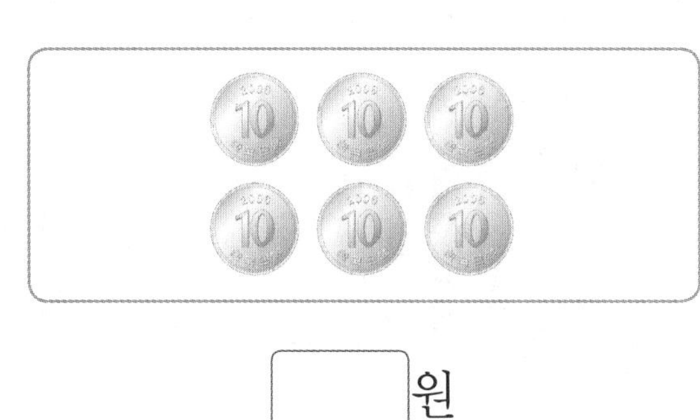

▢원

11

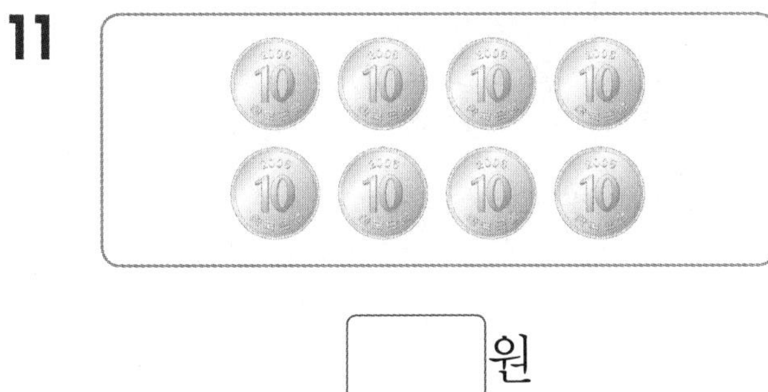

▢원

12

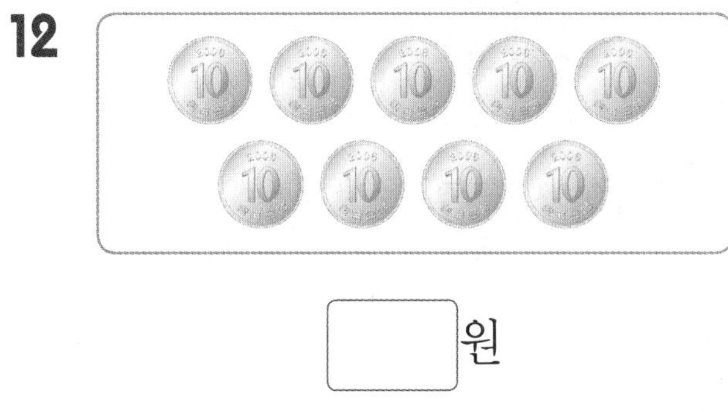

▢원

문장 읽고 문제 해결하기

다음이 나타내는 수를 써 보세요.

13 10개씩 묶음이 7개이면?

답 ____________

14 10개씩 묶음이 9개이면?

답 ____________

15 10개씩 묶음이 8개이면?

 ____________

16 10개씩 묶음이 6개이면?

답 ____________

99까지의 수 알아보기

이렇게 해결하자

• 64 알아보기

10개씩 묶음	낱개
6	4

→ 64

수를 세어 빈칸에 써넣고, □ 안에 알맞은 수를 써넣으세요.

❶

10개씩 묶음	낱개

→ □

❷

10개씩 묶음	낱개

→ □

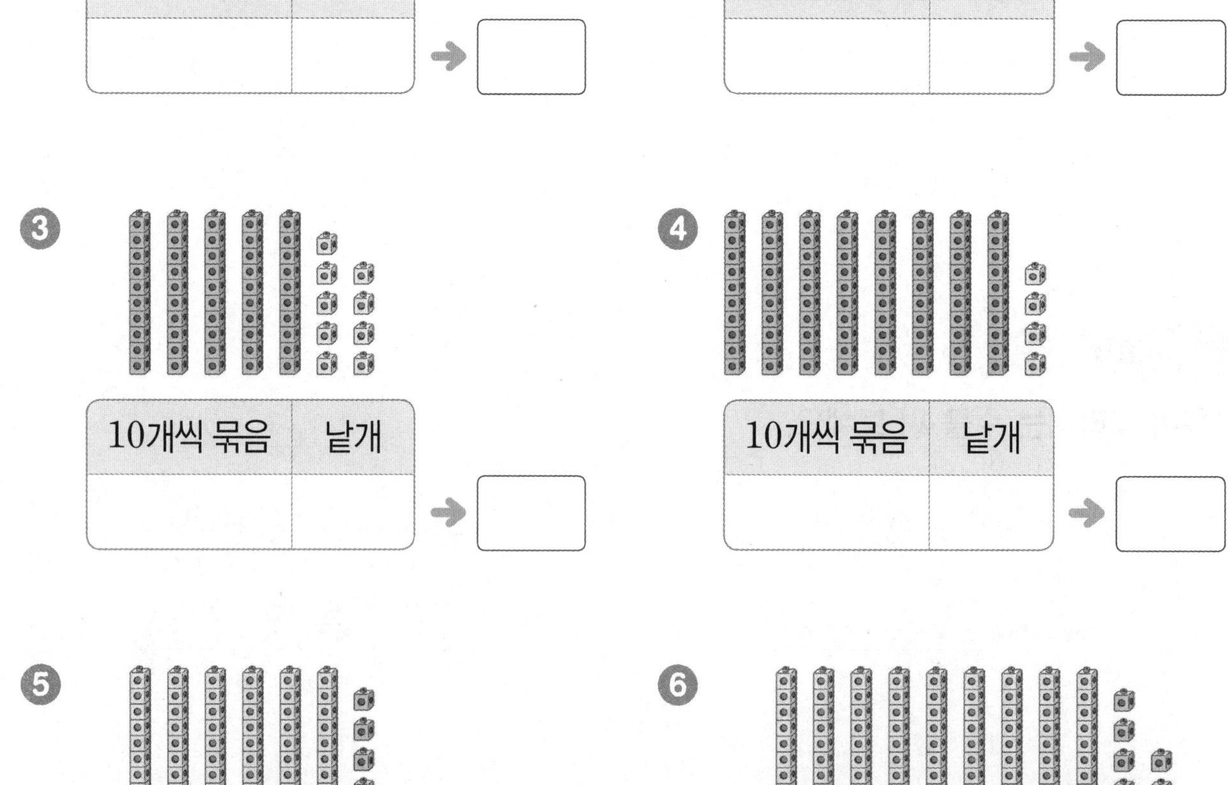

❸

10개씩 묶음	낱개

→ □

❹

10개씩 묶음	낱개

→ □

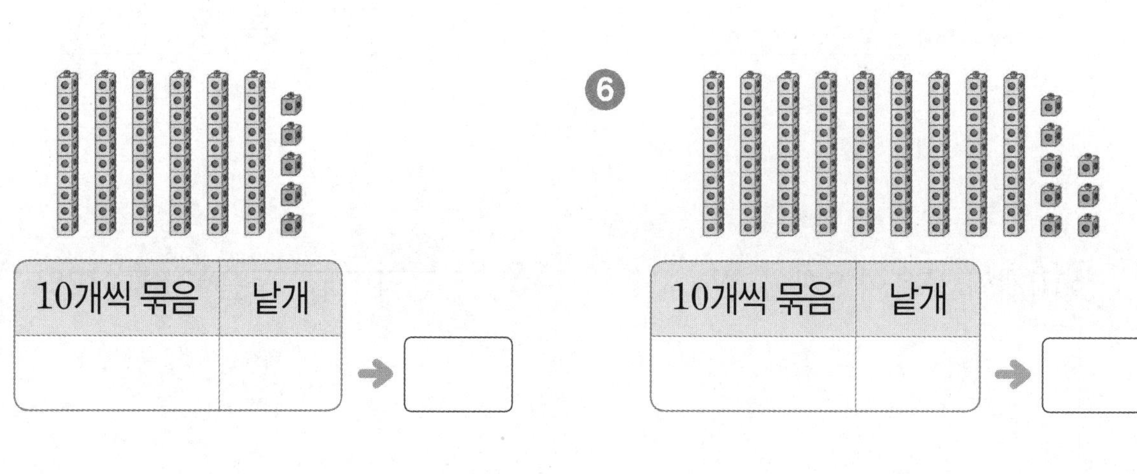

❺

10개씩 묶음	낱개

→ □

❻

10개씩 묶음	낱개

→ □

기초 계산 연습

맞은 개수 / 18개

▶ 정답과 해설 1쪽

□ 안에 알맞은 수를 써넣으세요.

7

10개씩 묶음	낱개
7	1

→ □

8

10개씩 묶음	낱개
5	8

→ □

9

10개씩 묶음	낱개
6	6

→ □

10

10개씩 묶음	낱개
9	3

→ □

11

10개씩 묶음	낱개
8	7

→ □

12

10개씩 묶음	낱개
6	4

→ □

13

10개씩 묶음	낱개
7	6

→ □

14

10개씩 묶음	낱개
9	5

→ □

15

10개씩 묶음	낱개
5	7

→ □

16

10개씩 묶음	낱개
7	2

→ □

17

10개씩 묶음	낱개
8	6

→ □

18

10개씩 묶음	낱개
6	9

→ □

99까지의 수 알아보기

모형의 수를 쓰고 2가지 방법으로 읽어 보세요.

1

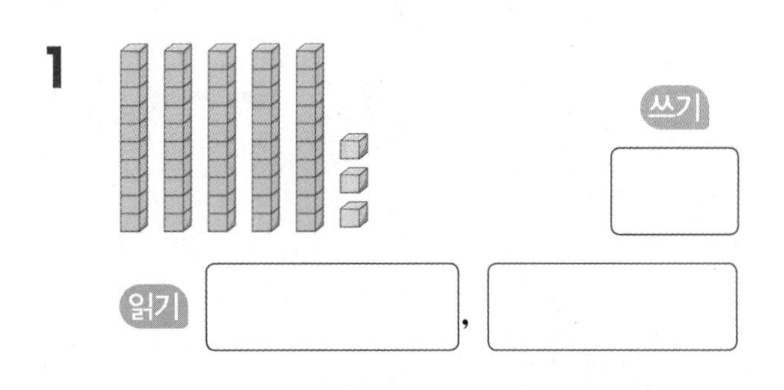

2

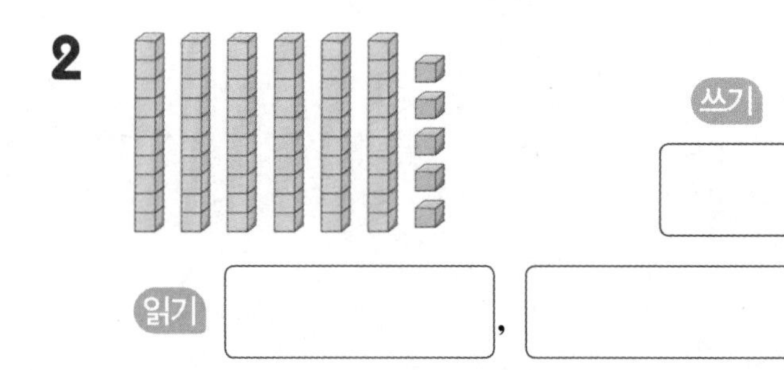

3

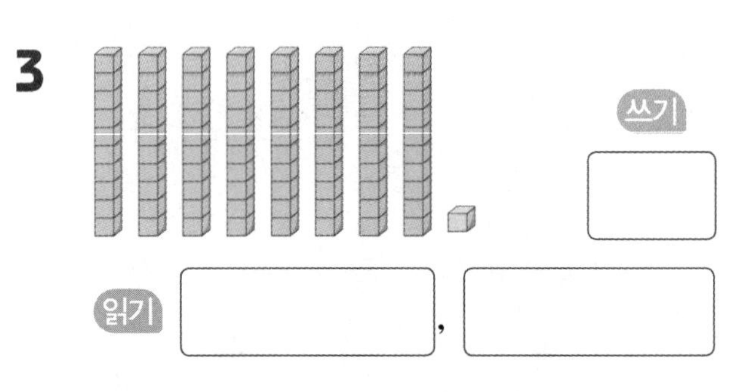

4

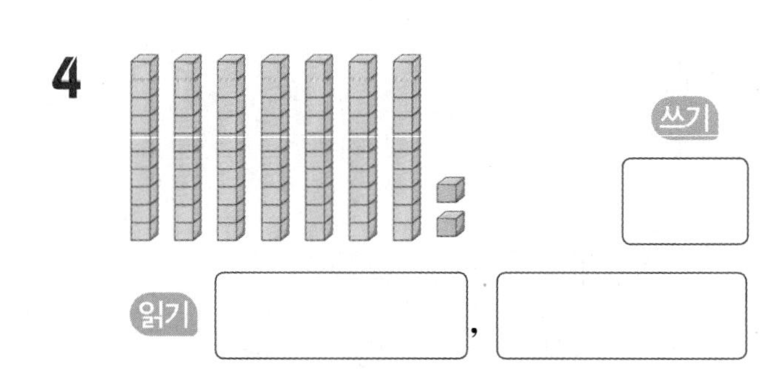

수를 보고 빈칸에 알맞은 수를 써넣으세요.

5

57	10개씩 묶음	
	낱개	

6

62	10개씩 묶음	
	낱개	

7

75	10개씩 묶음	
	낱개	

8

59	10개씩 묶음	
	낱개	

9

95	10개씩 묶음	
	낱개	

10

83	10개씩 묶음	
	낱개	

제한 시간 5분

플러스 계산 연습

맞은 개수 / 18개

▶ 정답과 해설 1쪽

생활 속 문제

동전은 얼마인지 ▢ 안에 알맞은 수를 써넣으세요.

11

▢원

12

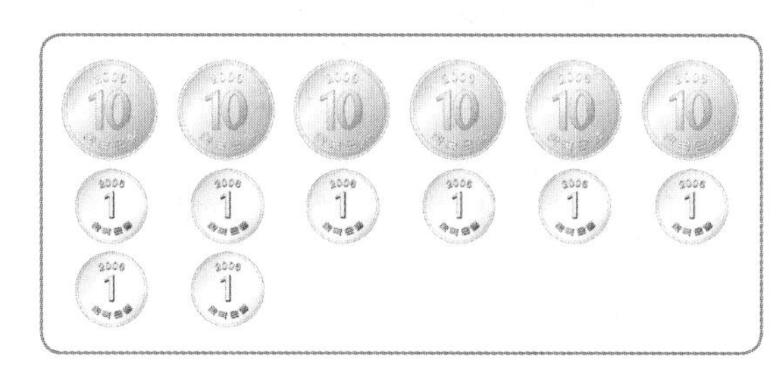

▢원

13

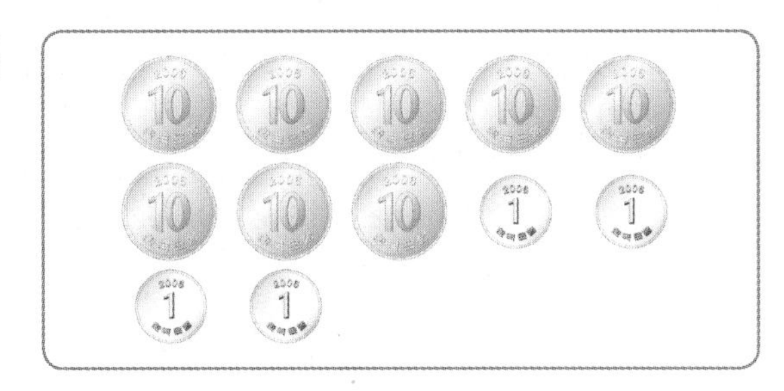

▢원

14

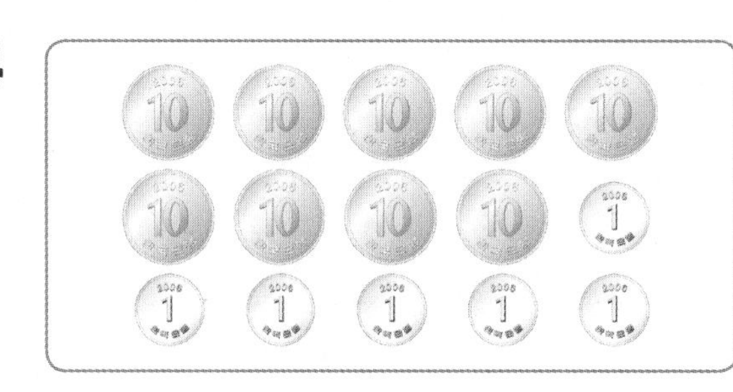

▢원

문장 읽고 문제 해결하기

다음이 나타내는 수를 써 보세요.

15 10개씩 묶음 7개와 낱개 2개는?

답 ________________

16 10개씩 묶음 6개와 낱개 7개는?

답 ________________

17 10개씩 묶음 8개와 낱개 9개는?

답 ________________

18 10개씩 묶음 5개와 낱개 4개는?

답 ________________

3 일차

1만큼 더 작은 수, 1만큼 더 큰 수

이렇게 해결하자

• 65보다 1만큼 더 작은 수, 1만큼 더 큰 수 알아보기

빈칸에 알맞은 수를 써넣으세요.

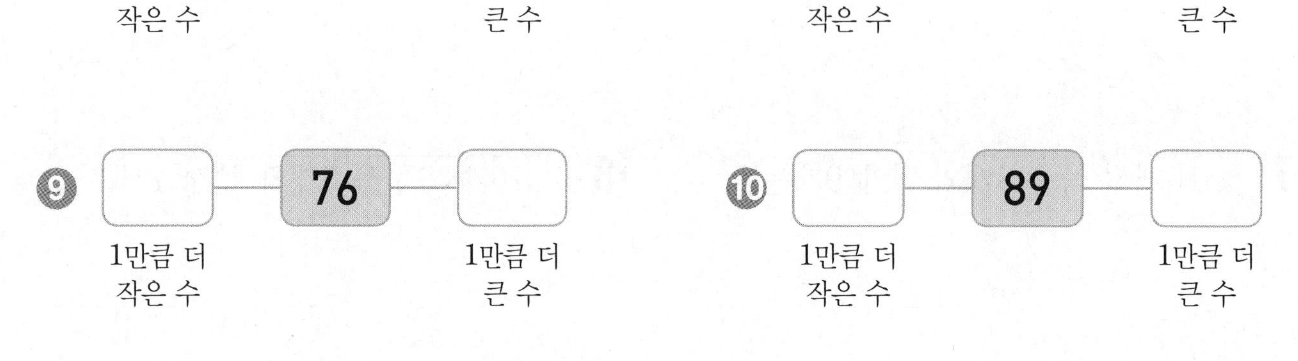

제한 시간 4분
기초 계산 연습
맞은 개수 / 22개
▶ 정답과 해설 1쪽
⑪ 77
1만큼 더 작은 수
1만큼 더 큰 수
⑫ 88
1만큼 더 작은 수
1만큼 더 큰 수
⑬ 90
1만큼 더 작은 수
1만큼 더 큰 수
⑭ 52
1만큼 더 작은 수
1만큼 더 큰 수
⑮ 64
1만큼 더 작은 수
1만큼 더 큰 수
⑯ 78
1만큼 더 작은 수
1만큼 더 큰 수
⑰ 81
1만큼 더 작은 수
1만큼 더 큰 수
⑱ 96
1만큼 더 작은 수
1만큼 더 큰 수
⑲ 65
1만큼 더 작은 수
1만큼 더 큰 수
⑳ 79
1만큼 더 작은 수
1만큼 더 큰 수
㉑ 51
1만큼 더 작은 수
1만큼 더 큰 수
㉒ 97
1만큼 더 작은 수
1만큼 더 큰 수

3 일차 1만큼 더 작은 수, 1만큼 더 큰 수

빈칸에 알맞은 수를 써넣으세요.

1
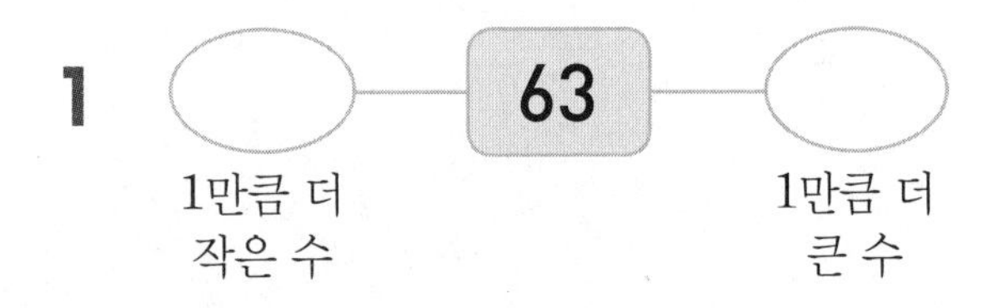

2

3
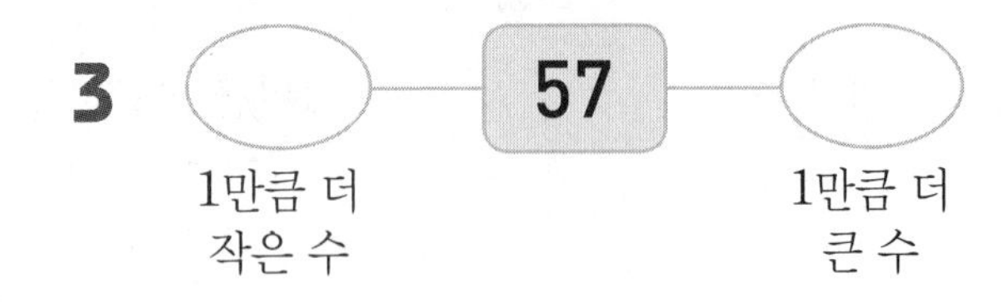

4
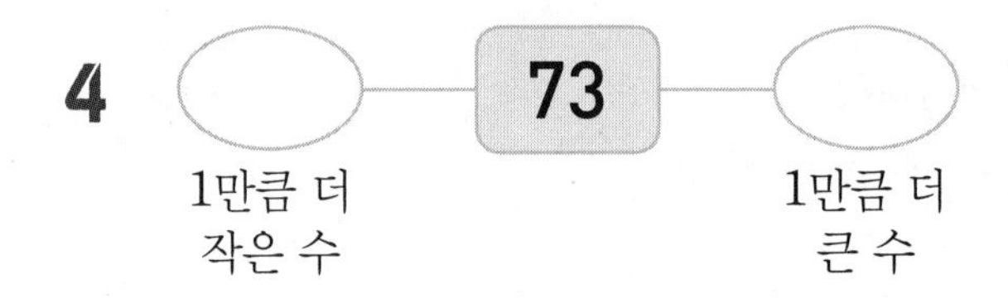

5
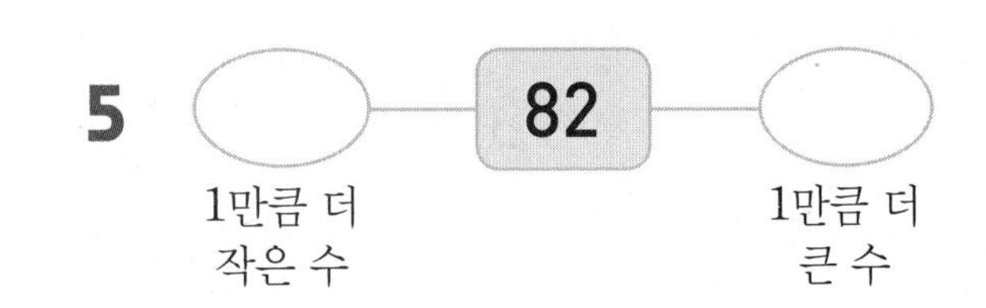

6
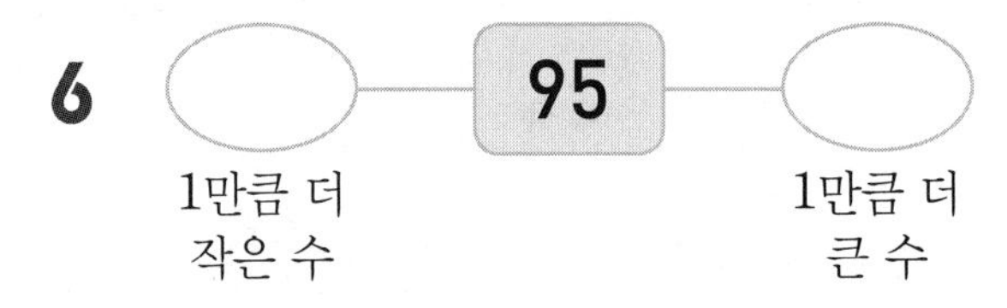

모형의 수를 세어 ○ 안에 써넣고, 1만큼 더 작은 수 또는 1만큼 더 큰 수를 □ 안에 써넣으세요.

7
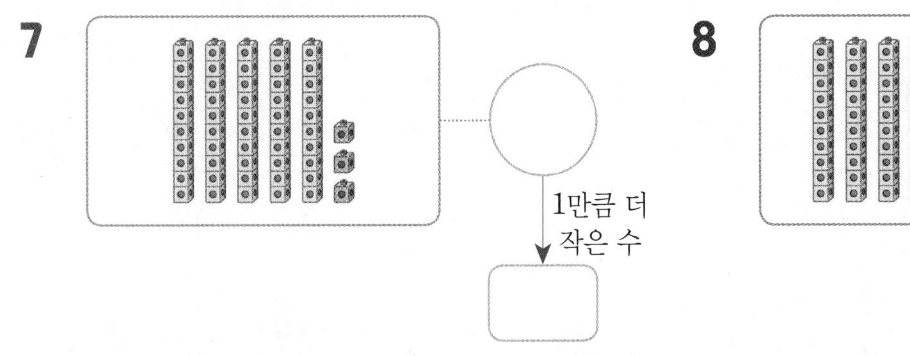

8
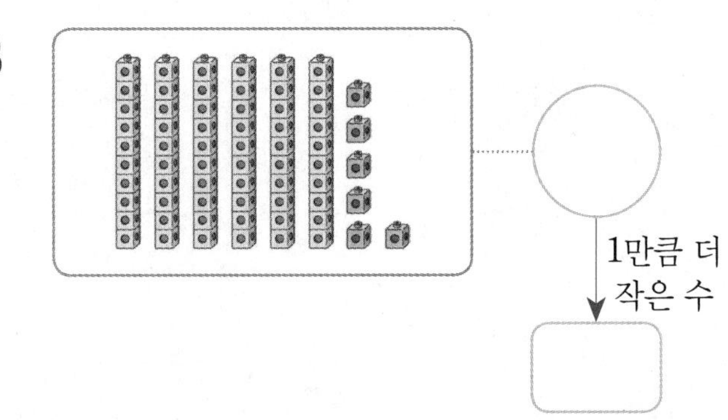

9 10
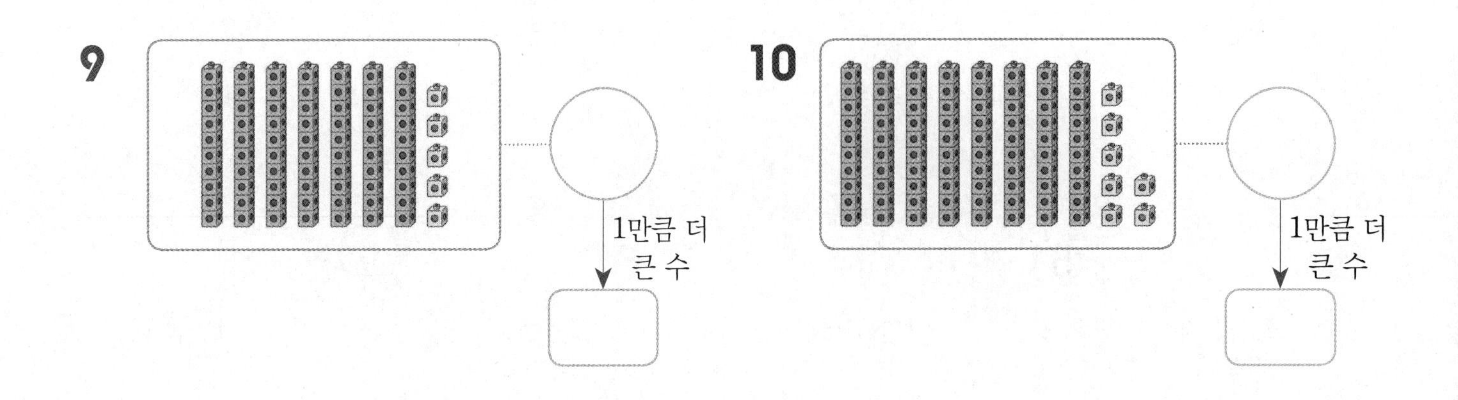

제한 시간 6분

플러스 계산 연습

맞은 개수 / 20개

▶ 정답과 해설 2쪽

생활 속 문제

은행에서 뽑은 번호표입니다. 번호표에 적힌 수보다 1만큼 더 큰 수를 쓰세요.

11

☐

12

☐

13

☐

14

☐

문장 읽고 문제 해결하기

15 55보다 1만큼 더 작은 수는?

답 ____________

16 69보다 1만큼 더 작은 수는?

답 ____________

17 70보다 1만큼 더 작은 수는?

답 ____________

18 94보다 1만큼 더 큰 수는?

답 ____________

19 86보다 1만큼 더 큰 수는?

답 ____________

20 61보다 1만큼 더 큰 수는?

답 ____________

수의 순서

이렇게 해결하자

• 51~100까지의 수의 순서

51	52	53	54	55	56	57	58	59	60
61	62	63	64	65	66	67	68	69	70
71	72	73	74	75	76	77	78	79	80
81	82	83	84	85	86	87	88	89	90
91	92	93	94	95	96	97	98	99	100

99보다 1만큼 더 큰 수는 100이에요. 100은 백이라고 읽어요.

순서에 맞게 빈칸에 알맞은 수를 써넣으세요.

❶ 62 - ( ) - 64 - ( )

❷ 55 - ( ) - 57 - ( )

❸ 93 - ( ) - 95 - ( )

❹ 71 - ( ) - 73 - ( )

❺ 80 - ( ) - ( ) - 83

❻ 69 - ( ) - ( ) - 72

❼ 86 - ( ) - ( ) - 89

❽ 97 - 98 - ( ) - ( )

❾ 58 - 59 - ( ) - ( )

❿ 78 - 79 - ( ) - ( )

기초 계산 연습

맞은 개수 / 24개

▶ 정답과 해설 2쪽

⑪ 75 — 76 — ☐ — ☐

⑫ 83 — 84 — ☐ — ☐

⑬ 90 — ☐ — 92 — ☐

⑭ 58 — ☐ — 60 — ☐

⑮ 72 — ☐ — ☐ — 75

⑯ 63 — ☐ — ☐ — 66

⑰ ☐ — 89 — 90 — ☐

⑱ ☐ — 78 — 79 — ☐

⑲ ☐ — 67 — ☐ — 69

⑳ ☐ — 55 — ☐ — 57

㉑ ☐ — ☐ — 83 — 84

㉒ ☐ — ☐ — 97 — 98

㉓ ☐ — ☐ — 53 — 54

㉔ ☐ — ☐ — 75 — 76

4 일차

수의 순서

순서에 맞게 빈칸에 알맞은 수를 써넣으세요.

1

63	64		66	

2

73		75	76	

3

50	51		53	

4

81		83	84	

5

	77	78		80

6

	55	56		58

7

		79		81

8

		98	99	

순서에 맞게 빈 곳에 알맞은 수를 써넣으세요.

9

66 67 68 ( ) 70
71 ( ) 73 ( )
75 76 ( ) ( ) 79
80 ( ) 82 ( )

10

83 84 ( ) 86 87
88 89 ( ) 91
92 ( ) 94 95 ( )
97 98 ( ) ( )

플러스 계산 연습

맞은 개수 / 21개

▶ 정답과 해설 2쪽

생활 속 문제

보기 와 같이 수의 순서대로 카드를 놓았을 때 잘못 놓인 카드에 ×표 하세요.

보기

54 55 ~~53~~ 56 57

11 74 75 76 73 77

12 67 68 64 69 70

13 93 94 91 95 96

14 58 52 59 60 61

15 71 72 73 79 74

16 85 81 86 87 88

17 79 80 74 81 82

문장 읽고 문제 해결하기

18 순서에 맞게 56 다음의 수는?

답 ____________

19 순서에 맞게 72 다음의 수는?

답 ____________

20 순서에 맞게 82 다음의 수는?

답 ____________

21 순서에 맞게 96 다음의 수는?

답 ____________

두 수의 크기 비교하기

이렇게 해결하자

• 두 수의 크기 비교

① 10개씩 묶음의 수 비교하기

69 < 73

6<7

② 10개씩 묶음의 수가 같으면 낱개의 수 비교하기

65 > 63

5>3

>, <는 더 큰 쪽으로 벌어져요.

두 수의 크기를 비교하여 ○ 안에 >, <를 알맞게 써넣으세요.

❶ 72 ○ 66

❷ 55 ○ 82

❸ 92 ○ 86

❹ 58 ○ 82

❺ 83 ○ 90

❻ 75 ○ 62

❼ 96 ○ 75

❽ 77 ○ 89

❾ 51 ○ 58

❿ 59 ○ 53

⓫ 62 ○ 66

⓬ 78 ○ 73

⓭ 69 ○ 68

⓮ 92 ○ 94

⓯ 72 ○ 66

기초 계산 연습

맞은 개수 / 33개

▶ 정답과 해설 2쪽

⑯ 57 ◯ 64

⑰ 75 ◯ 82

⑱ 99 ◯ 93

⑲ 67 ◯ 65

⑳ 83 ◯ 75

㉑ 52 ◯ 62

㉒ 93 ◯ 75

㉓ 74 ◯ 80

㉔ 55 ◯ 58

㉕ 65 ◯ 51

㉖ 88 ◯ 78

㉗ 73 ◯ 93

㉘ 56 ◯ 65

㉙ 62 ◯ 64

㉚ 92 ◯ 96

㉛ 71 ◯ 72

㉜ 81 ◯ 83

㉝ 95 ◯ 99

5 일차

두 수의 크기 비교하기

두 수의 크기를 비교하여 ○ 안에 >, <를 알맞게 써넣으세요.

1 82 ○ 74

2 56 ○ 64

3 58 ○ 66

4 94 ○ 87

5 59 ○ 57

6 65 ○ 61

7 72 ○ 75

8 97 ○ 93

9 84 ○ 86

알맞은 말에 ○표 하세요.

10 76은 58보다 (큽니다 , 작습니다).

11 63은 57보다 (큽니다 , 작습니다).

12 88은 85보다 (큽니다 , 작습니다).

13 94는 95보다 (큽니다 , 작습니다).

14 74는 79보다 (큽니다 , 작습니다).

15 54는 51보다 (큽니다 , 작습니다).

플러스 계산 연습

맞은 개수 / 25개

▶ 정답과 해설 3쪽

생활 속 문제

공장에서 만든 인형의 수를 나타낸 것입니다. 인형의 수를 비교하여 ○ 안에 >, <를 알맞게 써넣으세요.

16 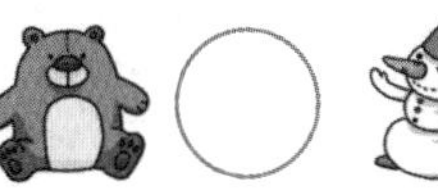

17  

18  

19 

20 

21  

문장 읽고 문제 해결하기

22 71과 67 중 더 큰 수는?

답 ______________

23 53과 59 중 더 큰 수는?

답 ______________

24 81과 78 중 더 작은 수는?

답 

25 92와 95 중 더 작은 수는?

 ______________

6 일차

세 수의 크기 비교하기

이렇게 해결하자

• 63, 75, 68의 크기 비교하기

① 10개씩 묶음의 수 비교하기

63 < 75　　　75 > 68

➔ 가장 큰 수는 75입니다.

② 10개씩 묶음의 수가 같으면 낱개의 수 비교하기

63 < 68

➔ 가장 작은 수는 63입니다.

63, 75, 68 중 가장 작은 수는 63, 가장 큰 수는 75예요.

세 수의 크기를 비교하여 가장 큰 수에 ○표 하세요.

❶ 54　75　69

❷ 66　92　85

❸ 95　88　73

❹ 69　76　86

❺ 72　70　79

❻ 86　85　88

❼ 56　58　52

❽ 62　63　65

❾ 92　87　94

❿ 76　78　51

기초 계산 연습

맞은 개수 / 22개

▶ 정답과 해설 3쪽

세 수의 크기를 비교하여 가장 작은 수에 △표 하세요.

⑪ 86 58 62

⑫ 71 65 98

⑬ 92 83 75

⑭ 99 68 53

⑮ 59 53 52

⑯ 64 69 65

⑰ 74 73 70

⑱ 88 87 89

⑲ 53 69 55

⑳ 81 95 84

㉑ 59 68 54

㉒ 91 83 80

6 일차

세 수의 크기 비교하기

세 수의 크기를 비교하여 가장 큰 수에 ○표, 가장 작은 수에 △표 하세요.

1 80 64 57

2 78 69 93

3 91 83 86

4 53 62 60

5 69 62 63

6 94 90 96

$>$, $<$ 방향에 맞게 ▢ 안에 알맞은 수를 써넣으세요.

7 62 53 83

▢ $<$ ▢ $<$ ▢

8 65 76 75

▢ $<$ ▢ $<$ ▢

9 90 68 71

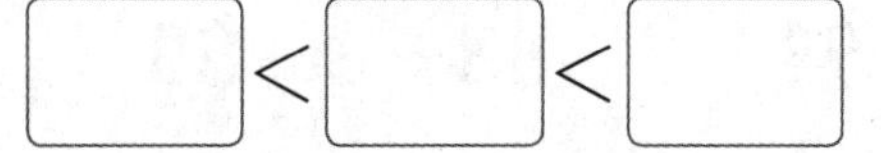

▢ $<$ ▢ $<$ ▢

10 84 92 82

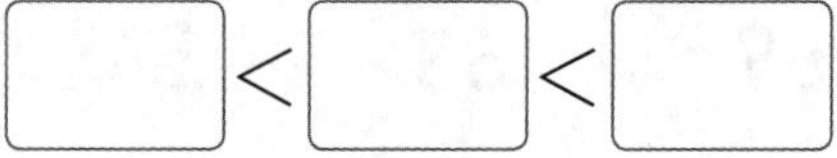

▢ $<$ ▢ $<$ ▢

플러스 계산 연습

맞은 개수 / 18개

▶ 정답과 해설 3쪽

생활 속 문제

가장 큰 수를 들고 있는 친구를 찾아 ○표 하세요.

11 71 94 98

( ) ( ) ( )

12 56 58 60

( ) ( ) ( )

13 88 83 86

( ) ( ) ( )

14 74 72 77

( ) ( ) ( )

문장 읽고 문제 해결하기

15 55, 83, 68 중 가장 작은 수는?

답 ______________

16 95, 92, 98 중 가장 작은 수는?

답 ______________

17 75, 78, 63 중 가장 큰 수는?

답 ______________

18 83, 85, 81 중 가장 큰 수는?

답 ______________

7 일차

짝수, 홀수 알아보기

이렇게 해결하자

• 짝수와 홀수 알아보기

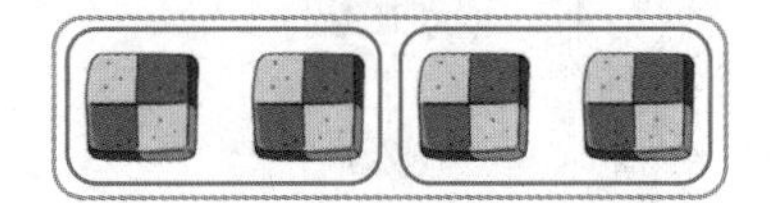

4 (짝수)

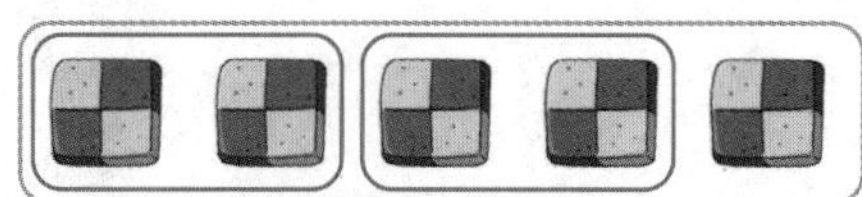

5 (홀수)

둘씩 짝을 지었을 때
남지 않으면 짝수,
하나가 남으면 홀수예요.

둘씩 묶어 세어 ▢ 안에 수를 쓰고, 짝수와 홀수 중 알맞은 말에 ○표 하세요.

❶

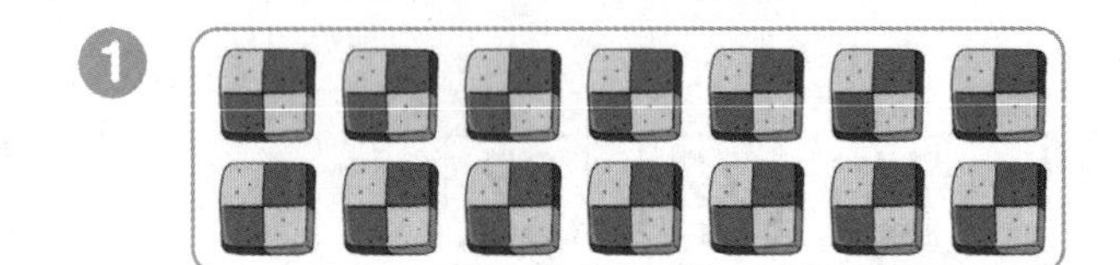

▢, (짝수 , 홀수)

❷

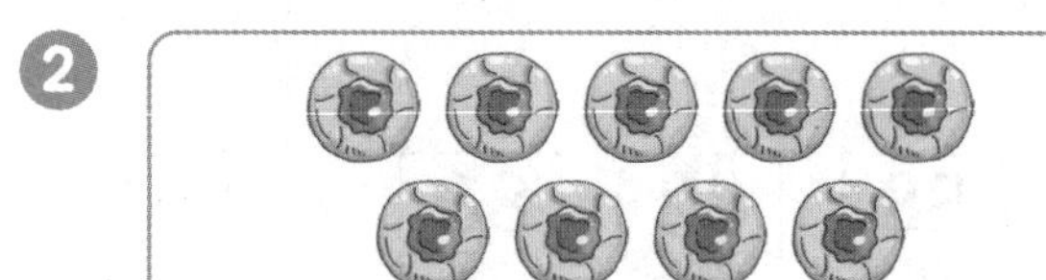

▢, (짝수 , 홀수)

❸

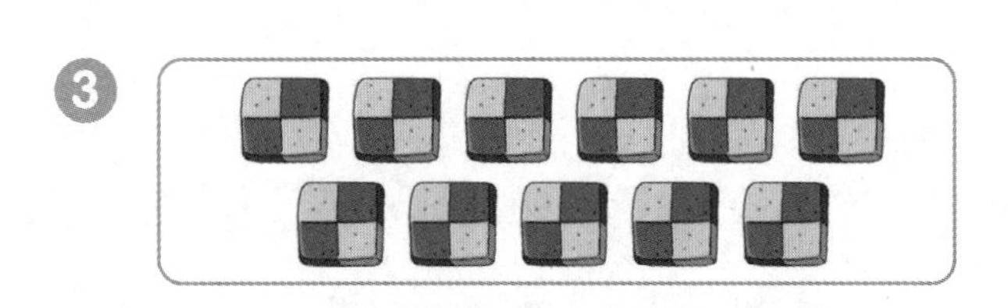

▢, (짝수 , 홀수)

❹

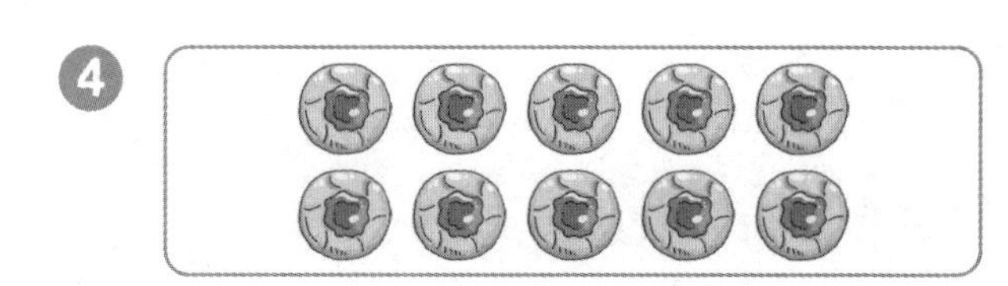

▢, (짝수 , 홀수)

❺

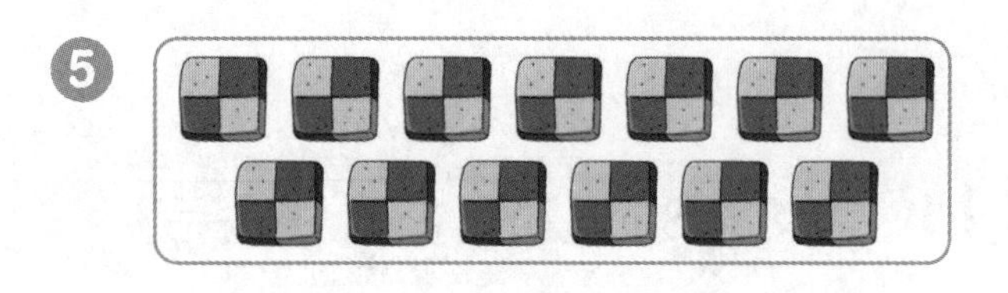

▢, (짝수 , 홀수)

❻

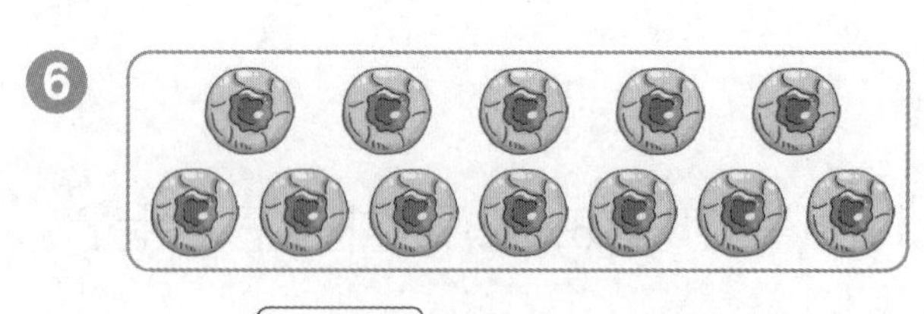

▢, (짝수 , 홀수)

기초 계산 연습

맞은 개수 / 27개

▶ 정답과 해설 3쪽

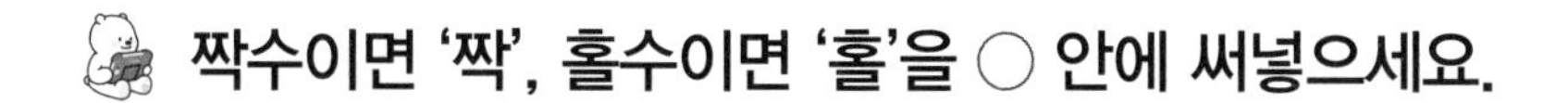

짝수이면 '짝', 홀수이면 '홀'을 ○ 안에 써넣으세요.

⑦ 22 ─ ○ ⑧ 17 ─ ○ ⑨ 21 ─ ○

⑩ 15 ─ ○ ⑪ 16 ─ ○ ⑫ 19 ─ ○

⑬ 20 ─ ○ ⑭ 42 ─ ○ ⑮ 33 ─ ○

⑯ 27 ─ ○ ⑰ 30 ─ ○ ⑱ 59 ─ ○

⑲ 64 ─ ○ ⑳ 51 ─ ○ ㉑ 83 ─ ○

㉒ 77 ─ ○ ㉓ 28 ─ ○ ㉔ 67 ─ ○

㉕ 41 ─ ○ ㉖ 36 ─ ○ ㉗ 92 ─ ○

짝수, 홀수 알아보기

짝수이면 '짝', 홀수이면 '홀'을 ○ 안에 써넣으세요.

1 40 ○

2 89 ○

3 31 ○

4 62 ○

5 54 ○

6 71 ○

7 42 ○

8 37 ○

9 51 ○

짝수와 홀수 중 알맞은 말에 ○표 하세요.

10	33	짝수	홀수
11	15	짝수	홀수
12	36	짝수	홀수
13	50	짝수	홀수
14	55	짝수	홀수
15	47	짝수	홀수
16	35	짝수	홀수
17	92	짝수	홀수

제한 시간 5분

플러스 계산 연습

맞은 개수 / 27개

▶ 정답과 해설 4쪽

생활 속 문제

각 물건의 수를 세어 □ 안에 써넣고, 짝수인지 홀수인지 ○표 하세요.

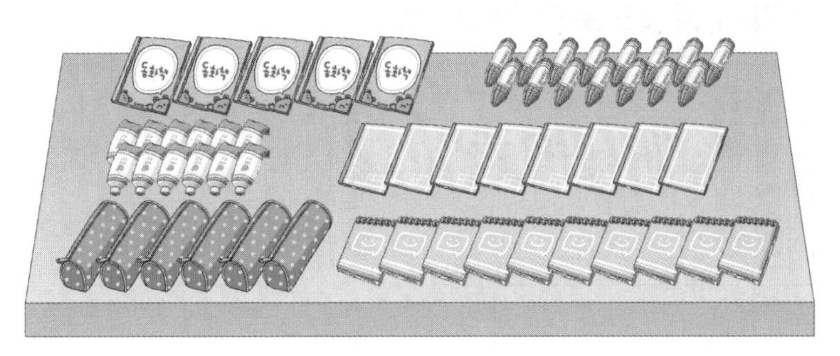

18 — □ (짝수 , 홀수)

19 — □ (짝수 , 홀수)

20 — □ (짝수 , 홀수)

21 — □ (짝수 , 홀수)

22 — □ (짝수 , 홀수)

23 — □ (짝수 , 홀수)

문장 읽고 문제 해결하기

24 55, 84 중 짝수인 것은?

답 ____________

25 15, 26 중 홀수인 것은?

답 ____________

26 25, 32, 47 중 짝수인 것은?

답 ____________

27 33, 54, 62 중 홀수인 것은?

답 ____________

평가 SPEED 연산력 TEST

제한 시간 10분

모형의 수를 쓰고 2가지 방법으로 읽어 보세요.

❶ ❷

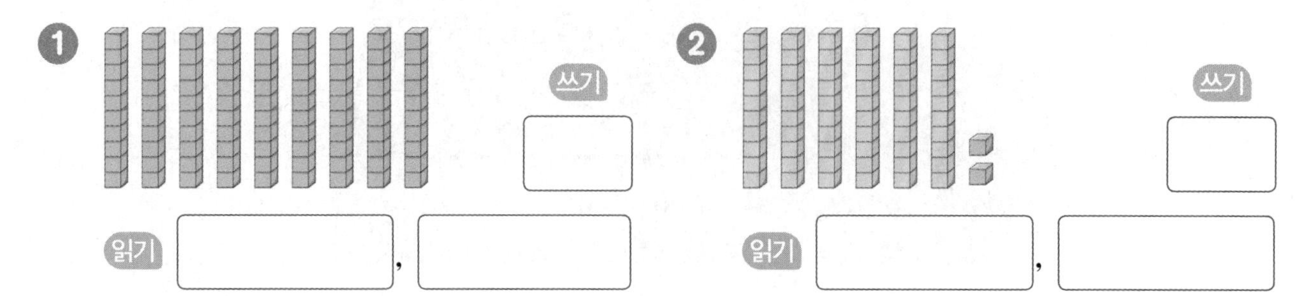

❸ ❹

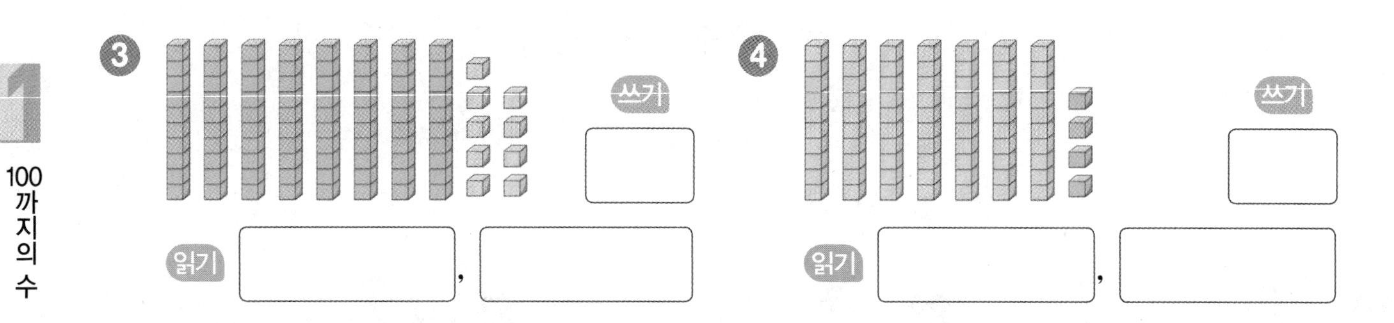

빈칸에 알맞은 수를 써넣으세요.

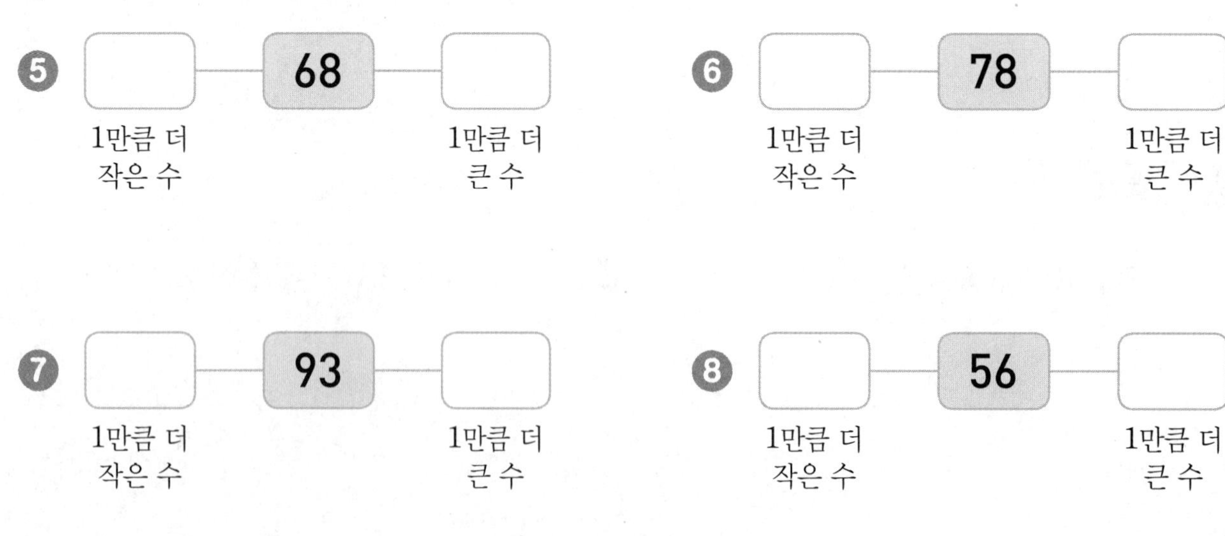

두 수의 크기를 비교하여 ○ 안에 >, <를 알맞게 써넣으세요.

⑪ 56 ○ 72

⑫ 85 ○ 92

⑬ 76 ○ 74

⑭ 95 ○ 97

⑮ 54 ○ 55

⑯ 78 ○ 70

세 수의 크기를 비교하여 가장 큰 수에 ○표, 가장 작은 수에 △표 하세요.

⑰ 83 78 92

⑱ 55 64 90

⑲ 62 68 66

⑳ 95 99 93

짝수이면 '짝', 홀수이면 '홀'을 ○ 안에 써넣으세요.

㉑ 11 — ○

㉒ 24 — ○

㉓ 35 — ○

㉔ 44 — ○

㉕ 69 — ○

제한 시간 안에 정확하게
모두 풀었다면 여러분은 진정한 **계산왕!**

특강 문장제 문제 도전하기

□ 안에 알맞은 수를 써넣고, 물음에 답하세요.

1

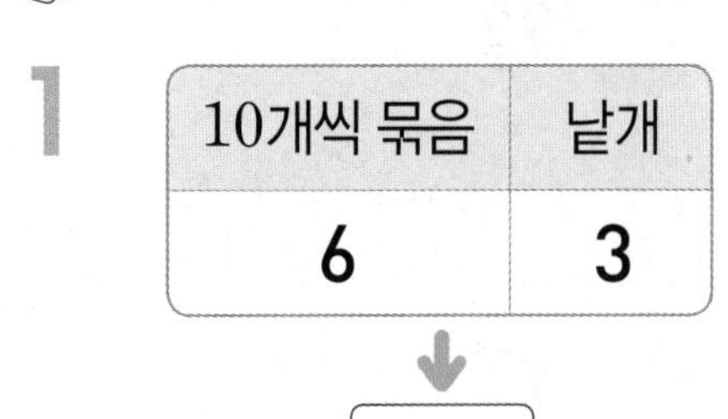

10개씩 묶음	낱개
6	3

→ 연결큐브는 모두 몇 개일까요?

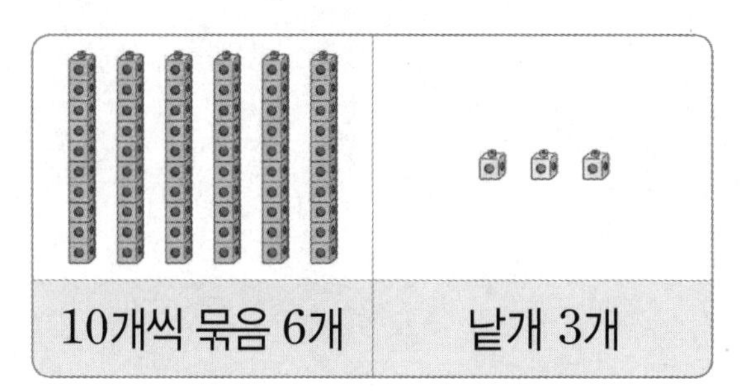

답 ________ 개

실생활에서 10개씩 묶음 몇 개와 낱개 몇 개를 세는 상황을 알아볼까요?

2

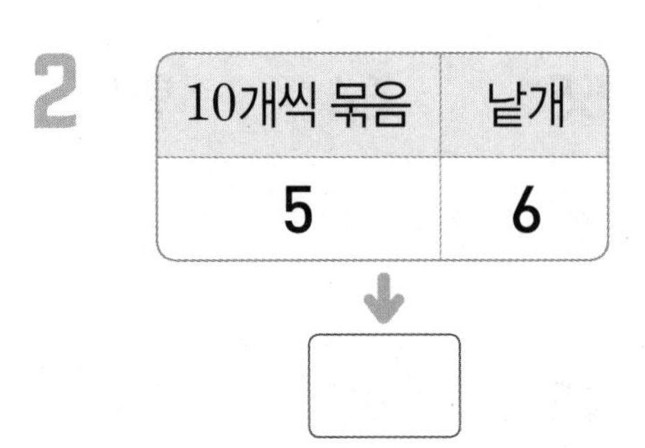

10개씩 묶음	낱개
5	6

→ 수수깡은 모두 몇 개일까요?

답 ________ 개

3

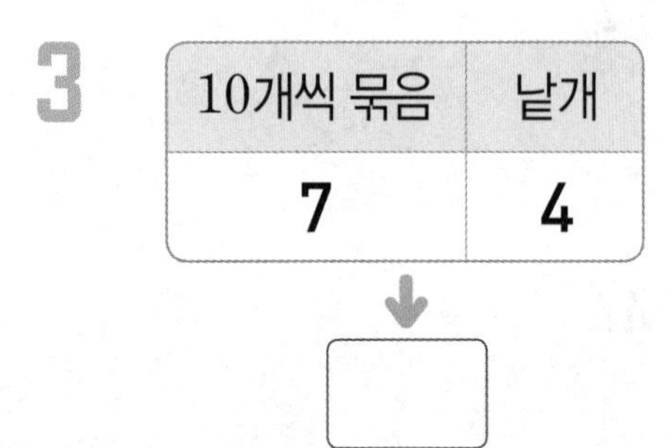

10개씩 묶음	낱개
7	4

→ 구슬은 모두 몇 개일까요?

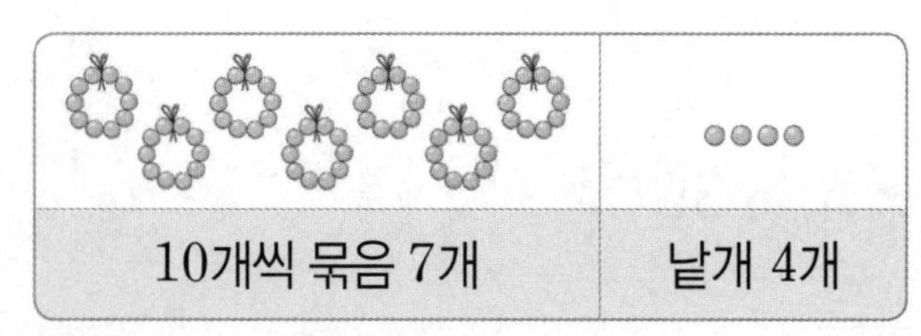

답 ________ 개

▶정답과 해설 4쪽

문장을 읽고 두 수의 크기를 비교하여 답을 구해 보자!

4 색종이( )를 수아는 **56**장, 민주는 **75**장 가지고 있습니다.
누가 색종이를 더 많이 가지고 있을까요?

56 ◯ 75

답 ____________

5 영수는 파란색 구슬( )을 **89**개, 초록색 구슬( )을 **82**개 가지고 있습니다.
영수는 어느 색 구슬을 더 많이 가지고 있을까요?

89 ◯ 82

답 ____________

6 마트에 토끼 인형( )이 **56**개, 곰 인형( )이 **55**개 있습니다.
마트에 있는 토끼 인형과 곰 인형 중 어느 인형의 수가 더 적을까요?

56 ◯ 55

답 ____________

7 공장에서 오늘 만든 축구공( )이 **95**개, 농구공( )이 **98**개입니다.
공장에서 만든 축구공과 농구공 중 어느 공의 수가 더 적을까요?

95 ◯ 98

답 ____________

특강 창의·융합·코딩·도전하기

고구마를 얼마큼 캤을까?

건우( )와 민정( )이는 주말 농장에서 고구마 캐기 체험을 하였습니다.

건우와 민정이는 고구마를 각각 얼마큼 캤을까요?

 건우

10개씩 묶음	낱개

↓

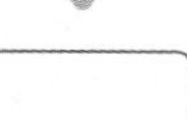 개

 민정

10개씩 묶음	낱개

↓

 개

▶정답과 해설 4쪽

밑줄 친 말을 수로 쓰세요.

(1)

(2)

(3)

(4)

코딩 3 로봇이 수 카드 3장 중에서 한 장을 고른 후 블록명령에 따라 참, 거짓을 말합니다. 로봇이 고른 수 카드에 적힌 수를 쓰세요.

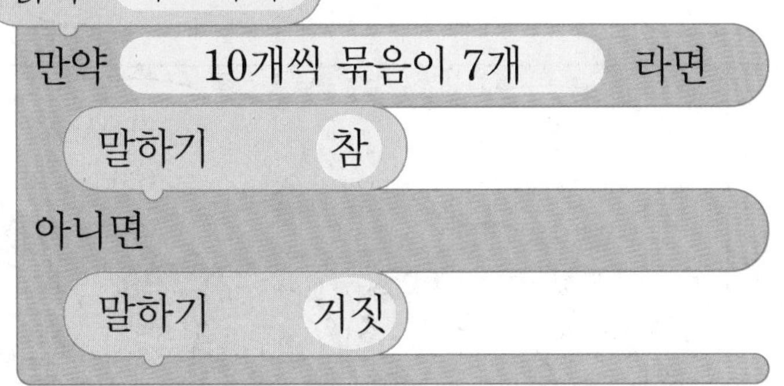

덧셈과 뺄셈 (1)

실생활에서 알아보는 재미있는 수학 이야기

이번에 배울 내용을 알아볼까요?

1일차 세 수의 덧셈
2일차 세 수의 뺄셈
3일차 10이 되는 더하기
4일차 10이 되는 더하기에서 모르는 수 구하기
5일차 10에서 빼기
6일차 10에서 빼기에서 모르는 수 구하기
7일차 앞의 두 수로 10을 만들어 더하기
8일차 뒤의 두 수로 10을 만들어 더하기
9일차 합이 10이 되는 두 수를 찾아 더하기

1 일차

세 수의 덧셈

이렇게 해결하자

• 1+4+2의 계산

$$1+4+2=7$$

(1+4 → 5, 5+2 → 7)

앞의 두 수의 덧셈을 하여 나온 수에 나머지 한 수를 더해요.

그림을 보고 계산해 보세요.

❶

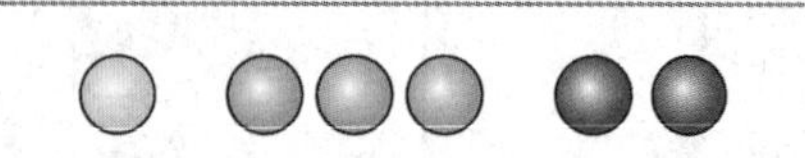

1 + 3 + 2 = □

❷

4 + 1 + 3 = □

❸

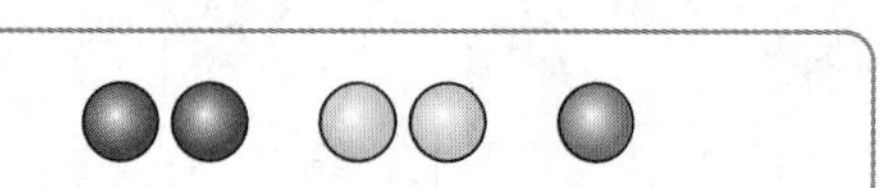

2 + 2 + 1 = □

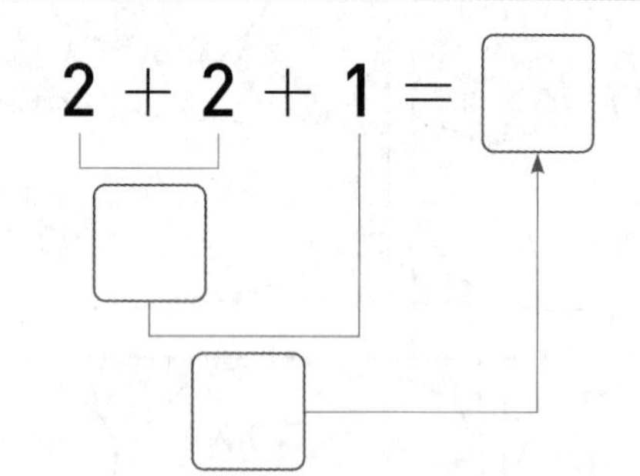

❹

3 + 2 + 4 = □

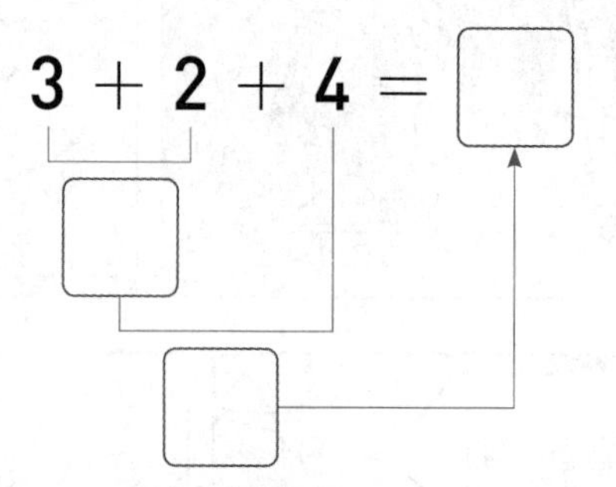

❺

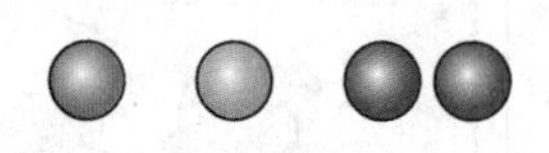

1 + 1 + 2 = □

❻

5 + 2 + 1 = □

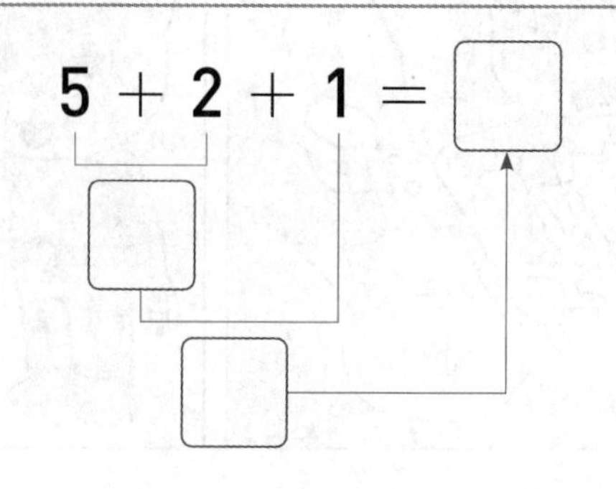

2 덧셈과 뺄셈 (1)

제한 시간 5분

기초 계산 연습

맞은 개수 / 16개

▶ 정답과 해설 5쪽

계산해 보세요.

❼ $2 + 4 + 2 = \square$

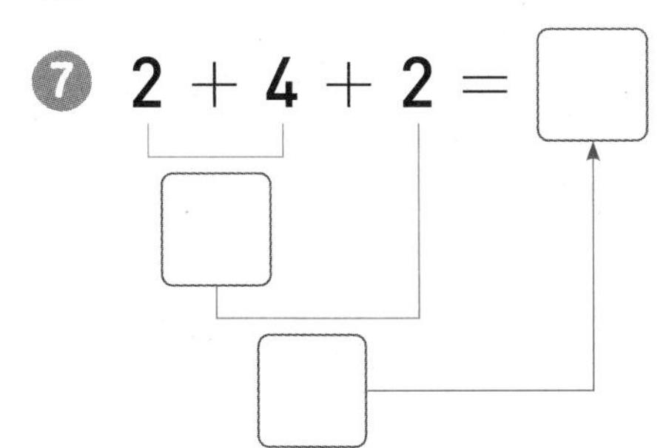

❽ $3 + 3 + 1 = \square$

❾ $4 + 3 + 1 = \square$

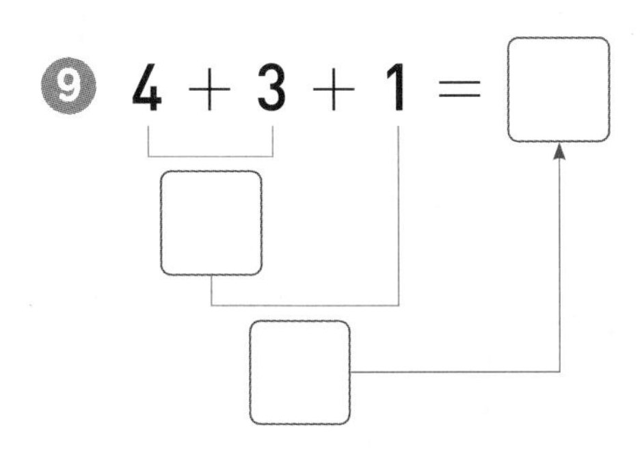

❿ $5 + 2 + 2 = \square$

⓫ $3 + 5 + 1 = \square$

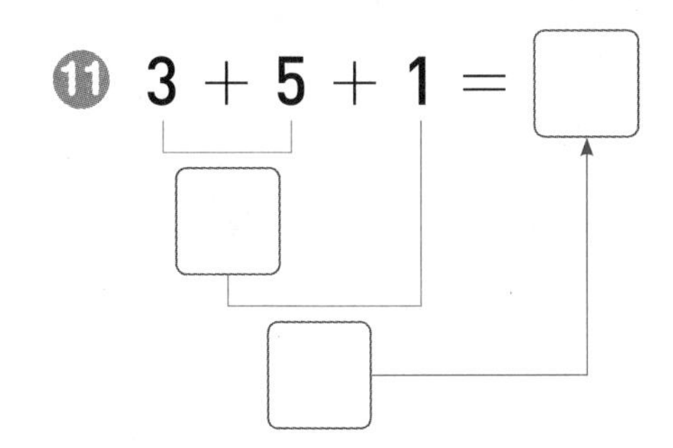

⓬ $2 + 1 + 4 = \square$

⓭ $6 + 1 + 1 = \square$

⓮ $3 + 4 + 2 = \square$

⓯ $4 + 4 + 1 = \square$

⓰ $6 + 2 + 1 = \square$

1 일차

세 수의 덧셈

계산해 보세요.

1 $1+2+3=$ ☐

2 $4+4+1=$ ☐

3 $2+1+6=$ ☐

4 $2+5+1=$ ☐

5 $1+4+3=$ ☐

6 $1+2+4=$ ☐

빈칸에 알맞은 수를 써넣으세요.

7

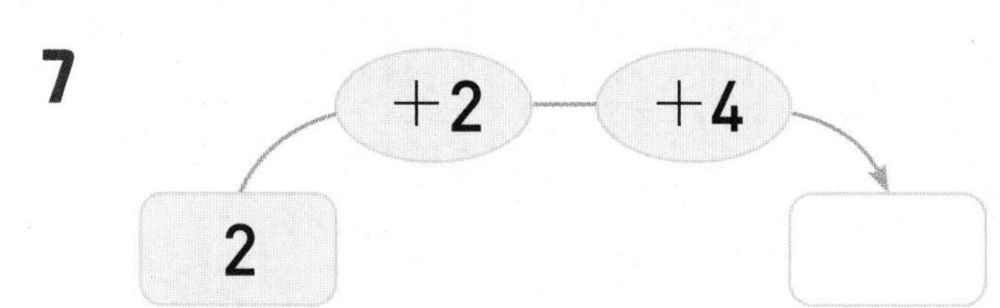

8

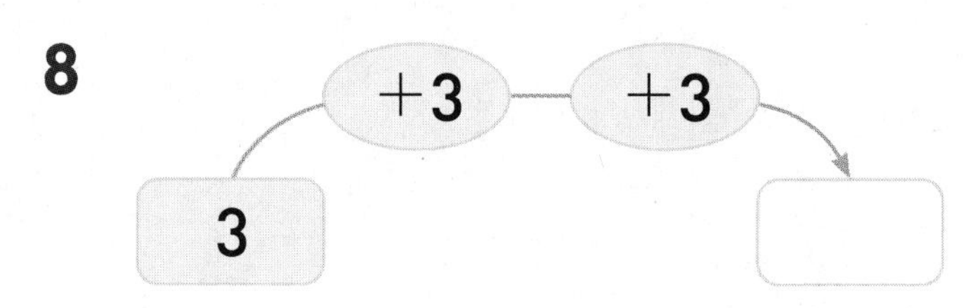

9

5 → +3 → +1 → ☐

10

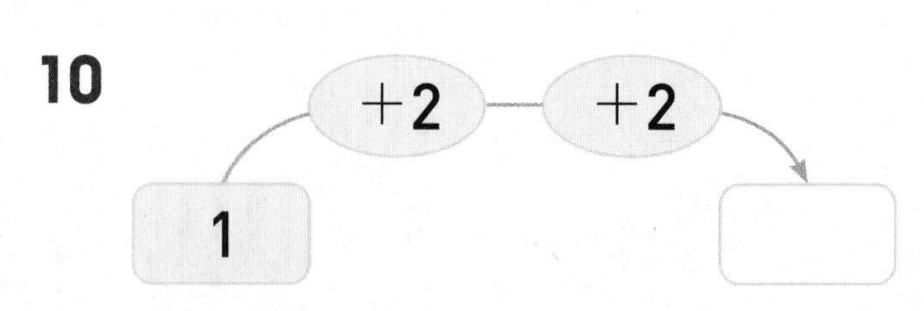

11

2 → +3 → +2 → ☐

12

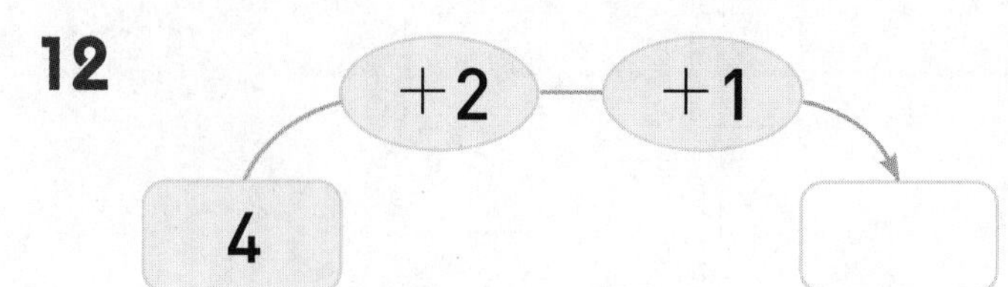

생활 속 계산

채소 가게에 있는 채소의 수를 보고 계산해 보세요.

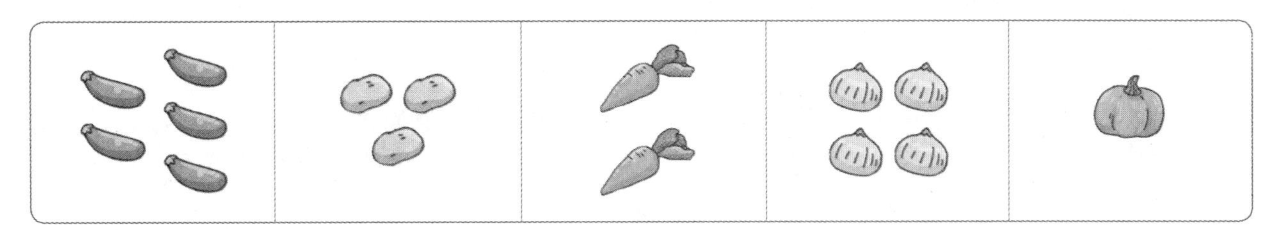

13 + +

→ 2+□+□=□(개)

14 + +

→ □+□+□=□(개)

15 + +

→ □+□+□=□(개)

16 + +

→ □+□+□=□(개)

문장 읽고 계산식 세우기

17 과학책을 1권, 동화책을 4권, 위인전을 2권 읽었다면 읽은 책은 모두 몇 권?

식 1+□+□=□(권)

18 사과가 1개, 무화과가 6개, 복숭아가 1개 있다면 과일은 모두 몇 개?

식 1+□+□=□(개)

19 안경을 쓴 학생이 1반에는 2명, 2반에는 3명, 3반에는 4명일 때 안경을 쓴 학생은 모두 몇 명?

식 □+□+□=□(명)

20 모자를 쓴 학생이 1반에는 4명, 2반에는 1명, 3반에는 2명일 때 모자를 쓴 학생은 모두 몇 명?

식 □+□+□=□(명)

2 일차

세 수의 뺄셈

이렇게 해결하자

• 8－4－1의 계산

$$8-4-1=3$$

(8－4 → 4, 4－1 → 3)

앞의 두 수의 뺄셈을 하여
나온 수에서 나머지 한 수를 빼요.

주의
세 수의 뺄셈은 반드시 앞에서부터 차례로 계산합니다.

그림을 보고 계산해 보세요.

❶
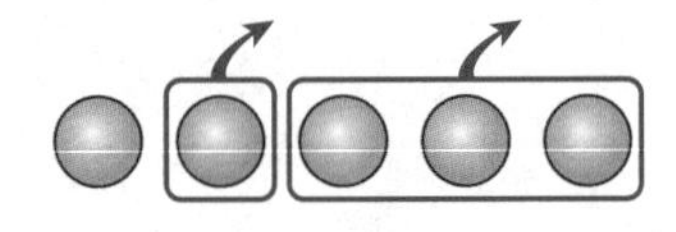

5 － 3 － 1 ＝ □

❷
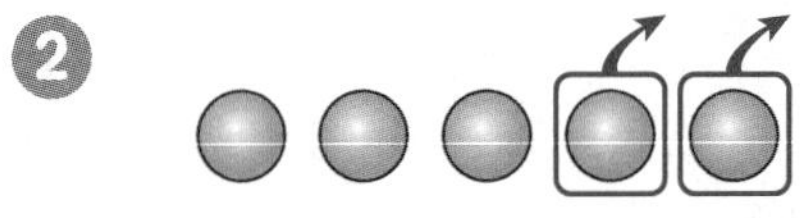

5 － 1 － 1 ＝ □

❸
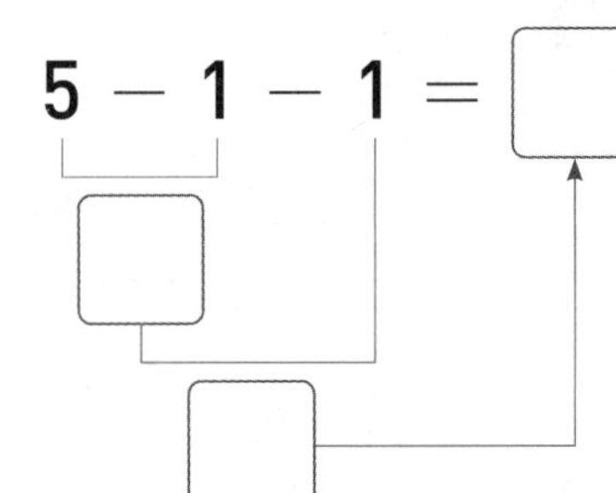

7 － 2 － 1 ＝ □

❹
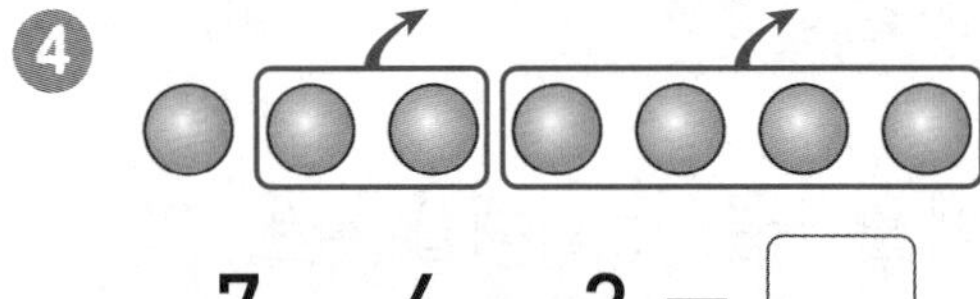

7 － 4 － 2 ＝ □

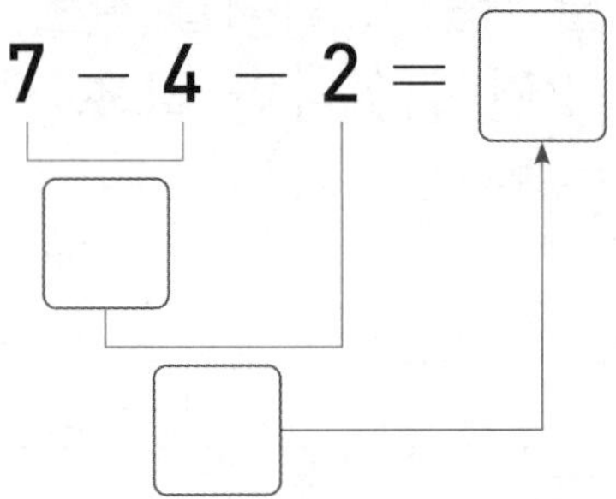

❺
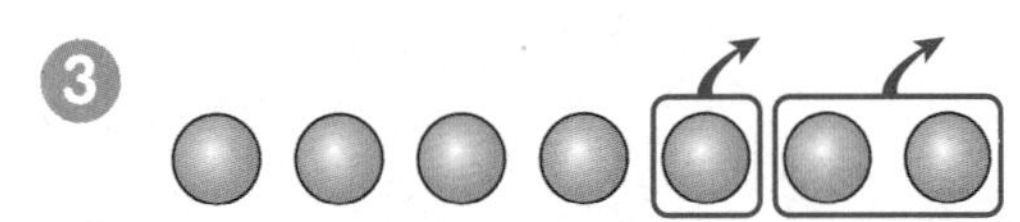

8 － 3 － 3 ＝ □

❻
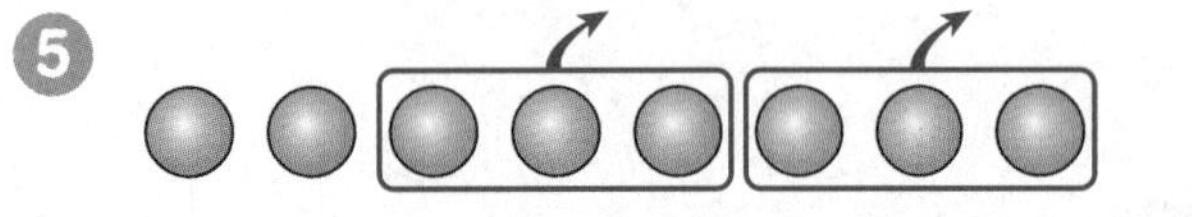

8 － 2 － 3 ＝ □

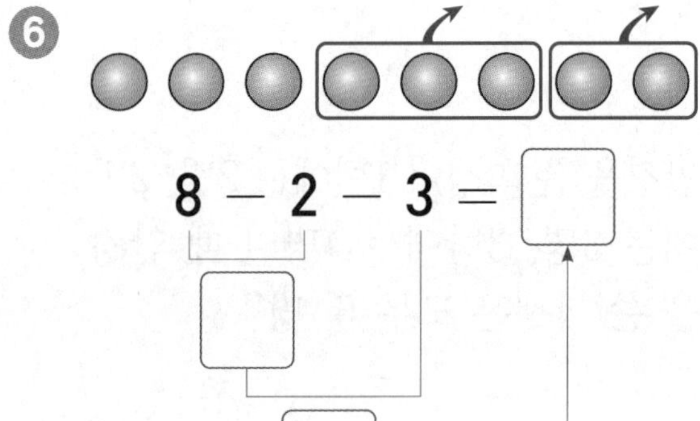

맞은 개수 / 16개

▶ 정답과 해설 5쪽

계산해 보세요.

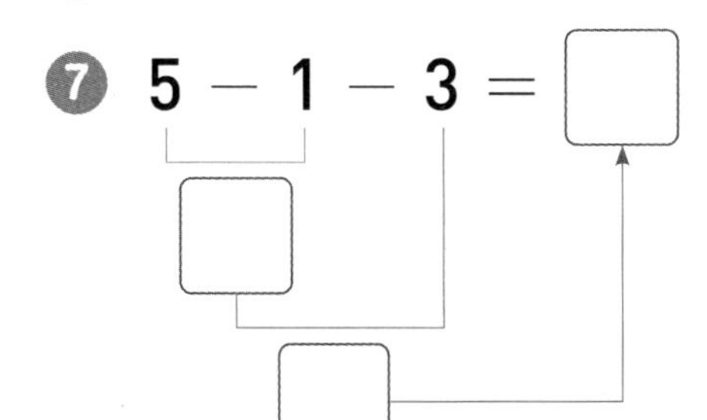

⑦ $5 - 1 - 3 = \square$

⑧ $9 - 3 - 2 = \square$

⑨ $6 - 3 - 1 = \square$

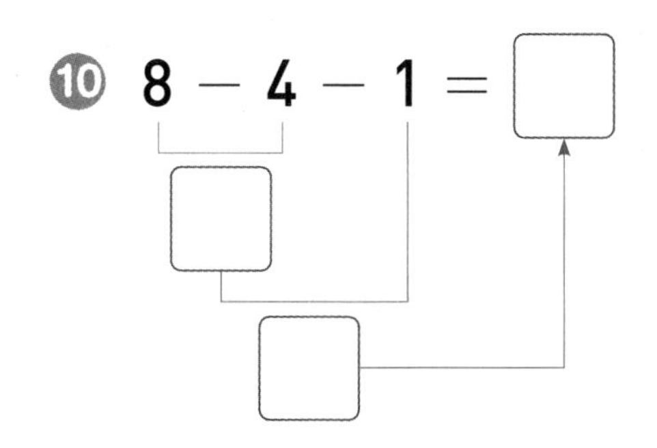

⑩ $8 - 4 - 1 = \square$

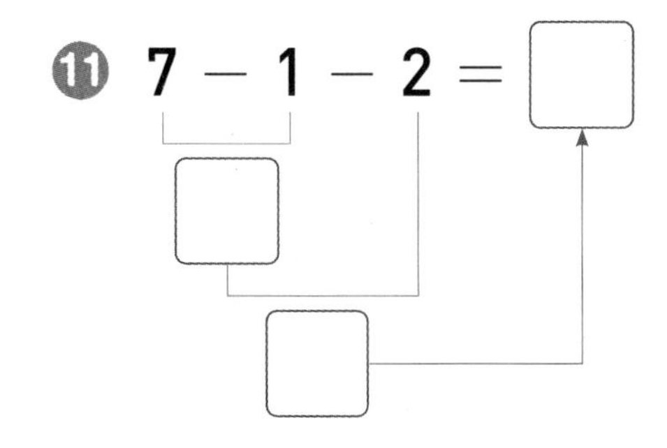

⑪ $7 - 1 - 2 = \square$

⑫ $8 - 3 - 4 = \square$

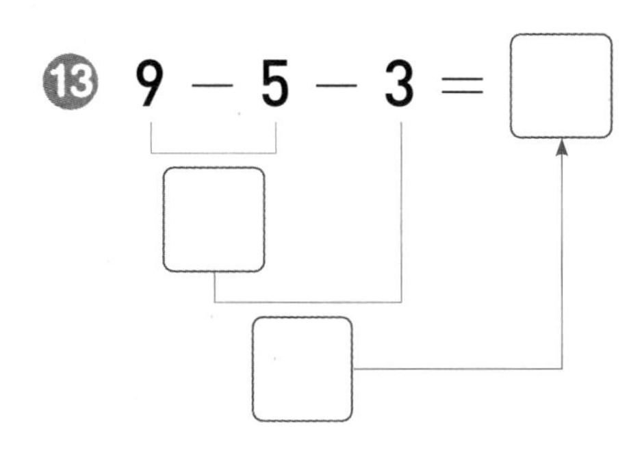

⑬ $9 - 5 - 3 = \square$

⑭ $6 - 1 - 3 = \square$

⑮ $5 - 2 - 1 = \square$

⑯ $7 - 4 - 1 = \square$

2 일차

세 수의 뺄셈

계산해 보세요.

1 $5-1-2=\square$

2 $6-1-4=\square$

3 $7-3-3=\square$

4 $8-5-1=\square$

5 $9-4-2=\square$

6 $5-2-3=\square$

빈칸에 알맞은 수를 써넣으세요.

7

8 → −1 → −2 → □

8

7 → −4 → −1 → □

9

7 → −2 → −3 → □

10

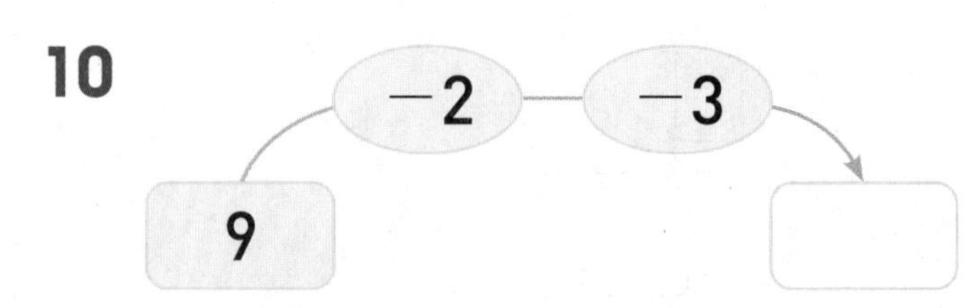

11

6 → −2 → −2 → □

12

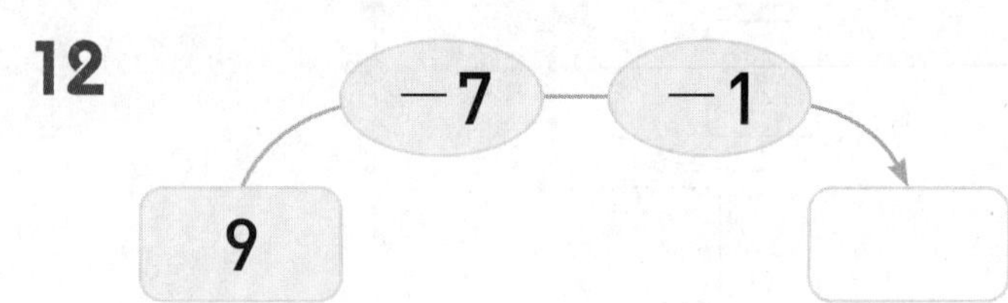

플러스 계산 연습

맞은 개수 / 20개

▶ 정답과 해설 5쪽

생활 속 계산

글에 맞게 그림에 /을 긋고 남은 과일의 수를 구하세요.

13

아침에 1개, 저녁에 1개를 먹었습니다.

➔ 5－1－1＝☐(개)

14

아침에 2개, 저녁에 1개를 먹었습니다.

➔ 6－2－1＝☐(개)

15

1개를 먹고 친구에게 3개를 주었습니다.

➔ ☐－☐－☐＝☐(개)

16

3개를 먹고 친구에게 2개를 주었습니다.

➔ ☐－☐－☐＝☐(개)

문장 읽고 계산식 세우기

17

공책 8권 중 친구에게 3권을 주고, 동생에게 2권을 주었다면 남아 있는 공책은 몇 권?

식 8－☐－☐＝☐(권)

18

연필 9자루 중 친구에게 2자루를 주고, 동생에게 4자루를 주었다면 남아 있는 연필은 몇 자루?

식 9－☐－☐＝☐(자루)

19

곶감 7개 중 지혜가 2개, 윤석이가 4개 먹었다면 남아 있는 곶감은 몇 개?

식 ☐－☐－☐＝☐(개)

20

감자 9개 중 선호가 3개, 시아가 3개 먹었다면 남아 있는 감자는 몇 개?

식 ☐－☐－☐＝☐(개)

10이 되는 더하기

이렇게 해결하자

• 10이 되는 더하기

1+9=10	6+4=10
2+8=10	7+3=10
3+7=10	8+2=10
4+6=10	9+1=10
5+5=10	

모아서 10이 되는 두 수는 1과 9, 2와 8, 3과 7, 4와 6, 5와 5예요.

그림에 알맞은 덧셈식을 만들어 보세요.

❶

3+☐=10

❷

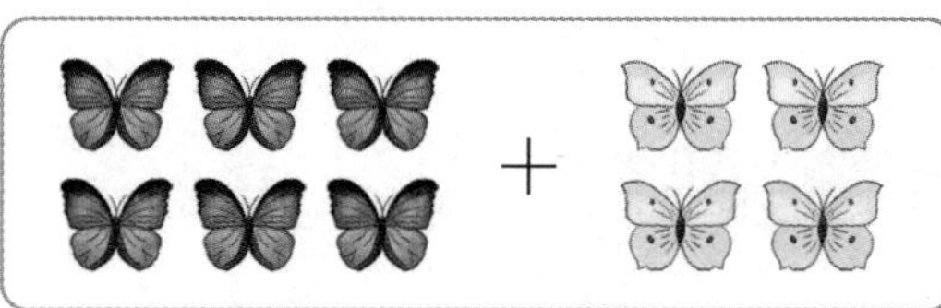

6+☐=10

❸

☐+☐=10

❹

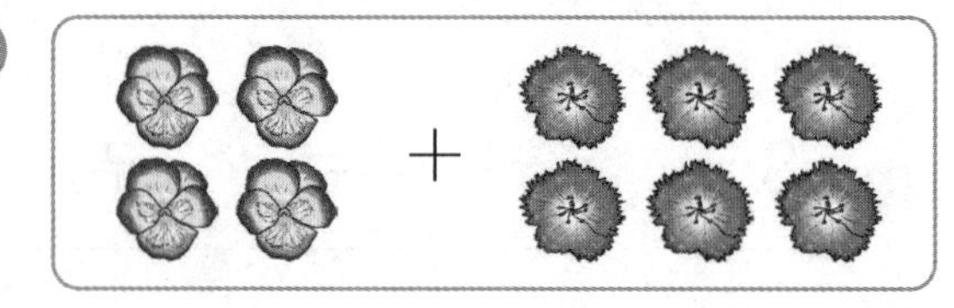

☐+☐=10

❺

☐+☐=10

❻

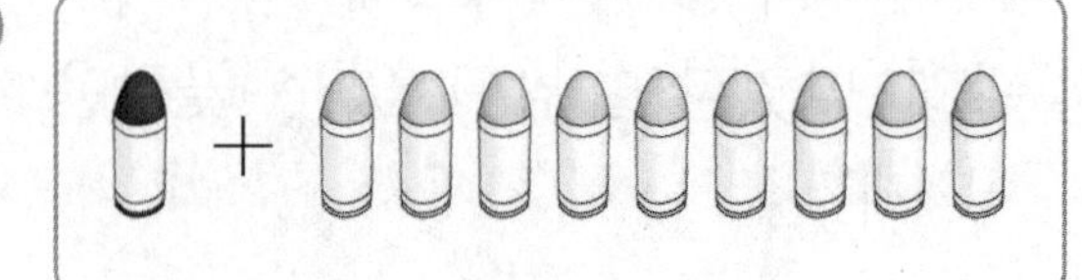

☐+☐=10

제한 시간 3분

기초 계산 연습

맞은 개수 / 20개

▶ 정답과 해설 5쪽

그림을 보고 10이 되는 덧셈식을 만들어 보세요.

7
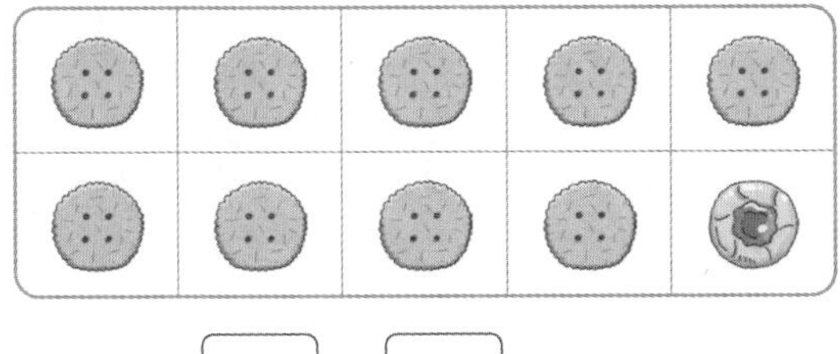

$\square + \square = 10$

8

$\square + \square = 10$

9
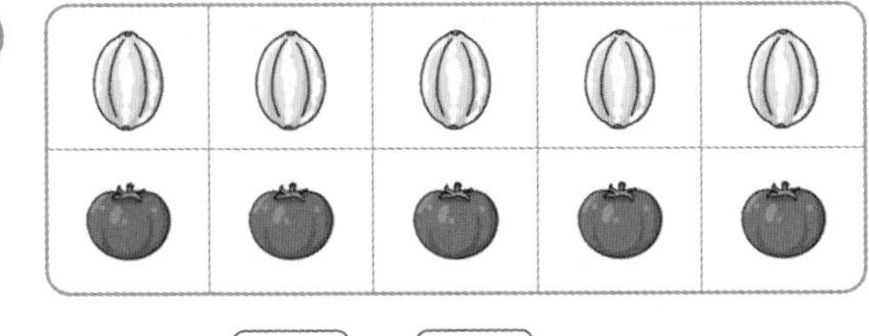

$\square + \square = 10$

10
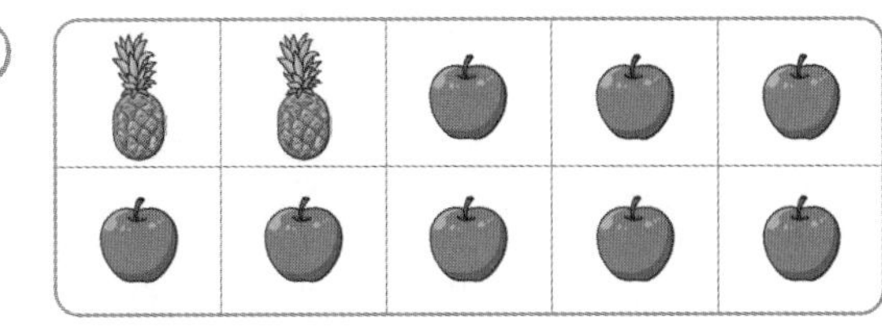

$\square + \square = 10$

11

$\square + \square = 10$

12
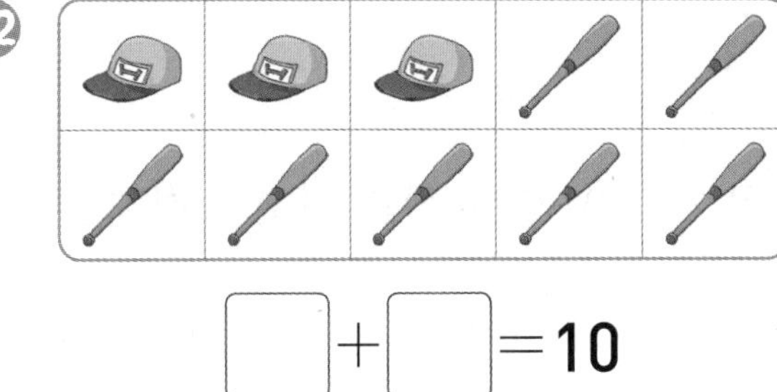

$\square + \square = 10$

덧셈을 해 보세요.

13 $9+1=\square$

14 $6+4=\square$

15 $3+7=\square$

16 $8+2=\square$

17 $4+6=\square$

18 $5+5=\square$

19 $2+8=\square$

20 $7+3=\square$

3 일차

100 되는 더하기

더해서 10이 되는 두 수에 ○표 하세요.

1 2 5 8

2 1 3 7

3 9 1 6

4 6 4 3

5 7 0 3

6 5 2 5

합이 10이 되는 칸을 찾아 색칠해 보세요.

7

7+2	9+1
2+3	6+3

8

2+7	4+4
3+7	9+0

9

5+5	4+2
3+6	8+1

10

8+2	4+3
3+5	6+2

11

2+3	8+0
5+4	7+3

12

7+1	4+4
4+6	5+2

플러스 계산 연습

맞은 개수 / 20개

▶ 정답과 해설 6쪽

빵의 수와 상자에 적힌 수의 합이 10이 되도록 선을 이어 보세요.

13

3 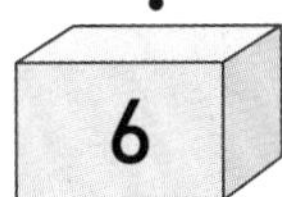

14

7 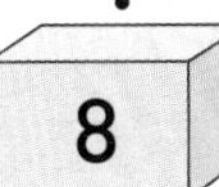

5

문장 읽고 계산식 세우기

15 3과 7의 합은?

식 3+☐=☐

16 6과 4의 합은?

식 6+☐=☐

17 5와 5의 합은?

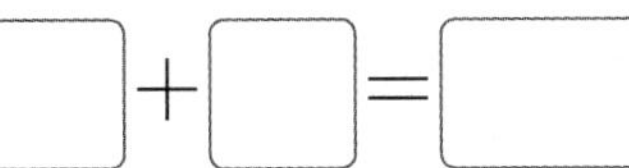

18 2와 8의 합은?

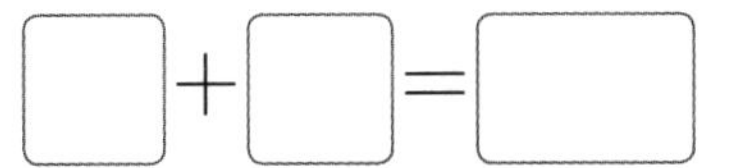

19 동화책을 어제 4쪽 읽고 오늘 6쪽 읽었다면 어제와 오늘 읽은 동화책은 모두 몇 쪽?

식 4+☐=☐(쪽)

20 위인전을 어제 8쪽 읽고 오늘 2쪽 읽었다면 어제와 오늘 읽은 위인전은 모두 몇 쪽?

식 8+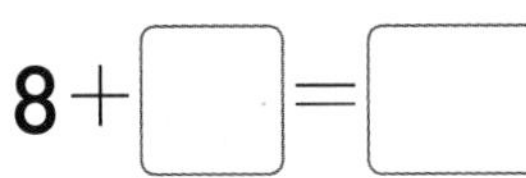(쪽)

4 일차 100| 되는 더하기에서 모르는 수 구하기

이렇게 해결하자

• $4+\square=10$에서 □ 구하기

○	○	○	○	○
○	○	○	○	○

10칸을 모두 채우려면 ○는 6개 더 필요합니다.

$4+\boxed{6}=10$

4와 더해서 10이 되는 수는 6이에요.

합이 10이 되도록 ○를 더 그려 넣고 □ 안에 알맞은 수를 써넣으세요.

❶

○	○	○	○	○

$5+\square=10$

❷

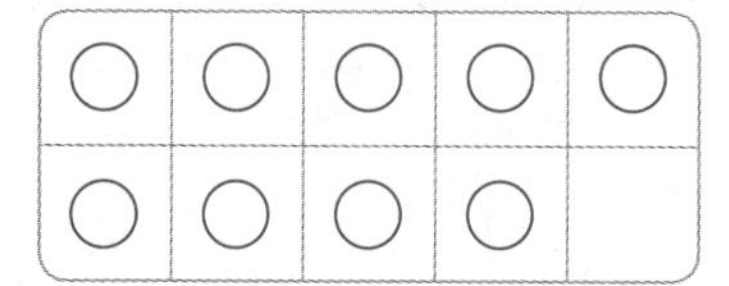

$9+\square=10$

❸

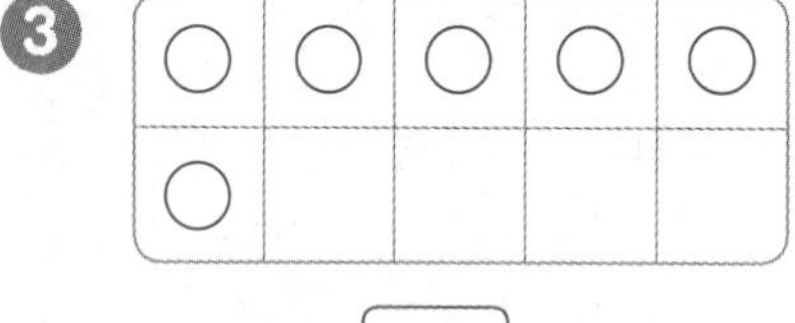

$6+\square=10$

❹

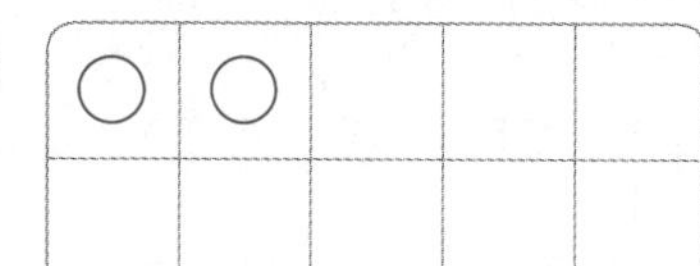

$2+\square=10$

❺

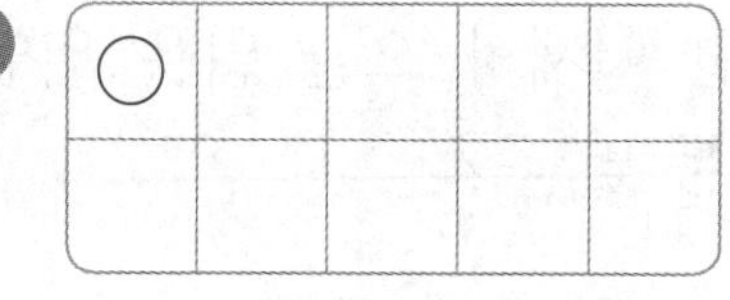

$1+\square=10$

❻

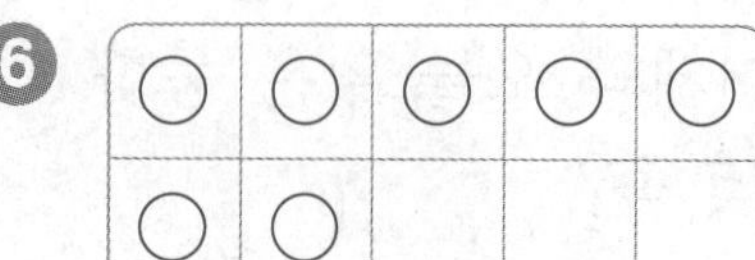

$7+\square=10$

기초 계산 연습

맞은 개수 / 20개

▶ 정답과 해설 6쪽

□ 안에 알맞은 수를 써넣으세요.

7
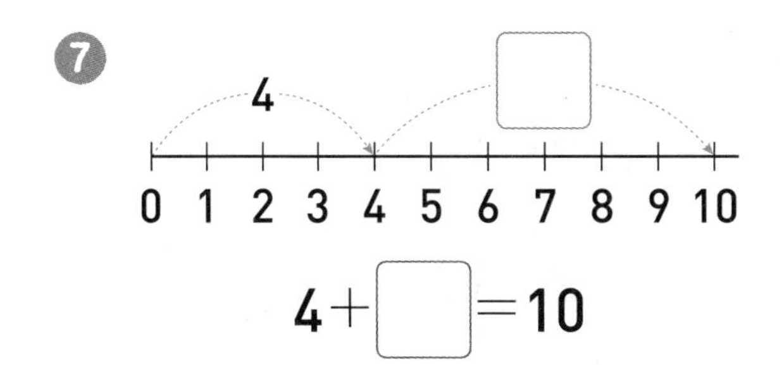

4+□=10

8

9

0 1 2 3 4 5 6 7 8 9 10

9+□=10

9
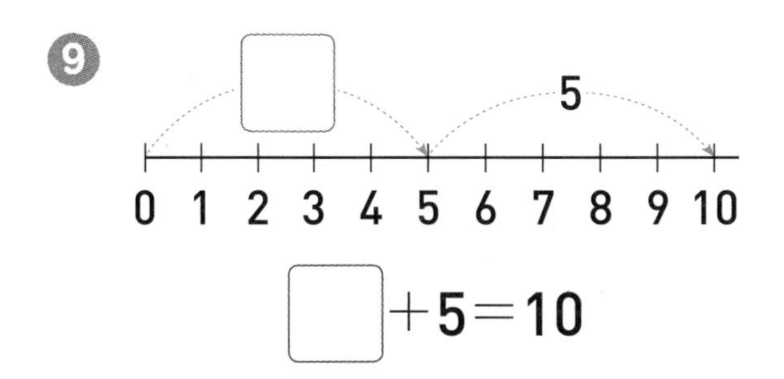

□+5=10

10
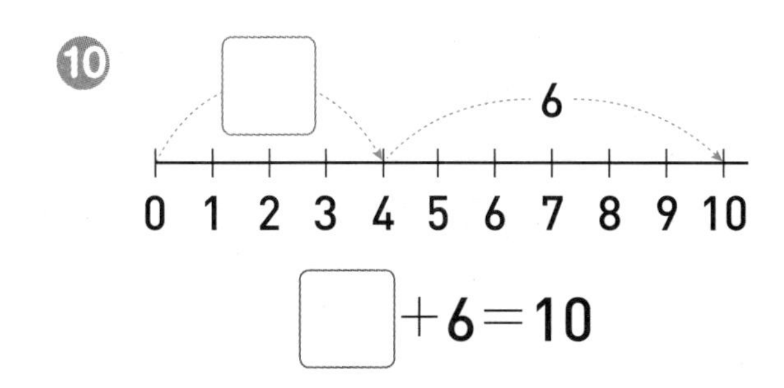

□+6=10

11
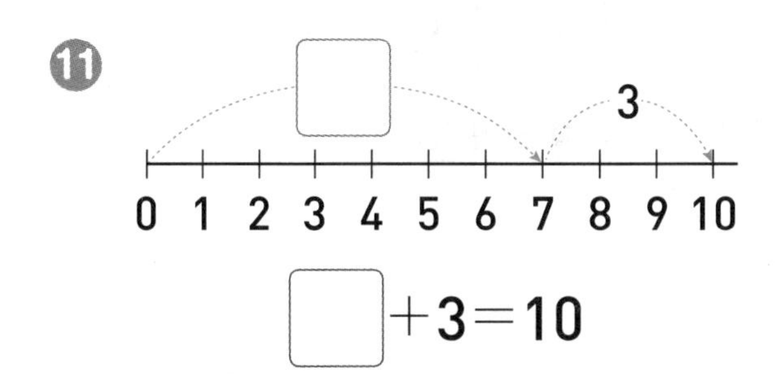

□+3=10

12
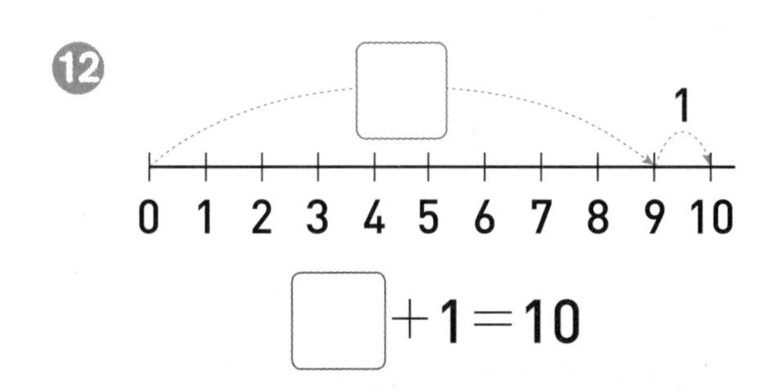

□+1=10

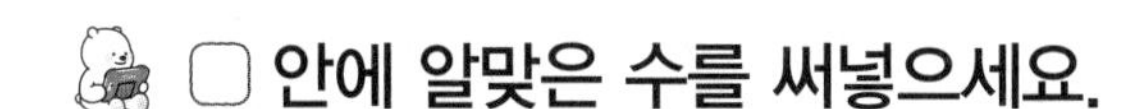

□ 안에 알맞은 수를 써넣으세요.

13 3+□=10

14 8+□=10

15 6+□=10

16 5+□=10

17 □+2=10

18 □+7=10

19 □+6=10

20 □+9=10

4 일차 10이 되는 더하기에서 모르는 수 구하기

□ 안에 알맞은 수를 써넣으세요.

1
$1+\square=10$
$3+\square=10$

2
$\square+7=10$
$\square+2=10$

3
$5+\square=10$
$4+\square=10$

4
$\square+1=10$
$\square+8=10$

5
$8+\square=10$
$6+\square=10$

6
$\square+9=10$
$\square+3=10$

빈칸에 알맞은 수를 써넣으세요.

7 9 → $+\square$ → 10

8 7 → $+\square$ → 10

9 6 → $+\square$ → 10

10 8 → $+\square$ → 10

11 $\square$ → $+3$ → 10

12

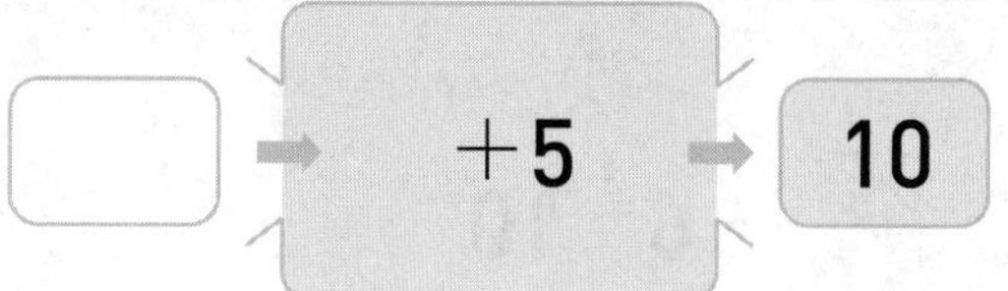

플러스 계산 연습

맞은 개수 / 20개

▶ 정답과 해설 6쪽

생활 속 계산

연필이 모두 10자루 있습니다. 필통에 들어 있는 연필의 수를 구하세요.

13

☐자루

14

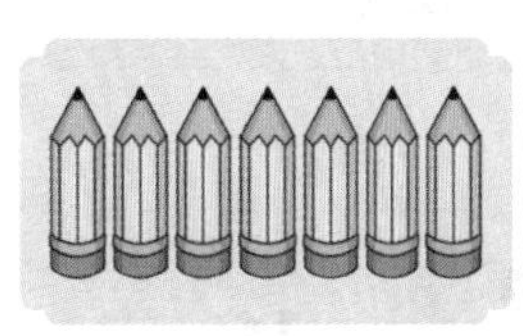

☐자루

15

☐자루

16

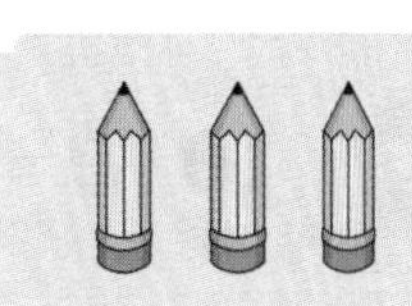
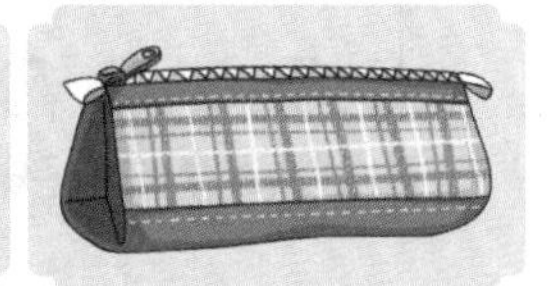

☐자루

문장 읽고 계산식 세우기

어떤 수를 ▲라 하고 식을 세워 답을 구하세요.

17

2와 어떤 수의 합이 10이라면 어떤 수는 얼마인지?

식 2+▲=10

답 ▲=☐

18

어떤 수와 9의 합이 10이라면 어떤 수는 얼마인지?

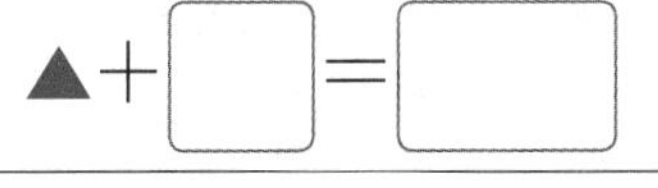

식 ▲+☐=☐

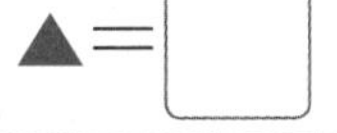

답 ▲=☐

19

사과 3개가 있었는데, 몇 개를 더 사 오니 모두 10개가 되었습니다. 사 온 사과는 몇 개?

└▲개

식 ☐+▲=☐

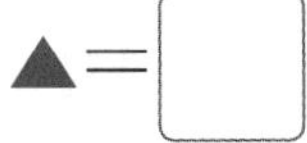

답 ▲=☐

20

감자 5개가 있었는데, 몇 개를 더 사 오니 모두 10개가 되었습니다. 사 온 감자는 몇 개?

└▲개

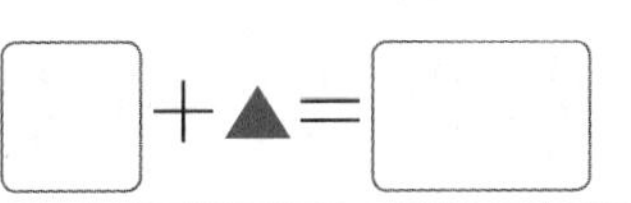

식 ☐+▲=☐

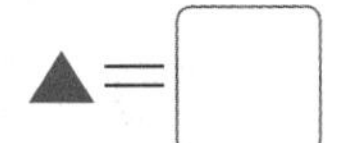

답 ▲=☐

5 일차

10에서 빼기

이렇게 해결하자

• 10에서 빼기

10−1=9	10−6=4
10−2=8	10−7=3
10−3=7	10−8=2
10−4=6	10−9=1
10−5=5	

10은 1과 9, 2와 8, 3과 7, 4와 6, 5와 5로 가를 수 있어요.

그림에 맞는 뺄셈식을 만들어 보세요.

❶

10−5=□

❷

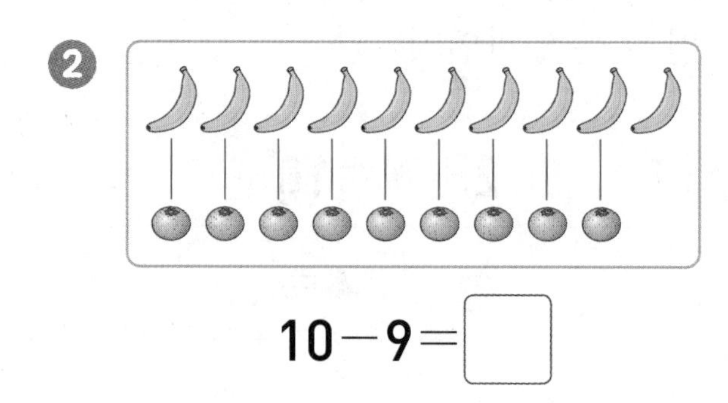

10−9=□

❸

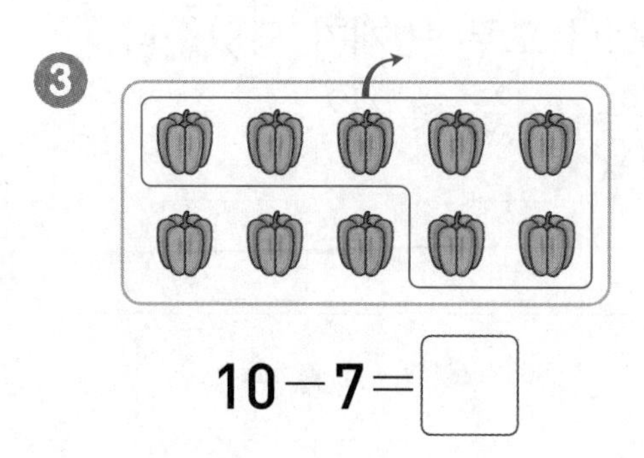

10−7=□

❹

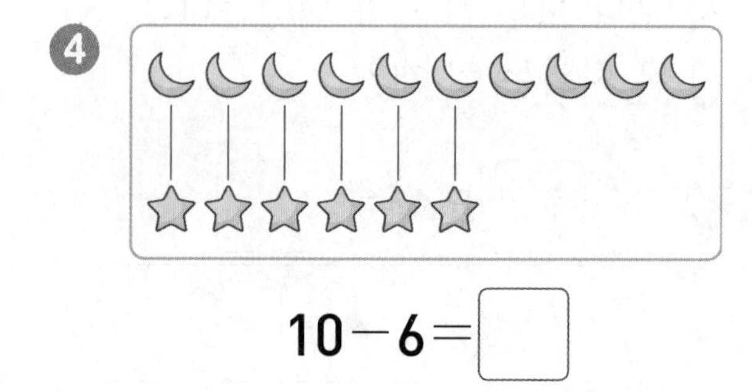

10−6=□

기초 계산 연습

맞은 개수 / 18개

▶ 정답과 해설 7쪽

5 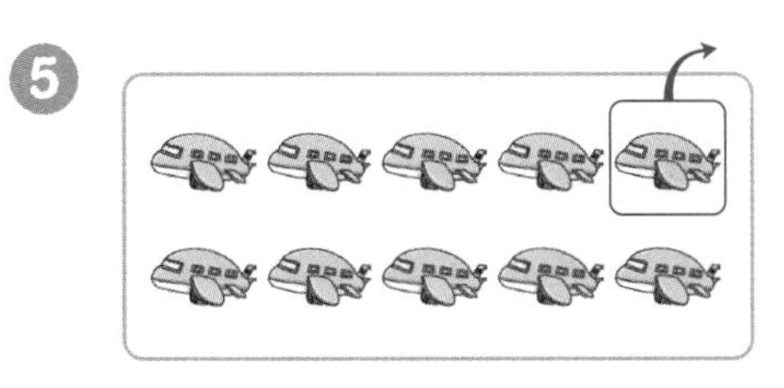

10 − 1 = □

6 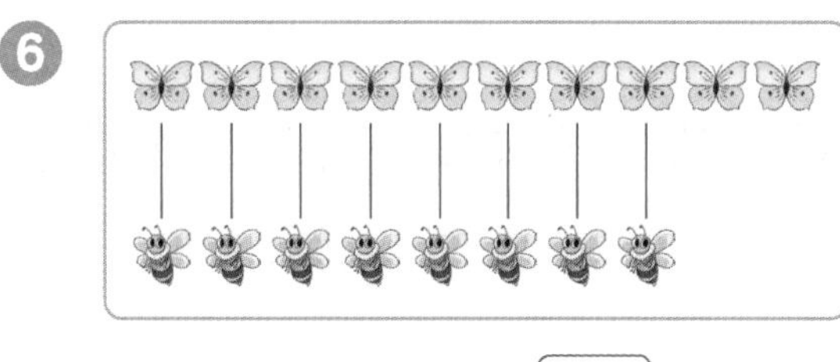

10 − 8 = □

7 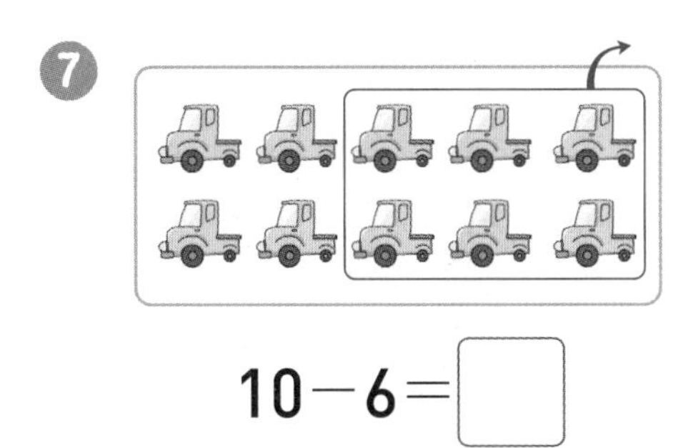

10 − 6 = □

8 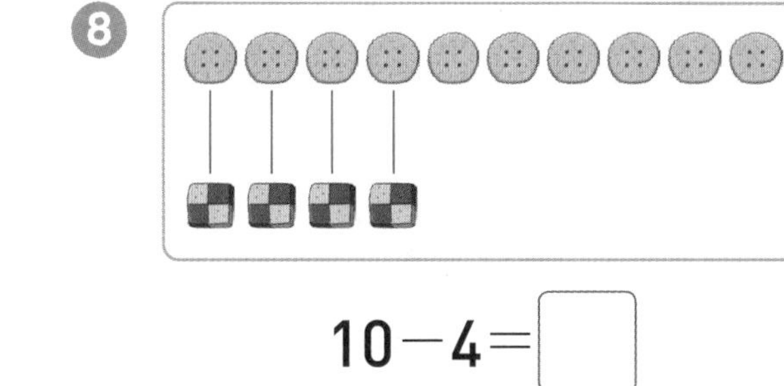

10 − 4 = □

9 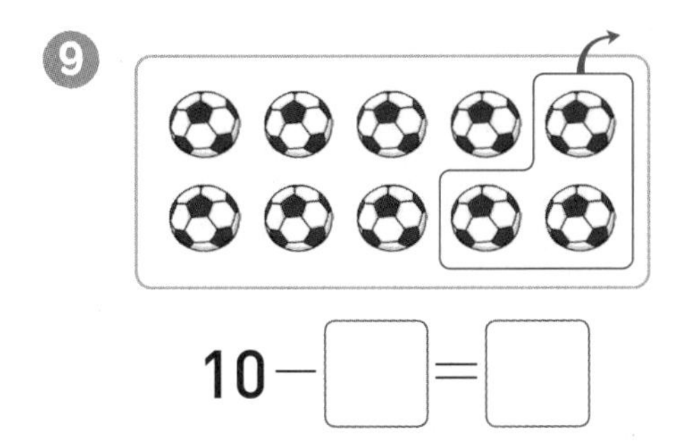

10 − □ = □

10 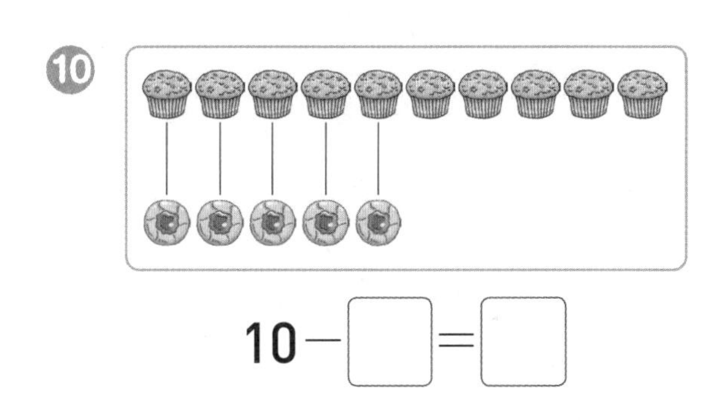

10 − □ = □

빨셈을 해 보세요.

11 10 − 2 = □

12 10 − 3 = □

13 10 − 4 = □

14 10 − 5 = □

15 10 − 7 = □

16 10 − 9 = □

17 10 − 1 = □

18 10 − 6 = □

10에서 빼기

식에 맞게 ◯를 /으로 지우고 ▢ 안에 알맞은 수를 써넣으세요.

1

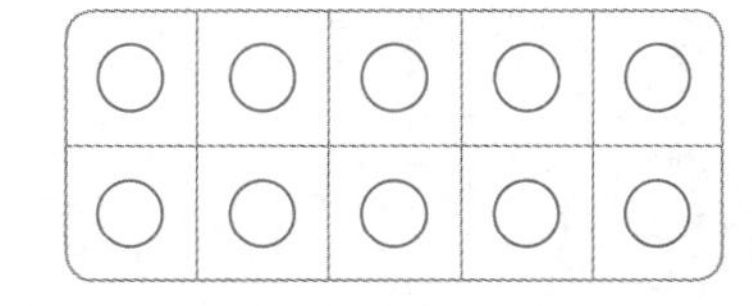

10－4＝▢

2

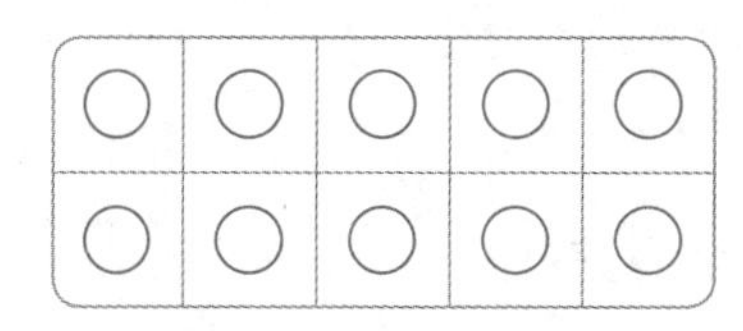

10－7＝▢

3

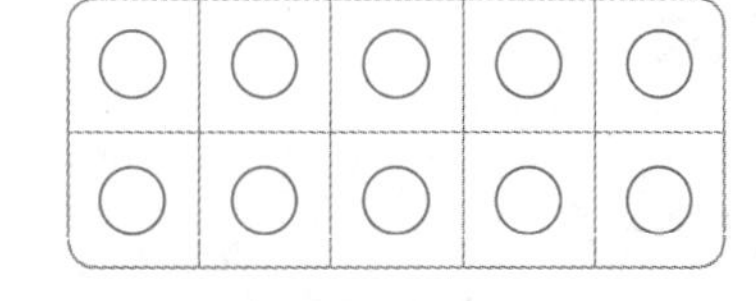

10－2＝▢

4

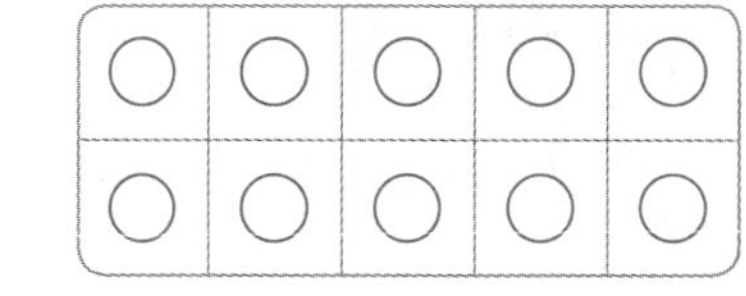

10－8＝▢

5

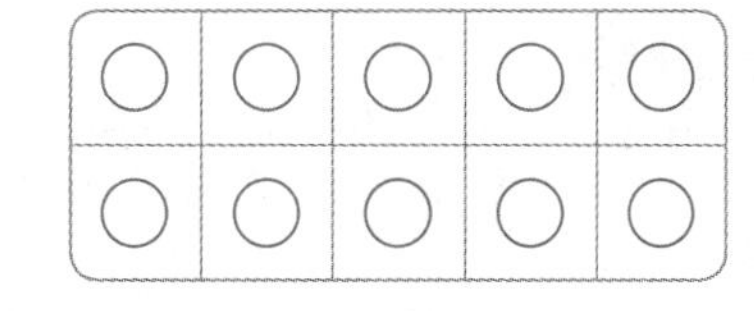

10－3＝▢

6

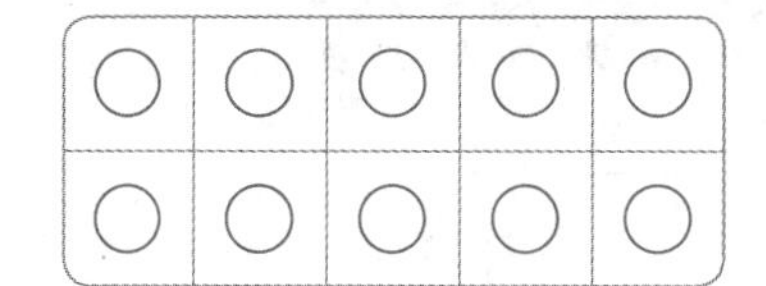

10－5＝▢

빈칸에 두 수의 차를 써넣으세요.

7

10	8

8

9

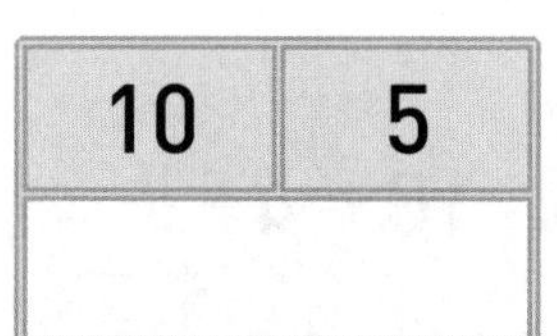

10

11

10	4

12

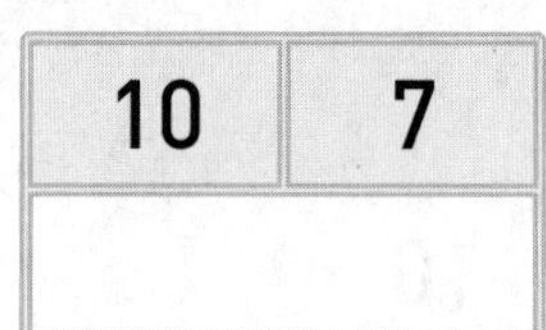

플러스 계산 연습

맞은 개수 / 22개

▶ 정답과 해설 7쪽

생활 속 계산

구슬 10개가 들어 있는 상자에서 손바닥 위의 구슬 수만큼 꺼냈습니다. 상자에 남은 구슬은 몇 개인지 뺄셈식을 만들어 보세요.

13

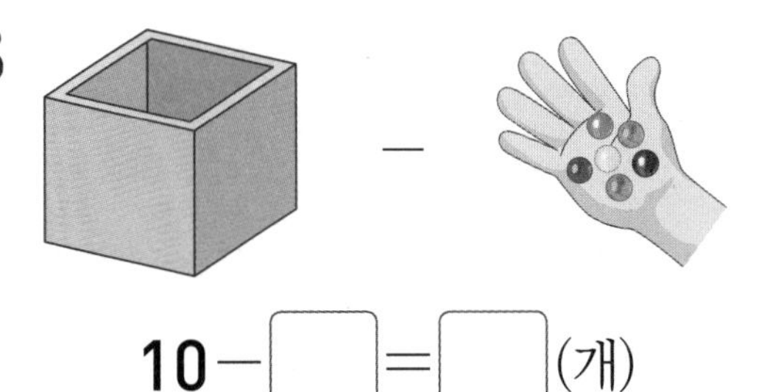

10 − □ = □ (개)

14

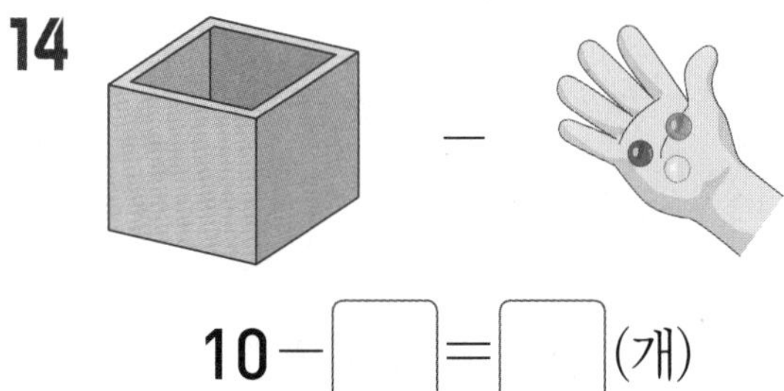

10 − □ = □ (개)

15

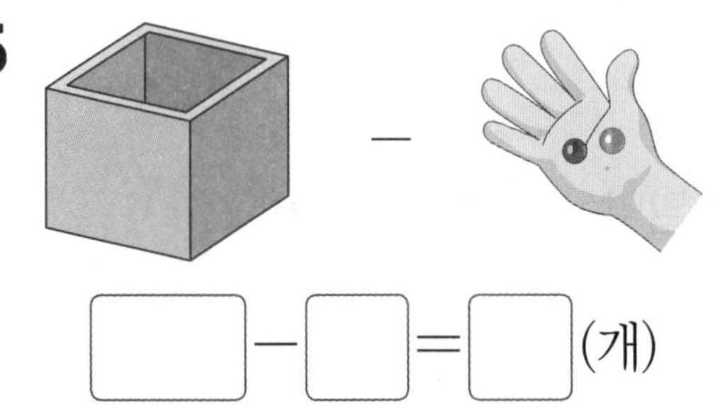

□ − □ = □ (개)

16

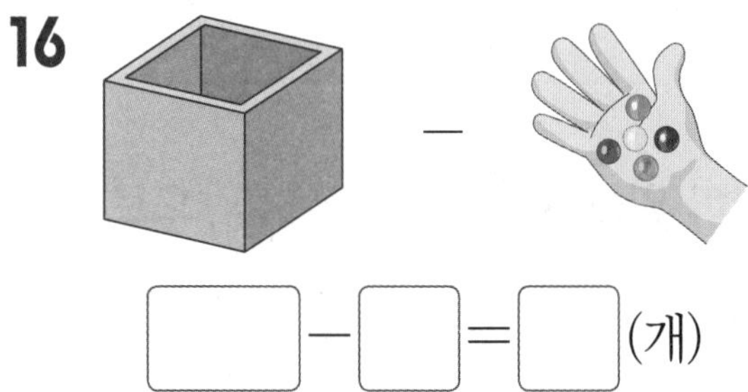

□ − □ = □ (개)

문장 읽고 계산식 세우기

17 10과 7의 차는?

식 10 − □ = □

18 10과 1의 차는?

식 □ − 1 = □

19 10과 2의 차는?

식 □ − □ = □

20 10과 9의 차는?

식 □ − □ = □

21 초콜릿 10개 중 5개를 먹었다면 남은 초콜릿은 몇 개?

식 10 − □ = □ (개)

22 도넛 10개 중 6개를 먹었다면 남은 도넛은 몇 개?

식 10 − □ = □ (개)

10에서 빼기에서 모르는 수 구하기

이렇게 해결하자

• 10－□＝7에서 □ 구하기

○	○	○	○	○
○	○	∅	∅	∅

○가 **10**개 중에서 **7**개 남으려면 ╱으로 **3**개 지웁니다.

10－[3]＝7

10에서 7이 되려면 3을 빼야 해요.

남아 있는 수가 되도록 ○를 /으로 지우고 □ 안에 알맞은 수를 써넣으세요.

❶

○	○	○	○	○
○	○	○	○	○

10－□＝9

❷

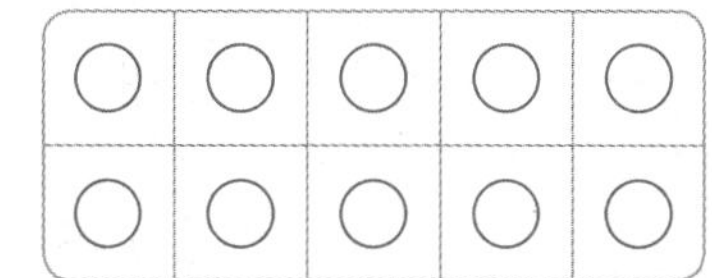

10－□＝8

❸

○	○	○	○	○
○	○	○	○	○

10－□＝5

❹

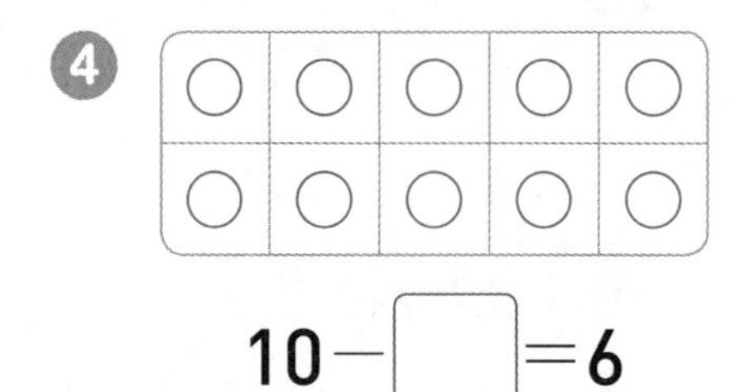

10－□＝6

❺

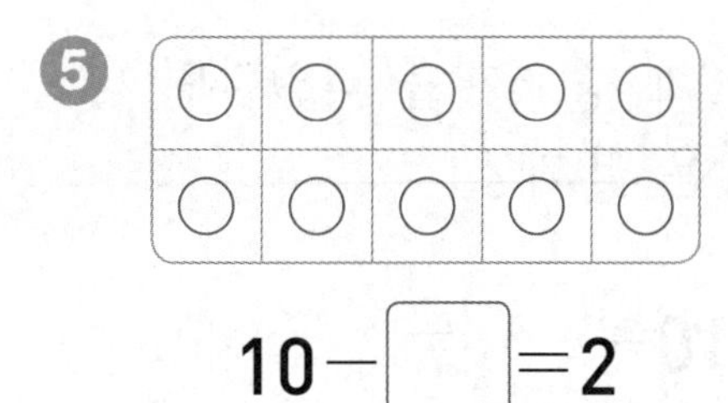

10－□＝2

❻

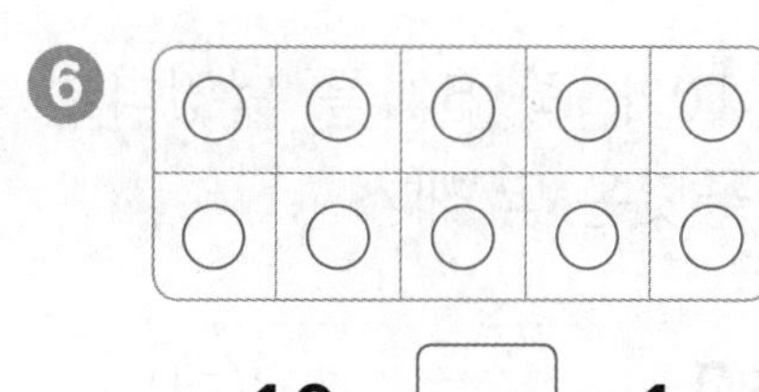

10－□＝1

기초 계산 연습

▶ 정답과 해설 7쪽

□ 안에 알맞은 수를 써넣으세요.

⑦
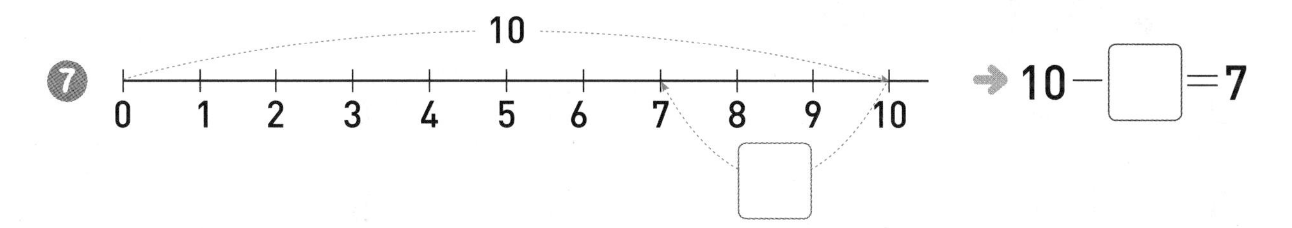

→ 10 − □ = 7

⑧
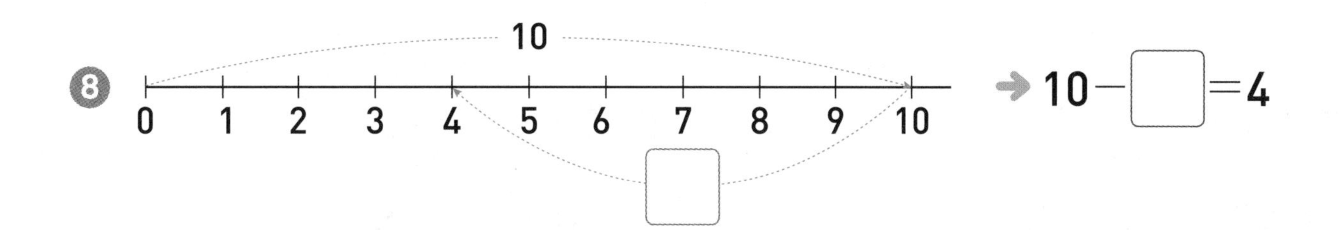

→ 10 − □ = 4

⑨
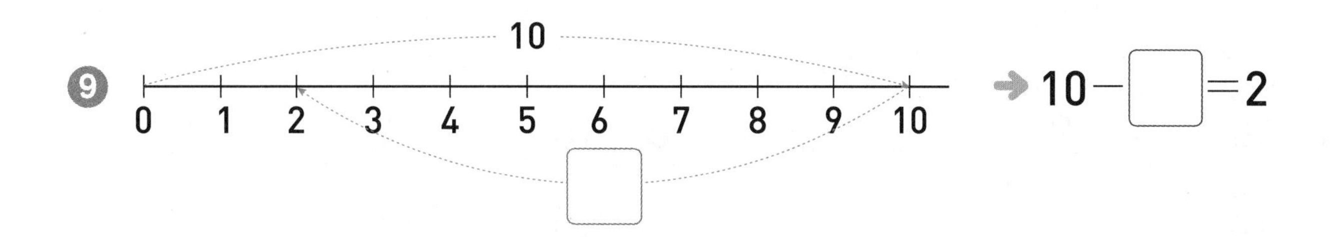

→ 10 − □ = 2

⑩
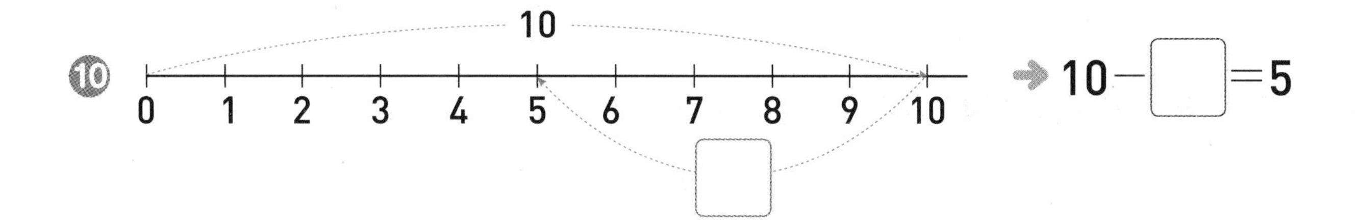

→ 10 − □ = 5

□ 안에 알맞은 수를 써넣으세요.

⑪ 10 − □ = 4

⑫ 10 − □ = 3

⑬ 10 − □ = 6

⑭ 10 − □ = 2

⑮ 10 − □ = 5

⑯ 10 − □ = 8

⑰ 10 − □ = 7

⑱ 10 − □ = 9

10에서 빼기에서 모르는 수 구하기

□ 안에 알맞은 수를 써넣으세요.

1 $10-\square=4$

$10-\square=1$

2 $10-\square=6$

$10-\square=8$

3 $10-\square=3$

$10-\square=10$

4 $10-\square=2$

$10-\square=5$

5 $10-\square=9$

$10-\square=8$

6 $10-\square=7$

$10-\square=6$

□ 안에 알맞은 수를 써넣으세요.

7 10 → $-\square$ → 3

8

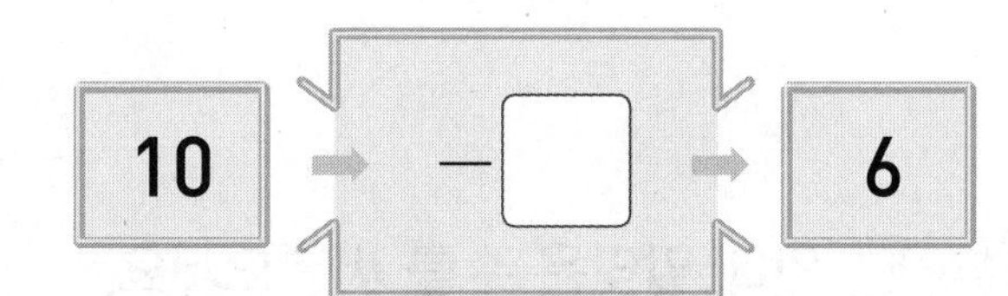

9 10 → $-\square$ → 1

10

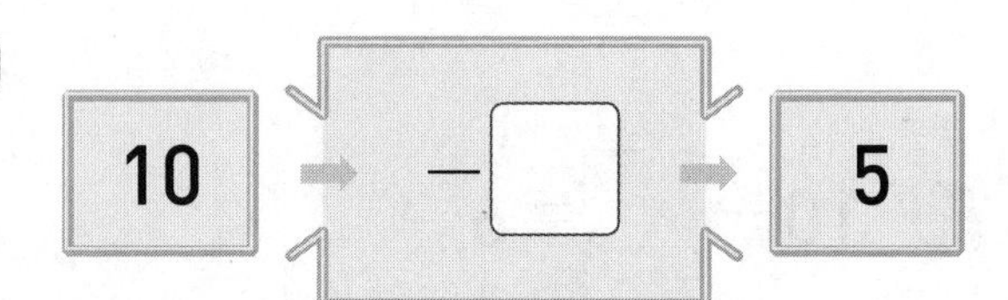

11 10 → $-\square$ → 7

12

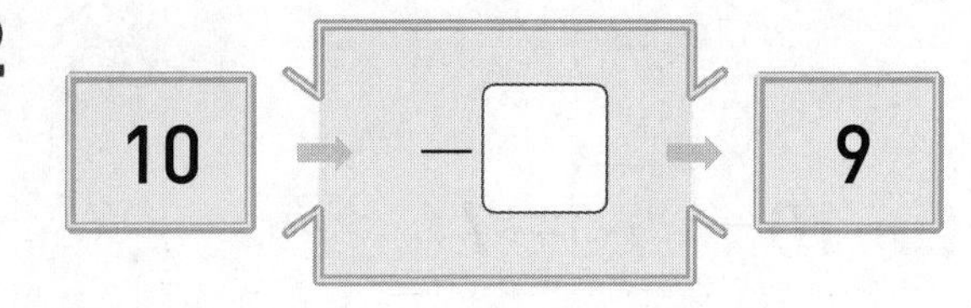

생활 속 계산

달걀 10개 중 몇 개를 먹었더니 다음과 같이 남았습니다. 먹은 달걀은 몇 개인지 ▢ 안에 알맞은 수를 써넣으세요.

13

10 − ▢ = 9

먹은 달걀의 수 / 남은 달걀의 수

14

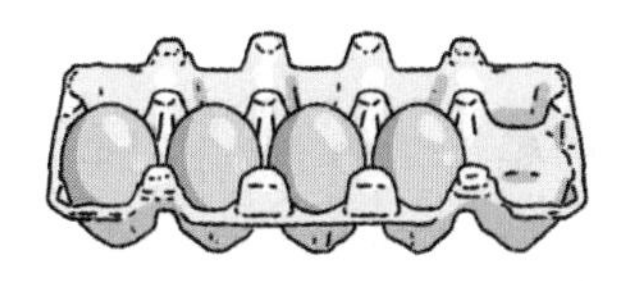

10 − ▢ = 4

15

10 − ▢ = 8

16

10 − ▢ = 3

문장 읽고 계산식 세우기

어떤 수를 ▲라 하고 식을 세워 답을 구하세요.

17 10에서 어떤 수를 뺐더니 1이 되었다면 어떤 수는 얼마인지?

식 10 − ▲ = ▢

답 ▲ = ▢

18 10에서 어떤 수를 뺐더니 6이 되었다면 어떤 수는 얼마인지?

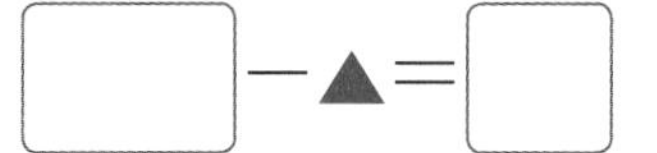

식 ▢ − ▲ = ▢

답 ▲ = ▢

19 딸기 10개 중 몇 개를 먹었더니 남은 딸기는 7개였습니다. 먹은 딸기는 몇 개?

▲개

식 ▢ − ▲ = ▢

답 ▲ = ▢

20 땅콩 10개 중 몇 개를 먹었더니 남은 땅콩은 2개였습니다. 먹은 땅콩은 몇 개?

▲개

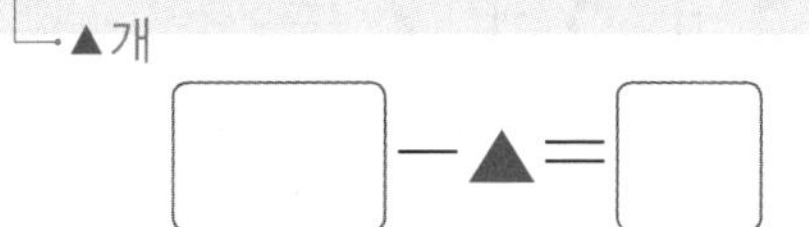

식 ▢ − ▲ = ▢

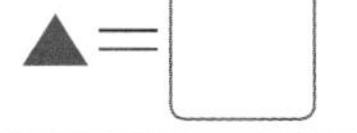

답 ▲ = ▢

7 일차

앞의 두 수로 10을 만들어 더하기

이렇게 해결하자

• 7+3+2의 계산

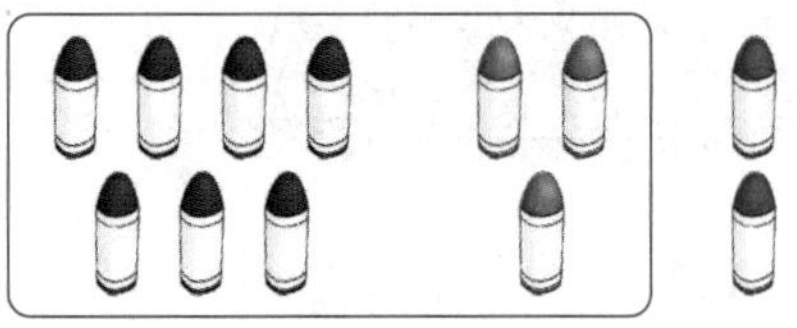

$7+3+2=12$

① 10

② 12

① 앞의 두 수를 더해서 10을 만들고,
② 만든 10에 나머지 한 수를 더합니다.

그림을 보고 □ 안에 알맞은 수를 써넣으세요.

1

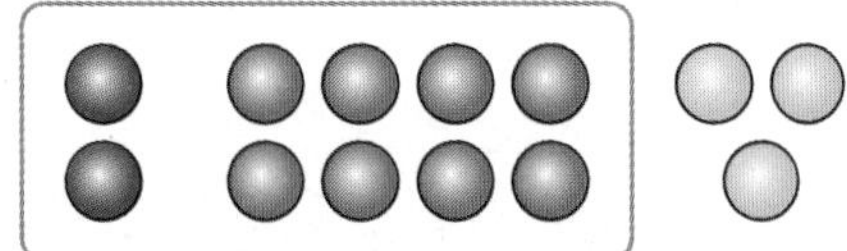

$2+8+3=\square$

10

□

2

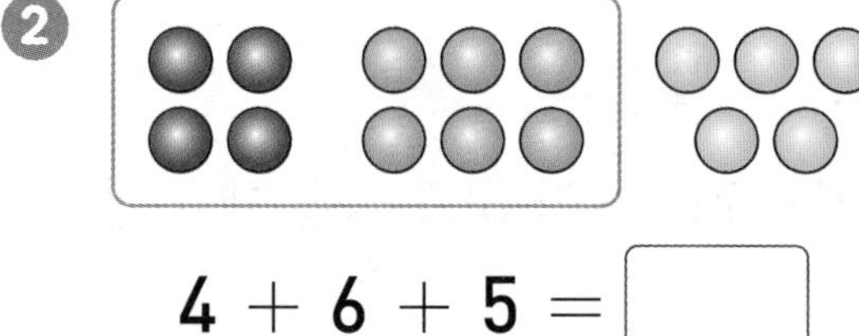

$4+6+5=\square$

10

□

3

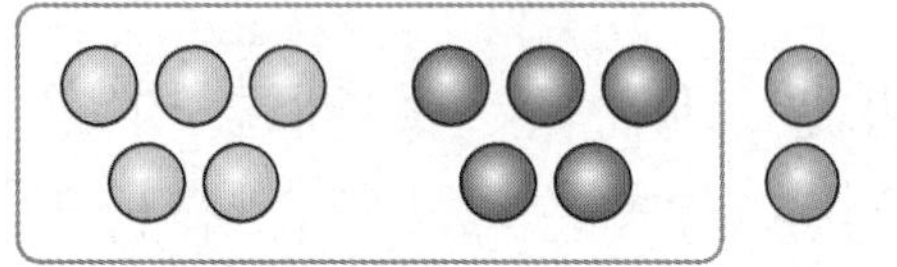

$5+5+2=\square$

10

□

4

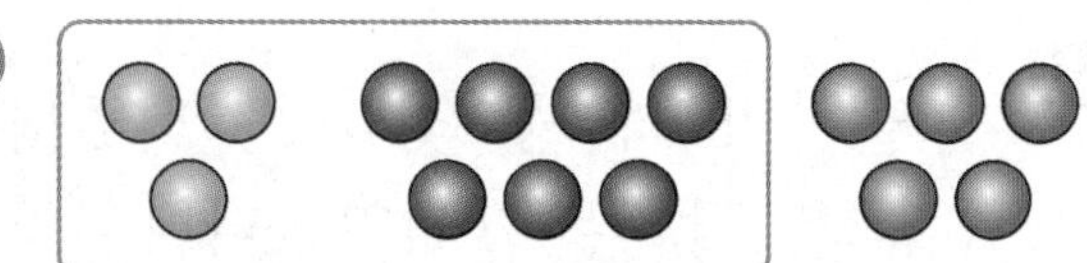

$3+7+5=\square$

10

□

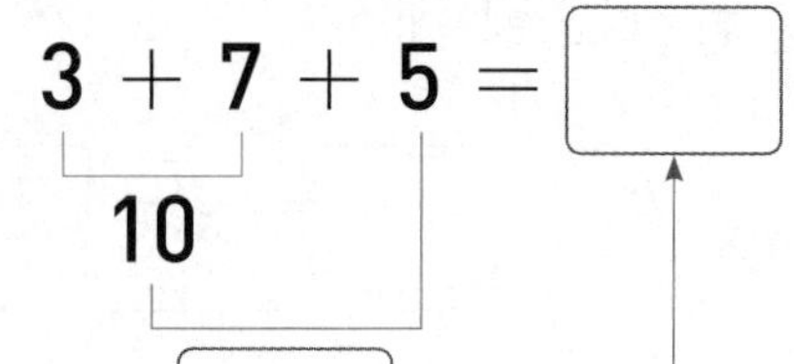

제한 시간 5분

기초 계산 연습

맞은 개수 / 12개

▶ 정답과 해설 7쪽

 ▢ 안에 알맞은 수를 써넣으세요.

❺ $7 + 3 + 6 = \square$

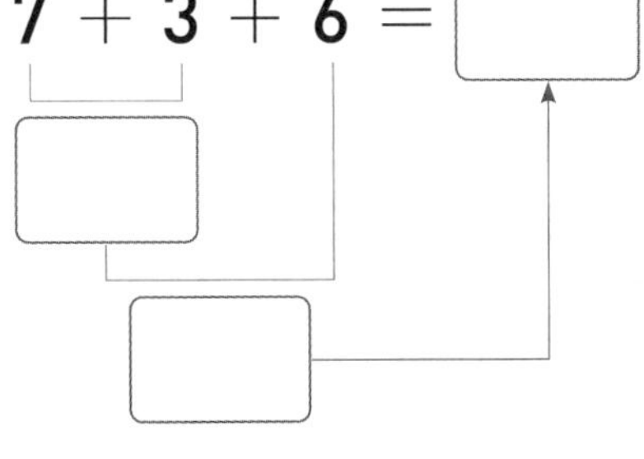

❻ $2 + 8 + 5 = \square$

❼ $5 + 5 + 8 = \square$

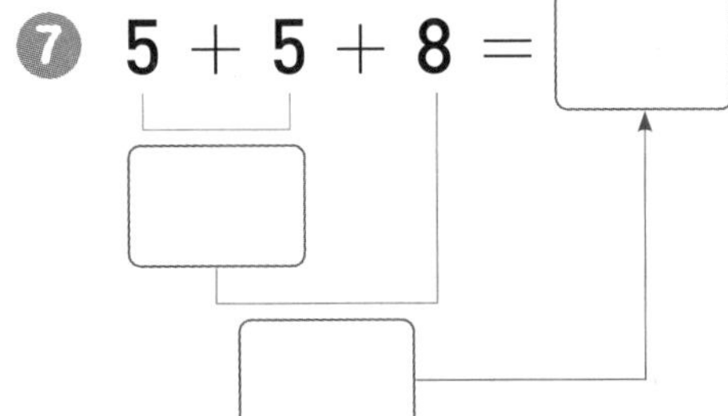

❽ $4 + 6 + 3 = \square$

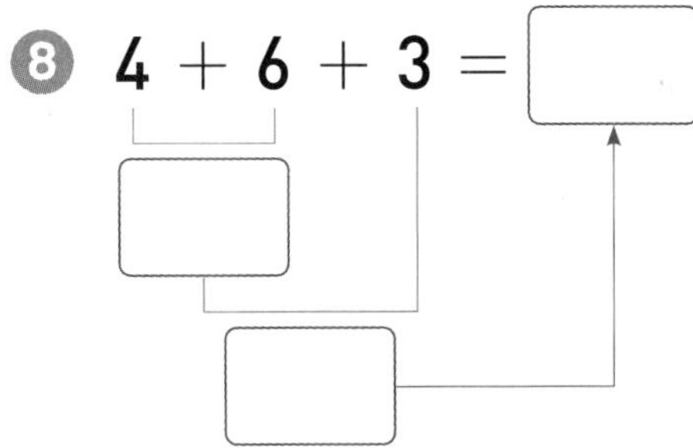

❾ $8 + 2 + 7 = \square$

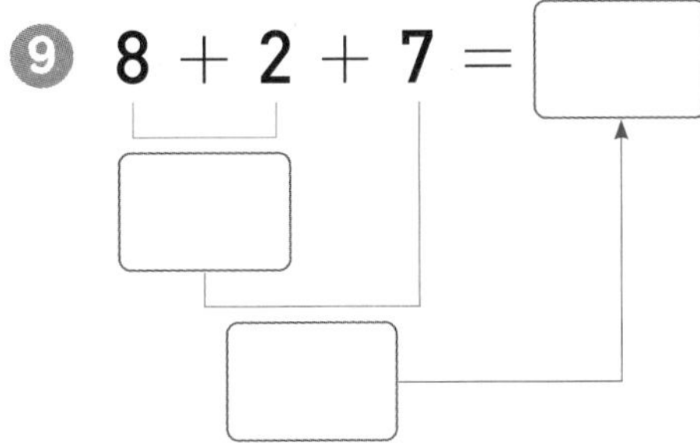

❿ $9 + 1 + 1 = \square$

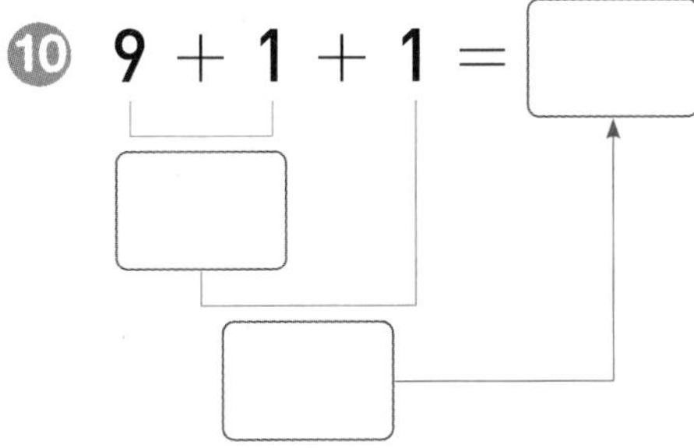

⓫ $6 + 4 + 4 = \square$

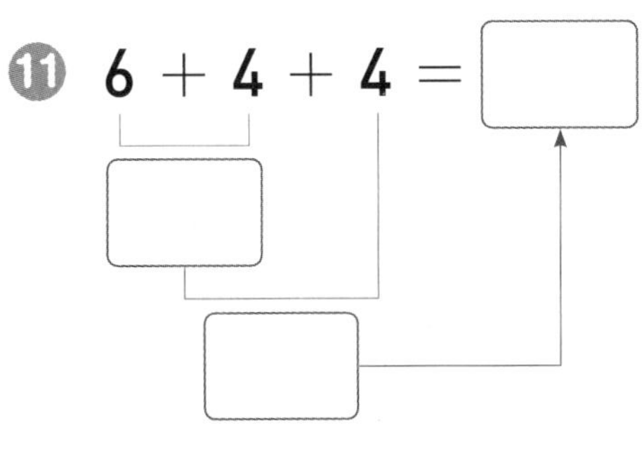

⓬ $3 + 7 + 9 = \square$

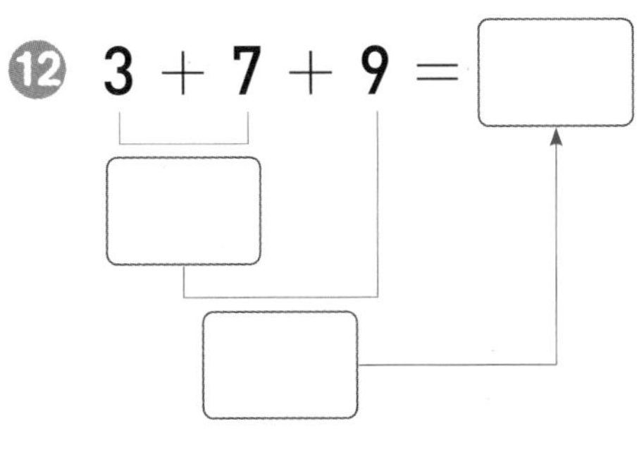

7 일차 앞의 두 수로 10을 만들어 더하기

합이 10이 되는 두 수를 ◯로 묶고 합을 구하세요.

1 $4+6+3=\square$

2 $5+5+4=\square$

3 $7+3+1=\square$

4 $6+4+7=\square$

5 $2+8+4=\square$

6 $1+9+6=\square$

7 $4+6+9=\square$

8 $3+7+2=\square$

빈칸에 알맞은 수를 써넣으세요.

9 1 → +9 → +4 → □

10

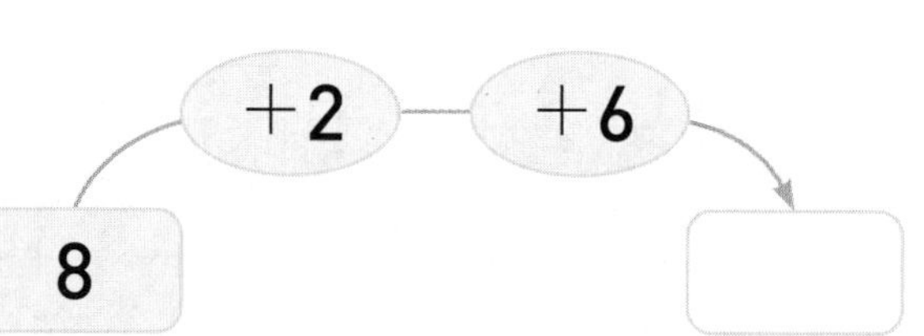

11 3 → +7 → +8 → □

12

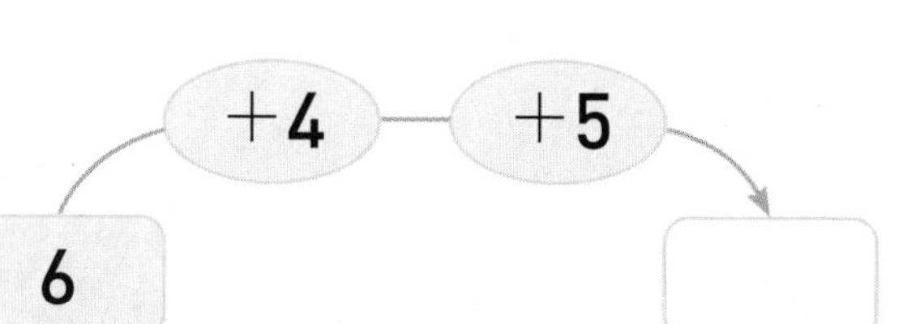

13 5 → +5 → +6 → □

14 2 → +8 → +7 → □

플러스 계산 연습

맞은 개수 / 20개

▶ 정답과 해설 8쪽

생활 속 계산

채소가게에 있는 채소를 보고 덧셈을 하세요.

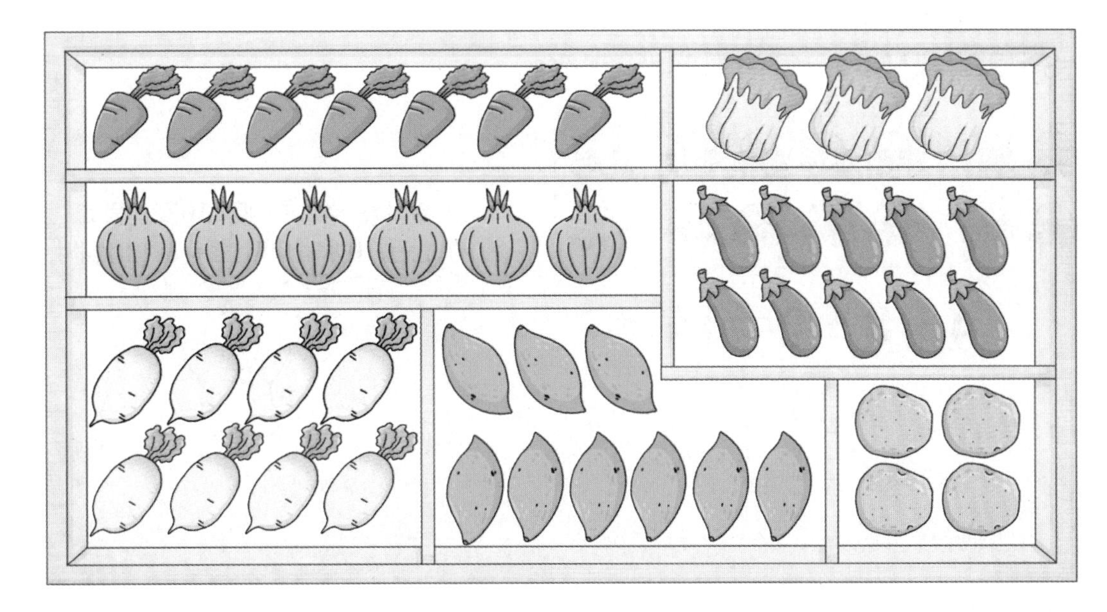

15 ➜ $7+3+4=\square$

16 ➜ $6+\square+\square=\square$

17 ➜ $\square+\square+\square=\square$

18 ➜ $\square+\square+\square=\square$

문장 읽고 계산식 세우기

19 노란색 풍선이 8개, 파란색 풍선이 2개, 빨간색 풍선이 4개 있다면 풍선은 모두 몇 개?

식 $8+2+\square=\square$ (개)

20 위인전이 5권, 동화책이 5권, 만화책이 9권 있다면 책은 모두 몇 권?

식 $5+\square+\square=\square$ (권)

8 일차

뒤의 두 수로 10을 만들어 더하기

이렇게 해결하자

• $4+8+2$의 계산

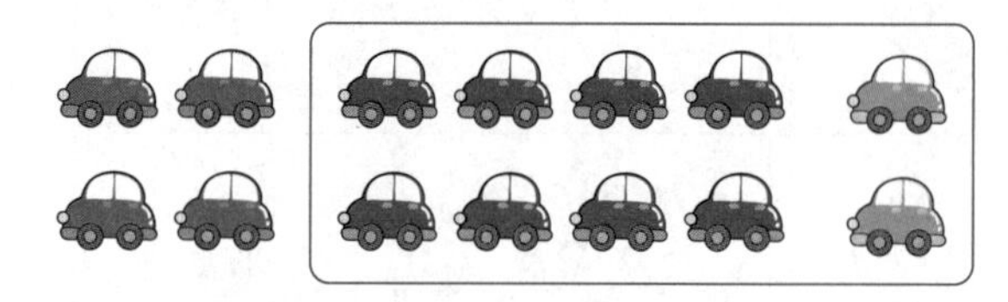

① 뒤의 두 수를 더해서 10을 만들고,
② 만든 10에 나머지 한 수를 더합니다.

$4+8+2=14$

① 10

② 14

그림을 보고 ▢ 안에 알맞은 수를 써넣으세요.

❶ $1+7+3=$ ▢

10

▢

❷ $4+9+1=$ ▢

10

▢

❸ $7+4+6=$ ▢

10

▢

❹ $2+5+5=$ ▢

10

▢

기초 계산 연습

맞은 개수 / 12개

▶ 정답과 해설 8쪽

□ 안에 알맞은 수를 써넣으세요.

❺ $8 + 7 + 3 = \square$

❻ $2 + 9 + 1 = \square$

❼ $6 + 2 + 8 = \square$

❽ $9 + 5 + 5 = \square$

❾ $2 + 6 + 4 = \square$

❿ $9 + 3 + 7 = \square$

⓫ $5 + 8 + 2 = \square$

⓬ $7 + 1 + 9 = \square$

8 일차 뒤의 두 수로 10을 만들어 더하기

합이 10이 되는 두 수를 ◯로 묶고 합을 구하세요.

1 $3+4+6=\square$

2 $9+7+3=\square$

3 $3+2+8=\square$

4 $3+5+5=\square$

5 $5+9+1=\square$

6 $8+4+6=\square$

7 $3+8+2=\square$

8 $2+1+9=\square$

빈칸에 알맞은 수를 써넣으세요.

9 1 → $+6$ → $+4$ → $\square$

10

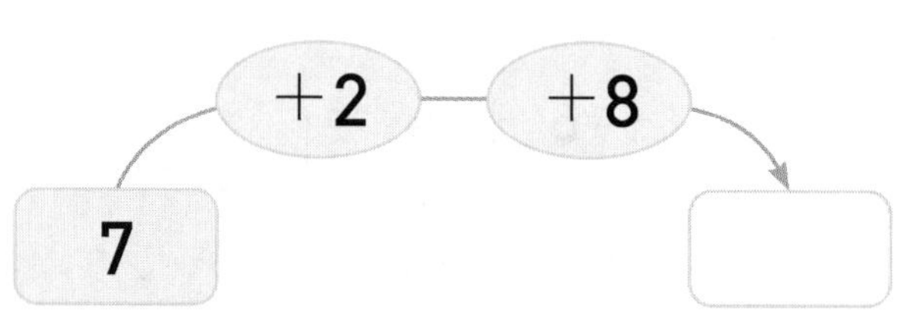

11 3 → $+9$ → $+1$ → $\square$

12

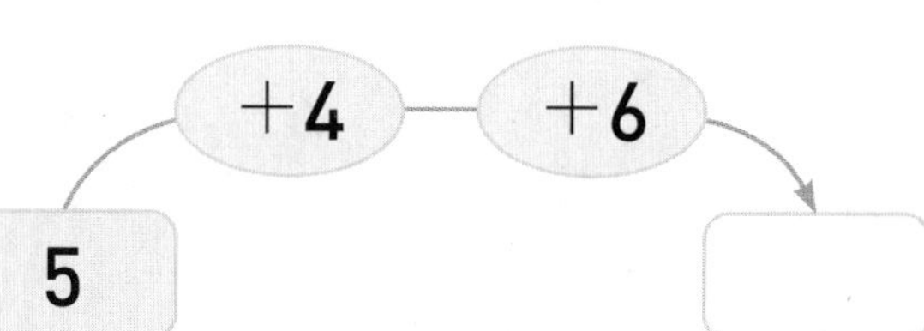

13 4 → $+5$ → $+5$ → $\square$

14 2 → $+3$ → $+7$ → $\square$

제한 시간 8분

플러스 계산 연습

맞은 개수 / 20개

▶ 정답과 해설 8쪽

생활 속 계산

각 장소에 도착했을 때 버스에 있는 사람 수를 구하세요.

15 4명이 타고 6명이 더 탔습니다.

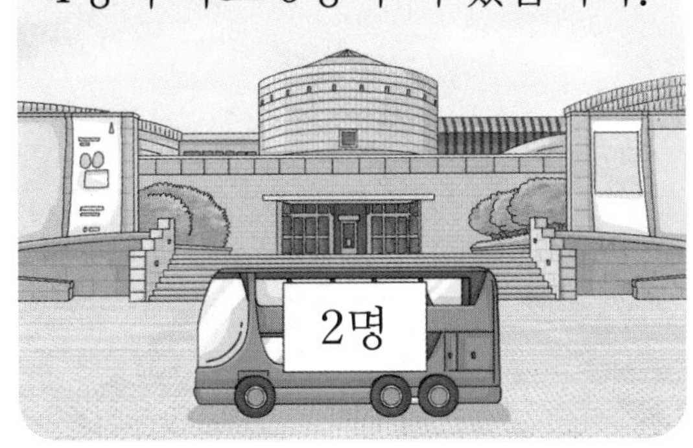

2+4+6=□(명)

16 8명이 타고 2명이 더 탔습니다.

6+□+□=□(명)

17 7명이 타고 3명이 더 탔습니다.

4+□+□=□(명)

18 1명이 타고 9명이 더 탔습니다.

8+□+□=□(명)

문장 읽고 계산식 세우기

19 상자에 야구공이 6개, 탁구공이 5개, 골프공이 5개 있다면 공은 모두 몇 개?

식 6+5+□=□(개)

20 바구니에 사과가 4개, 배가 3개, 키위가 7개 있다면 과일은 모두 몇 개?

식 4+□+□=□(개)

9 일차 합이 10이 되는 두 수를 찾아 더하기

이렇게 해결하자

• 4+3+6의 계산

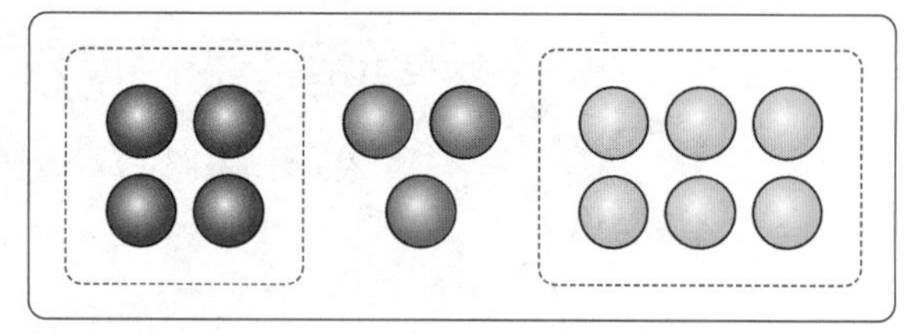

4+6=10이므로 먼저 계산합니다. → 4+3+6=13

10+3=13 → 만든 10에 나머지 한 수를 더합니다.

합이 10이 되는 두 수를 먼저 더해요.

그림을 보고 ▢ 안에 알맞은 수를 써넣으세요.

❶ 4+1+6

▢+1=▢

❷ 5+3+5

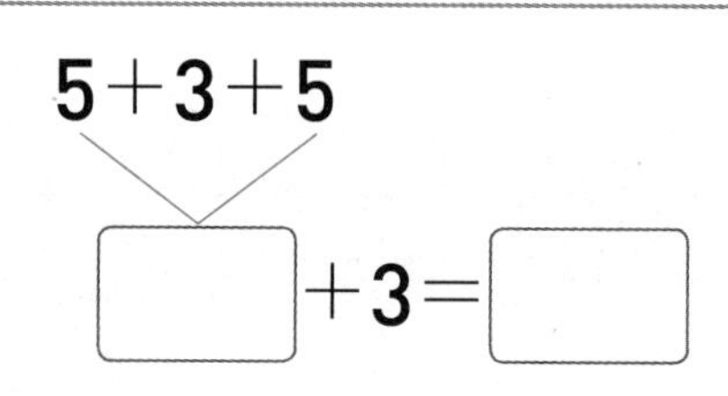

▢+3=▢

❸ 2+3+8

▢+3=▢

❹ 1+2+9

▢+2=▢

❺ 8+1+2

▢+1=▢

❻ 7+2+3

▢+2=▢

제한 시간 5분

기초 계산 연습

맞은 개수 / 18개

▶ 정답과 해설 8쪽

 ▢ 안에 알맞은 수를 써넣으세요.

⑦ $7 + 4 + 3$

▢ $+ 4 =$ ▢

⑧ $2 + 9 + 8$

▢ $+ 9 =$ ▢

⑨ $6 + 2 + 4$

▢ $+ 2 =$ ▢

⑩ $5 + 3 + 5$

▢ $+ 3 =$ ▢

⑪ $8 + 6 + 2$

▢ $+ 6 =$ ▢

⑫ $9 + 3 + 1$

▢ $+ 3 =$ ▢

⑬ $2 + 7 + 8$

▢ $+ 7 =$ ▢

⑭ $1 + 4 + 9$

▢ $+ 4 =$ ▢

⑮ $3 + 4 + 7$

▢ $+ 4 =$ ▢

⑯ $5 + 9 + 5$

▢ $+ 9 =$ ▢

⑰ $6 + 9 + 4$

▢ $+ 9 =$ ▢

⑱ $7 + 5 + 3$

▢ $+ 5 =$ ▢

9 일차

합이 10이 되는 두 수를 찾아 더하기

세 수의 계산 결과에 색칠하세요.

1 $3+4+7$

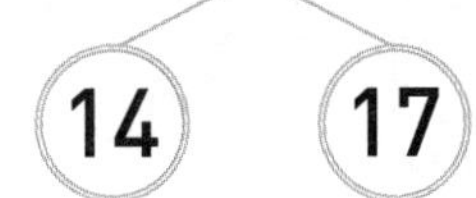

2 $2+5+8$

15 18

3 $5+3+5$

13 15

4 $4+5+6$

14 15

5 $2+7+8$

15 17

6 $6+1+4$

11 14

빈칸에 알맞은 수를 써넣으세요.

7

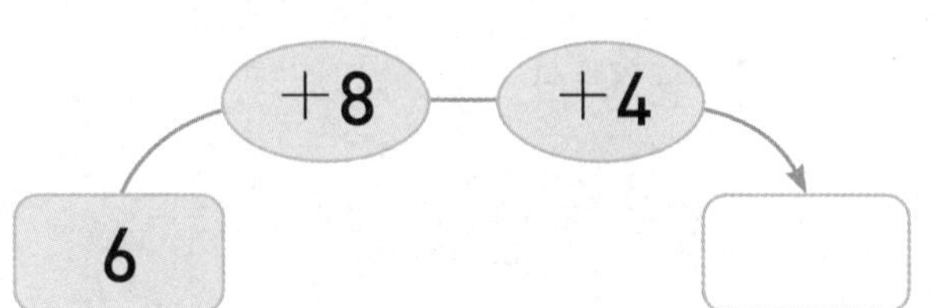

8

+1 +5

5 → □

9

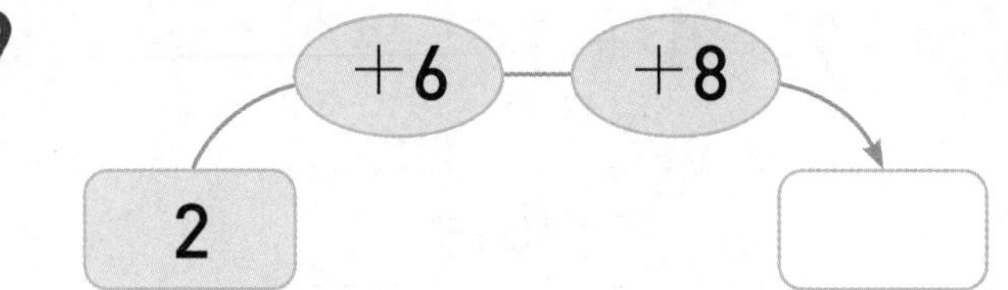

10

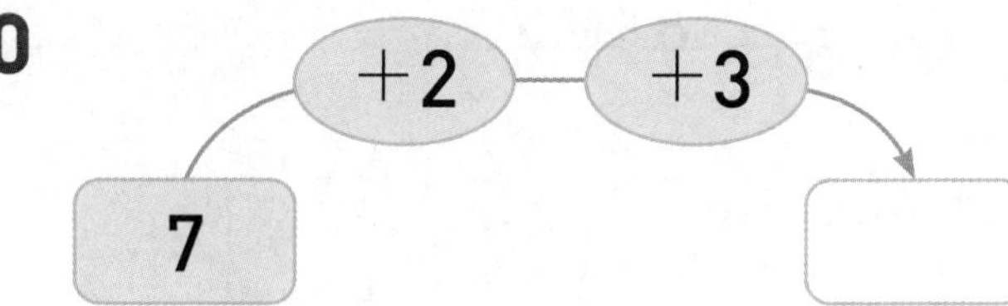

플러스 계산 연습

맞은 개수 / 18개

▶ 정답과 해설 8쪽

생활 속 계산

친구들이 받은 칭찬 붙임 딱지의 수입니다. 3명씩 짝 지었을 때 받은 칭찬 붙임 딱지는 모두 몇 장인지 구하세요.

칭찬 붙임 딱지의 수(장)	5	2	4	6	3	7	8	7

11 + +

➔ $7+5+3=\square$(장)

12 + +

➔ $8+4+2=\square$(장)

13 + +

➔ $\square+\square+\square=\square$(장)

14

➔ $\square+\square+\square=\square$(장)

문장 읽고 계산식 세우기

15 장미 1송이, 튤립 6송이, 백합 9송이를 가지고 있다면 가지고 있는 꽃은 모두 몇 송이?

식 $1+6+9=\square$(송이)

16 소나무 5그루, 잣나무 7그루, 은행나무 5그루가 있다면 나무는 모두 몇 그루?

식 $5+\square+5=\square$(그루)

17 냉장고에 참외가 3개, 배가 5개, 감이 7개 있다면 냉장고에 들어 있는 과일은 모두 몇 개?

식 $3+\square+\square=\square$(개)

18 오늘 곰 인형을 4개, 토끼 인형을 2개, 오리 인형을 6개 팔았다면 오늘 판 인형은 모두 몇 개?

식 $\square+2+\square=\square$(개)

평가 SPEED 연산력 TEST

계산해 보세요.

❶ $1+6+1=\square$

❷ $4+3+2=\square$

❸ $9-5-3=\square$

❹ $8-1-2=\square$

❺ $7-3-1=\square$

❻ $9-6-2=\square$

□ 안에 알맞은 수를 써넣으세요.

❼ $4+6+3=\square$

❽ $7+3+8=\square$

❾ $6+8+2=\square$

❿ $5+6+4=\square$

□ 안에 알맞은 수를 써넣으세요.

⑪ $7+3+5=\square$

⑫ $3+5+5=\square$

⑬ $2+8+6=\square$

⑭ $7+9+1=\square$

⑮ $6+9+4=\square$

⑯ $4+8+6=\square$

⑰ $5+5+7=\square$

⑱ $6+9+1=\square$

⑲ $2+8+4=\square$

⑳ $3+6+4=\square$

㉑ $3+8+7=\square$

제한 시간 안에 정확하게
모두 풀었다면 여러분은 진정한 **계산왕!**

특강 문장제 문제 도전하기

계산식을 이용하여 물음에 답하세요.

1 $3+2+4=\square$ → 사과가 3개, 수박이 2개, 감이 4개 있습니다. 과일은 모두 몇 개일까요?

이 세 수의 계산이 실생활에서 어떤 상황에 이용될까요?

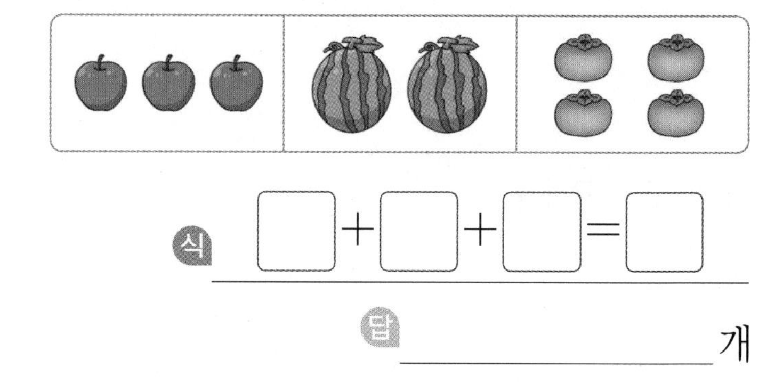

식 $\square+\square+\square=\square$

답 ______ 개

2 $9-3-5=\square$ → 구슬 9개 중에서 친구에게 3개, 동생에게 5개를 주었습니다. 남은 구슬은 몇 개일까요?

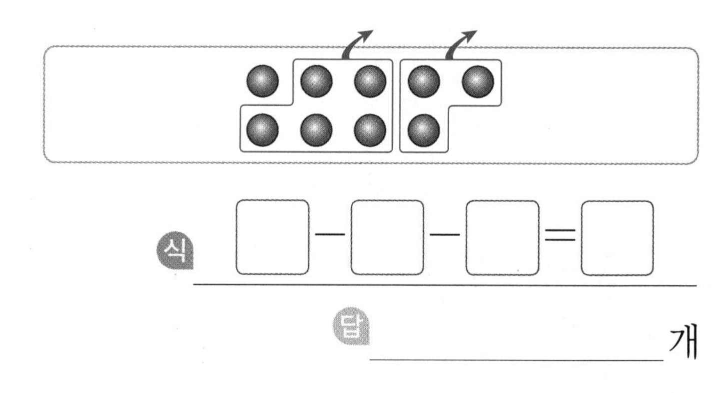

식 $\square-\square-\square=\square$

답 ______ 개

3 $8+2=\square$ → 노란색 구슬이 8개, 분홍색 구슬이 2개 있습니다. 구슬은 모두 몇 개일까요?

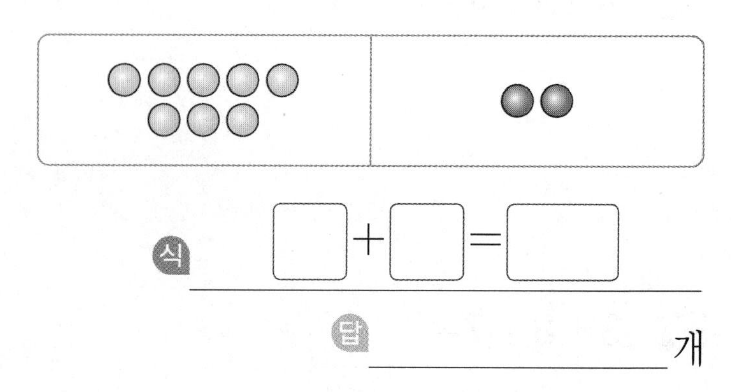

식 $\square+\square=\square$

답 ______ 개

▶ 정답과 해설 9쪽

문장을 읽고 알맞은 계산식을 세워 답을 구해 보자!

4 오늘 축구공( ) **4**개와 농구공( ) **1**개, 야구공( ) **2**개를 팔았습니다. 오늘 판 공은 모두 몇 개일까요?

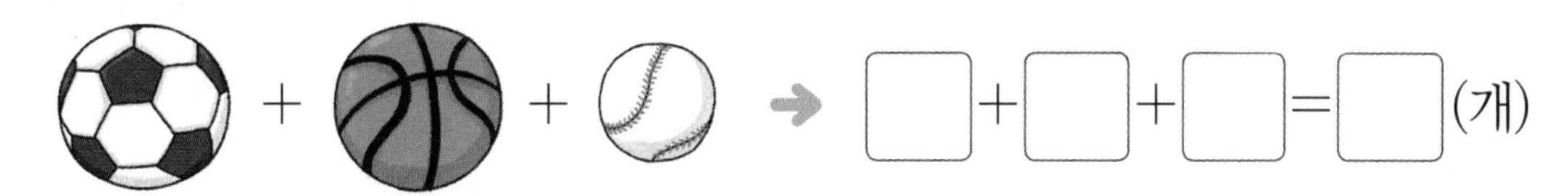

5 가지( ) **8**개 중에서 소현이( )에게 **2**개, 수호( )에게 **4**개를 주었습니다. 소현이와 수호에게 주고 남은 가지는 몇 개일까요?

6 꽃밭에 잠자리 ( )가 **10**마리, 나비( )가 **7**마리 있습니다. 잠자리는 나비보다 몇 마리 더 많을까요?

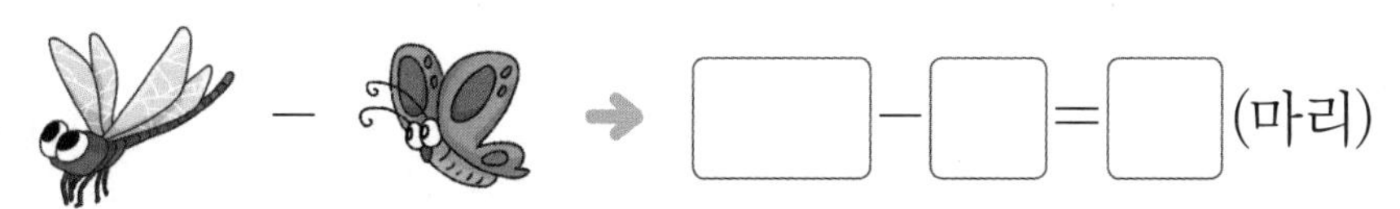

특강 문장제 문제 도전하기

계산식을 이용하여 물음에 답하세요.

7 $10-▲=4$ → $▲=$ ☐ → 달걀 **10**개 중에서 ▲개를 사용했더니 **4**개가 남았습니다. 사용한 달걀은 몇 개일까요?

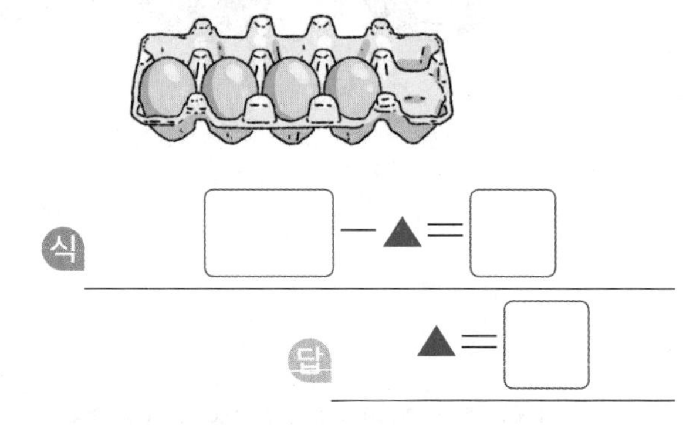

식 ☐ $-▲=$ ☐

답 $▲=$ ☐

8 $4+6+3=$ ☐ → 사탕을 민호는 **4**개, 형은 **6**개, 동생은 **3**개 먹었습니다. 세 사람이 먹은 사탕은 모두 몇 개일까요?

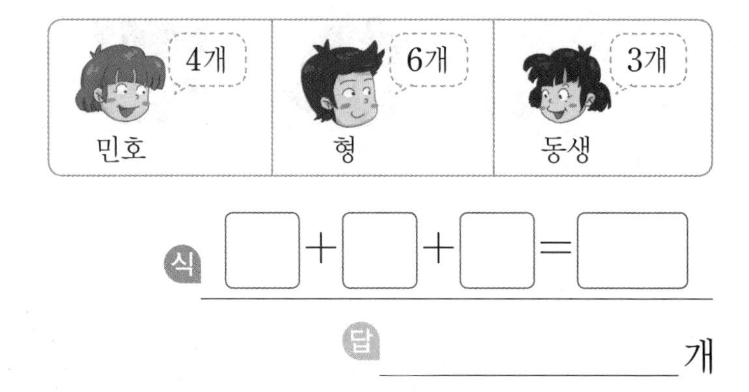

식 ☐ + ☐ + ☐ = ☐

답 ______ 개

9 $4+2+6=$ ☐ → 승호의 서랍에는 클립 **4**개, 지우개 **2**개, 풀 **6**개가 들어 있습니다. 서랍에 들어 있는 물건은 모두 몇 개일까요?

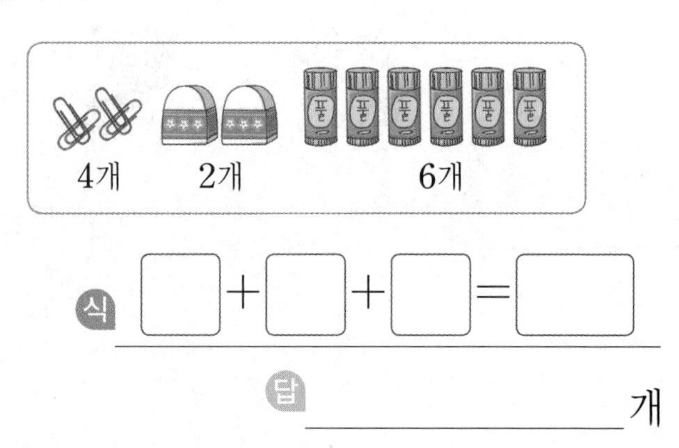

식 ☐ + ☐ + ☐ = ☐

답 ______ 개

▶ 정답과 해설 9쪽

문장을 읽고 알맞은 계산식을 세워 답을 구해 보자!

10 연필( ) 10자루를 사서 동생에게 ▲자루를 주었더니 7자루가 남았습니다. 동생에게 준 연필은 몇 자루일까요?

10－▲＝7 ➔ ▲＝☐(자루)

11 크레파스를 노란색( ) 5개, 초록색( ) 5개, 파란색( ) 2개를 가지고 있습니다. 가지고 있는 크레파스는 모두 몇 개일까요?

＋ ＋ ➔ ☐＋☐＋☐＝☐(개)

12 주차장에 트럭 ( ) 9대와 버스( ) 3대, 승용차( ) 1대가 주차되어 있습니다. 주차되어 있는 차는 모두 몇 대일까요?

＋ ＋ ➔ ☐＋☐＋☐＝☐(대)

특강 창의·융합·코딩·도전하기

걸린 고리의 수가 더 많은 사람은?

융합 1 도영이와 선우가 고리 던지기 놀이를 하고 있습니다.

	도영	선우
걸린 고리의 수	10−□=3 → □개	10−□=5 → □개

답 ____________________

창의 2 보기 와 같이 가운데 수가 차가 되는 두 수를 찾아 색칠하고 알맞은 뺄셈식을 만들어 보세요.

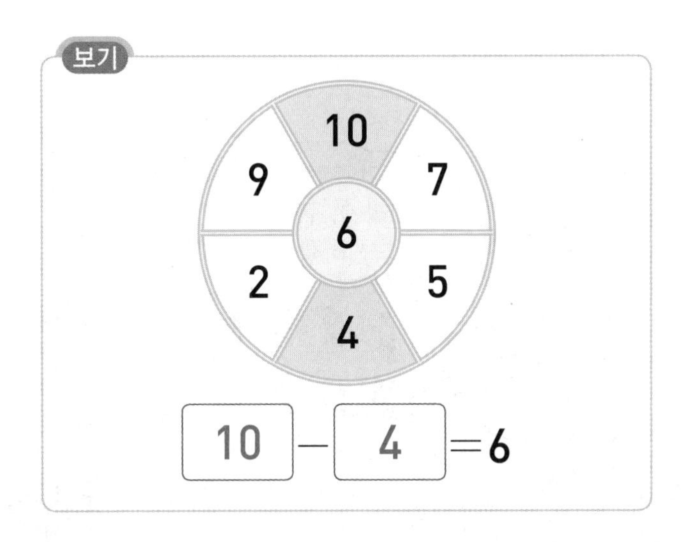

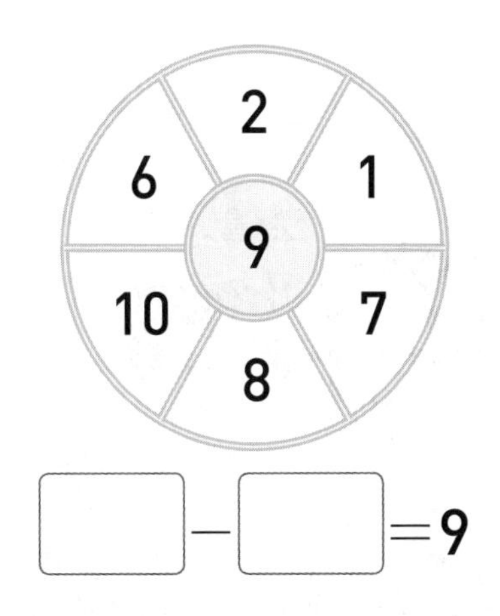

□ − □ = 9

창의 3 사다리를 타고 내려 가면서 만나는 계산 방법에 따라 도착한 곳에 계산 결과를 써넣으세요.

선을 따라 내려가다가
가로로 놓은 선을 만나면
가로 선을 따라 갑니다.

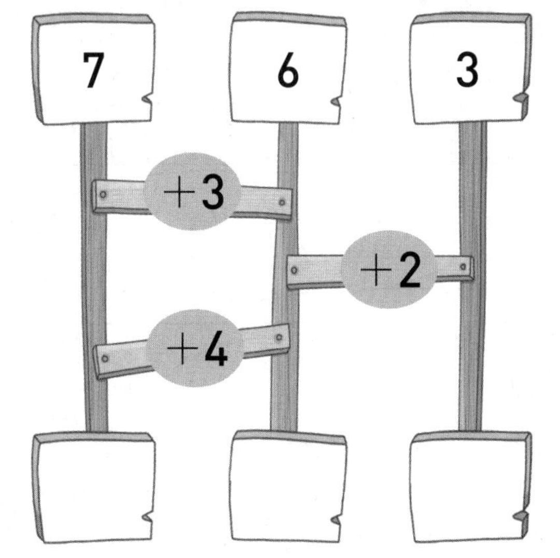

덧셈과 뺄셈(2)

실생활에서 알아보는 재미있는 수학 이야기

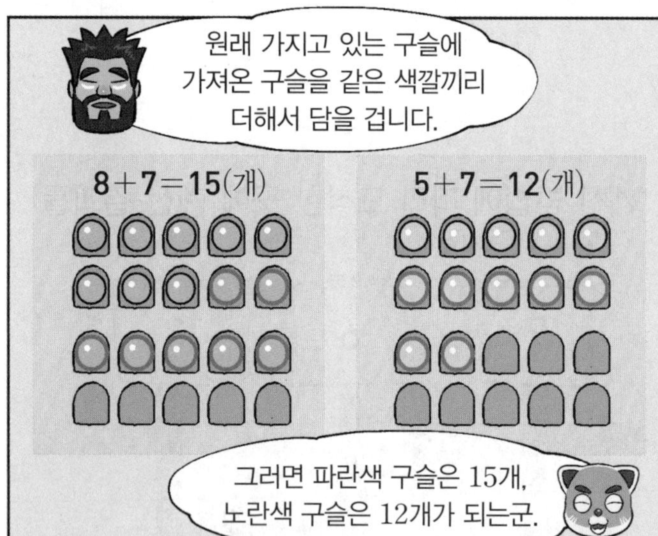

이번에 배울 내용을 알아볼까요?

- 1일차 두 수를 더해 보기
- 2일차 10을 이용하여 모으기와 가르기
- 3일차 더하는 수를 가르기 하여 덧셈하기
- 4일차 더해지는 수를 가르기 하여 덧셈하기
- 5일차 빼지는 수를 가르기 하여 뺄셈하기
- 6일차 빼어지는 수를 가르기 하여 뺄셈하기
- 7일차 두 수를 바꾸어 더해 보기
- 8일차 계산 결과의 크기 비교

1 일차

두 수를 더해 보기

이렇게 해결하자

• 8＋3의 계산

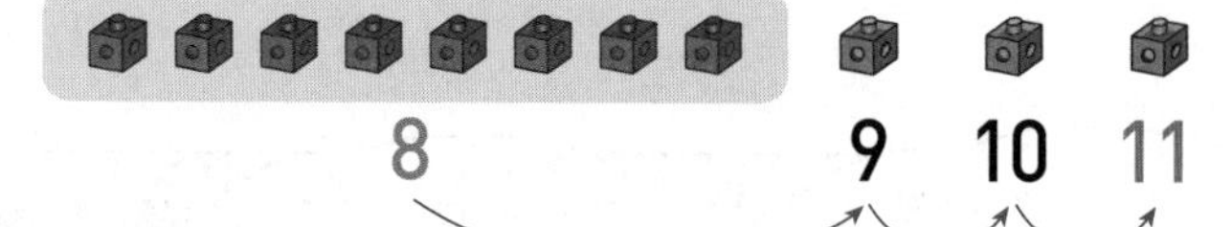

8 9 10 11

$8+3=11$

파란색 모형 8개에서부터 초록색 모형 3개를 이어 세어 보면 8하고 9, 10, 11이에요.

고리가 모두 몇 개인지 구하세요.

❶ 7 8 9 □ □

$7+4=$ □

❷ 8 9 □ □

$8+3=$ □

❸ 8 9 10 □ □

$8+4=$ □

❹ 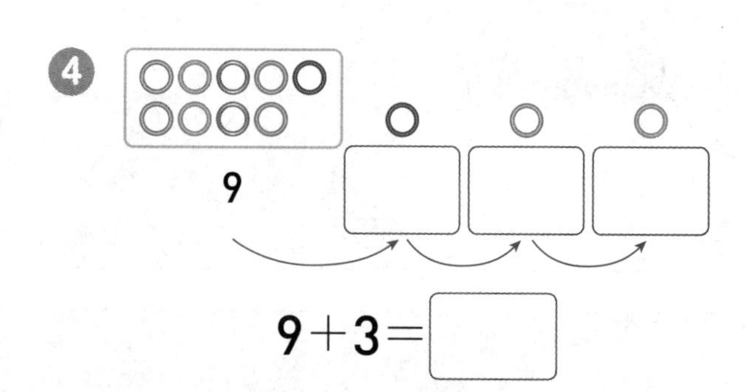

$9+3=$ □

❺ 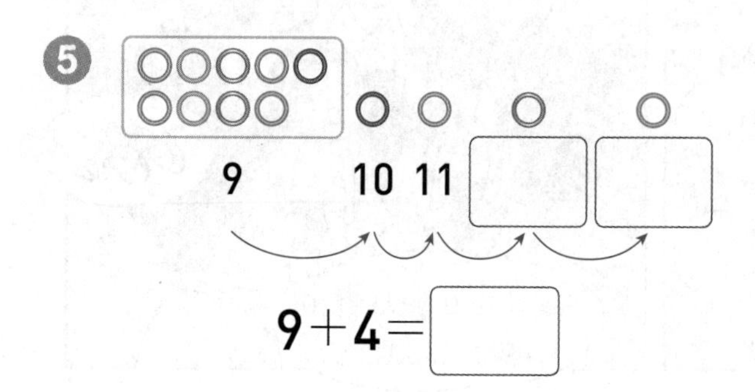

$9+4=$ □

❻ 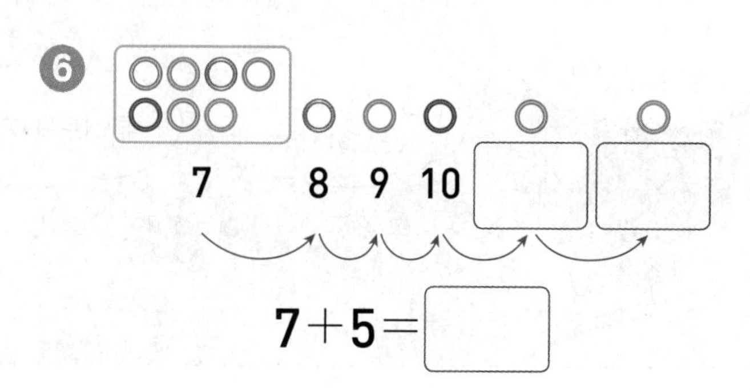

$7+5=$ □

제한 시간 5분

기초 계산 연습

맞은 개수 / 14개

▶ 정답과 해설 10쪽

두 수를 더해 보세요.

⑦ $8+7=\square$

⑧ $9+6=\square$

⑨ $6+5=\square$

⑩ $6+8=\square$

⑪ $8+6=\square$

⑫ $7+7=\square$

⑬ $5+7=\square$

⑭ $9+8=\square$

1 일차

두 수를 더해 보기

빈칸에 두 수의 합을 써넣으세요.

1
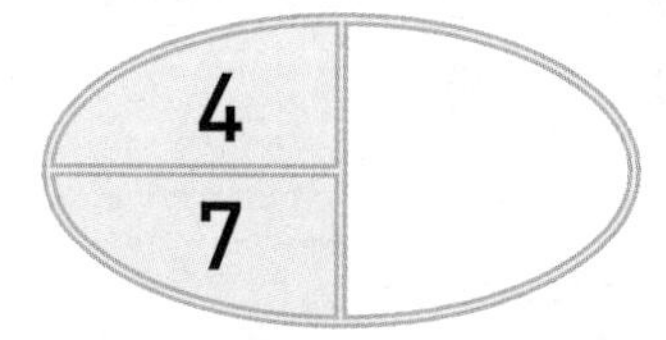

2
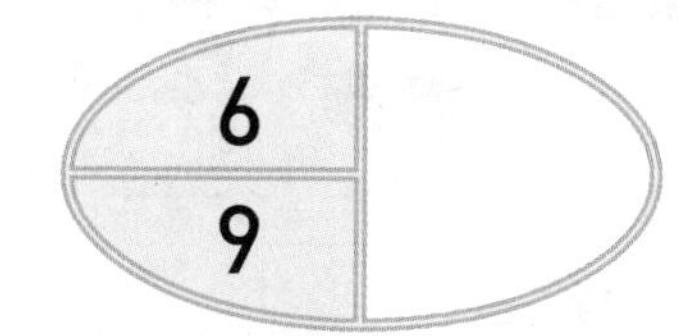

3
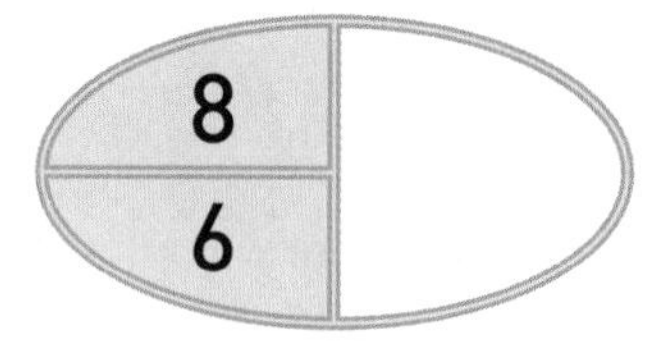

4
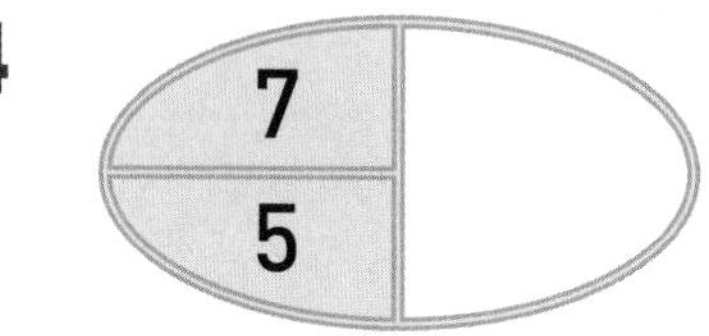

5
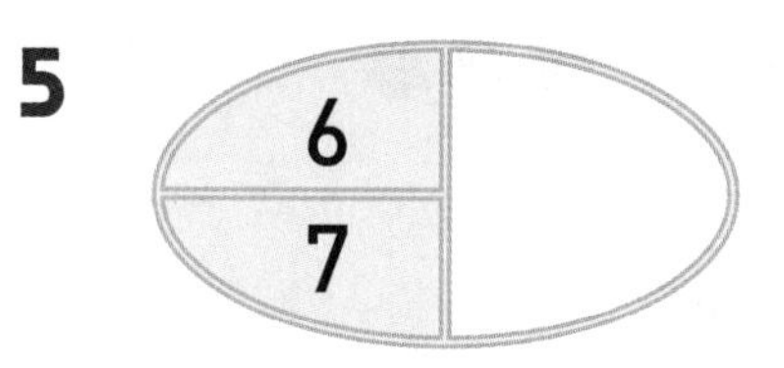

6
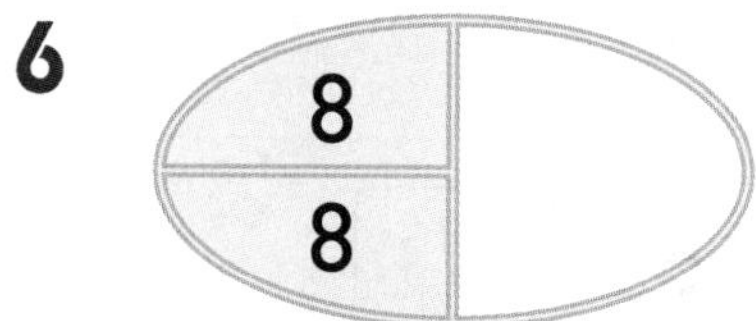

계산 결과가 더 작은 것에 ○표 하세요.

7
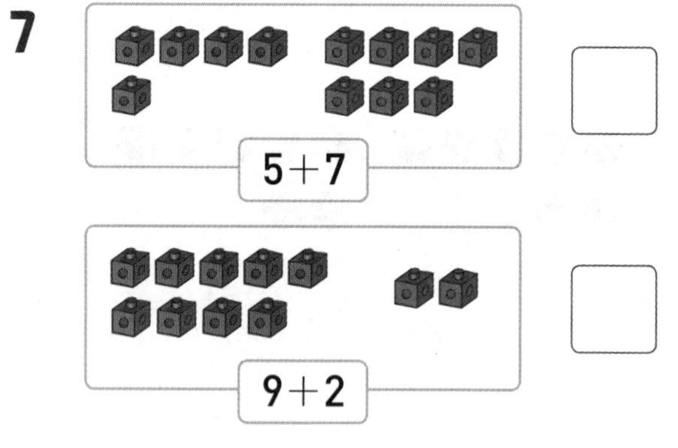

8
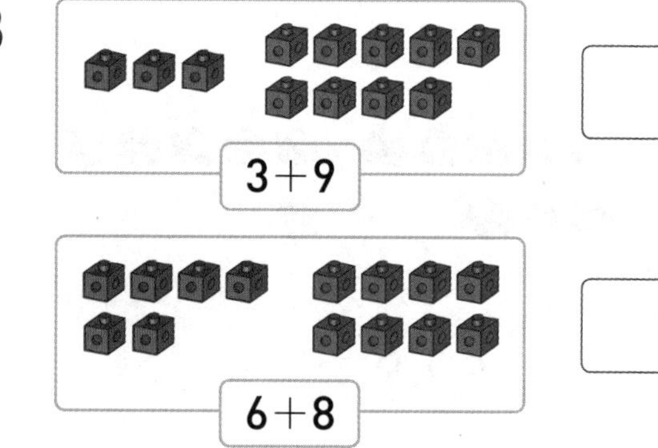

9
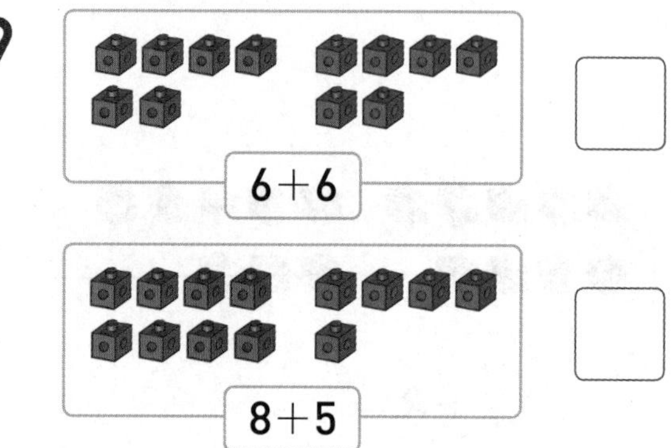

10
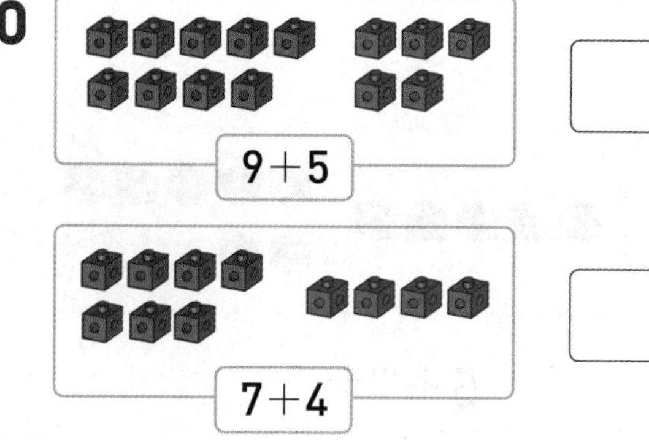

플러스 계산 연습

맞은 개수 / 18개

▶ 정답과 해설 10쪽

생활 속 계산

과녁 맞히기 놀이를 했습니다. 모두 몇 점을 받았는지 구하세요.

11

9+□=□(점)

12

8+□=□(점)

13

□+□=□(점)

14

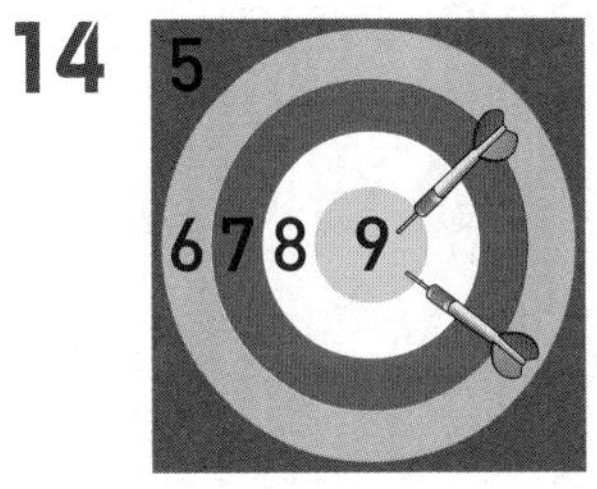

□+□=□(점)

문장 읽고 계산식 세우기

15 4보다 9만큼 더 큰 수는?

식 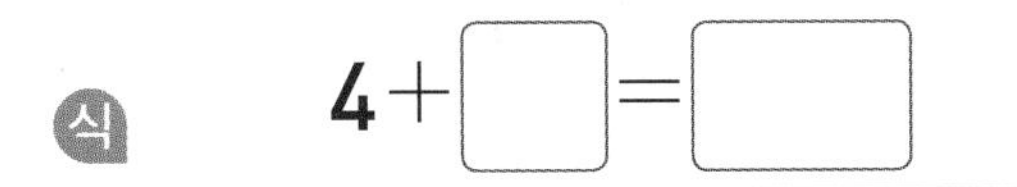

16 7보다 9만큼 더 큰 수는?

식 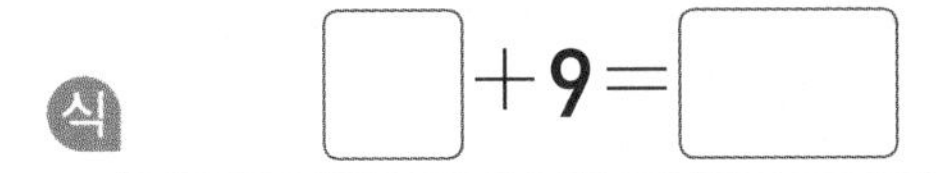

17 빨간색 구슬 9개와 파란색 구슬 8개가 있다면 구슬은 모두 몇 개?

식 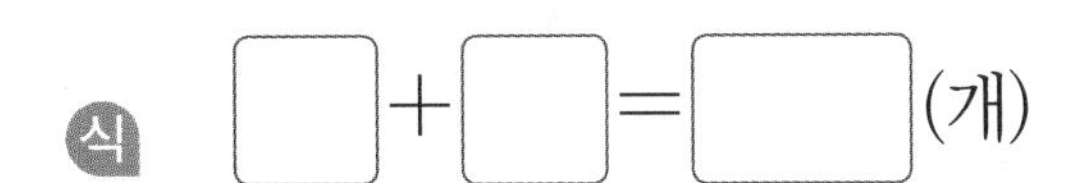

18 초록색 구슬 5개와 보라색 구슬 8개가 있다면 구슬은 모두 몇 개?

식 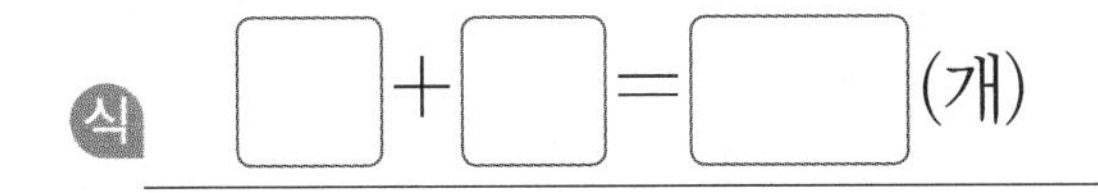

2 일차

10을 이용하여 모으기와 가르기

이렇게 해결하자

• 6과 7을 10을 이용하여 모으기와 가르기

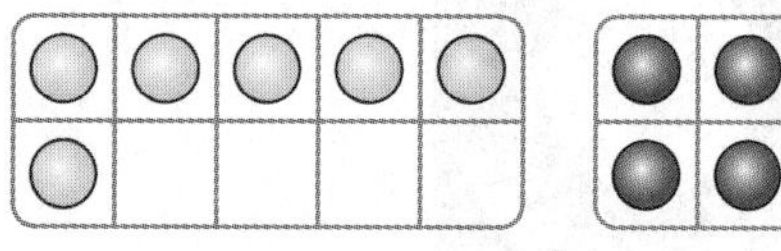

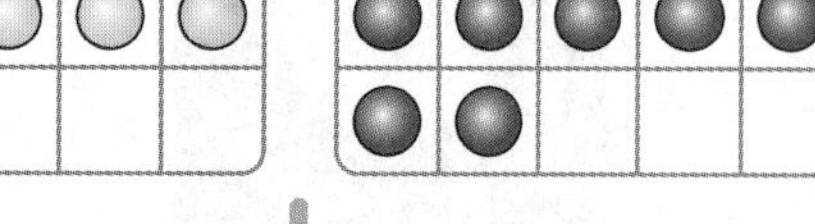

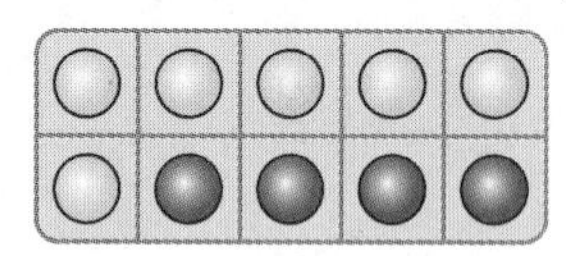

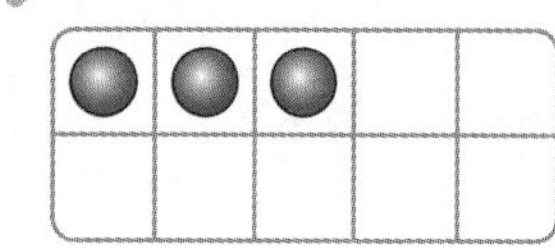

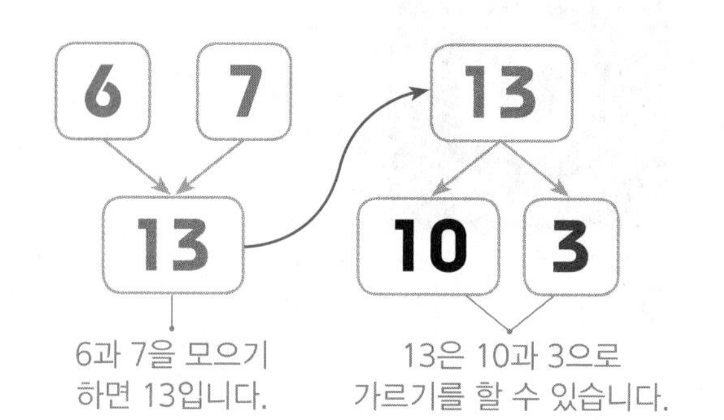

10을 이용하여 모으기와 가르기를 해 보세요.

1

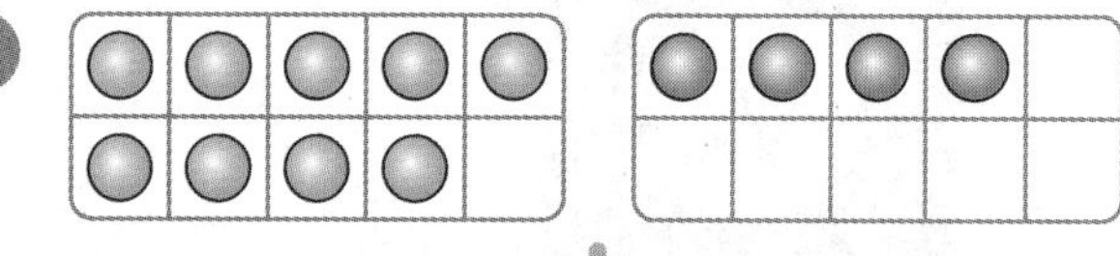

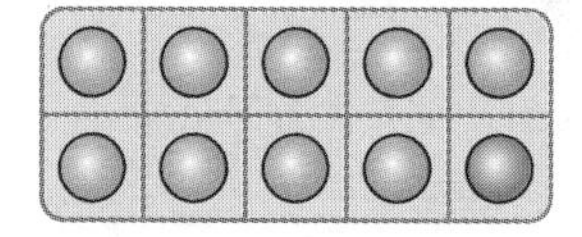

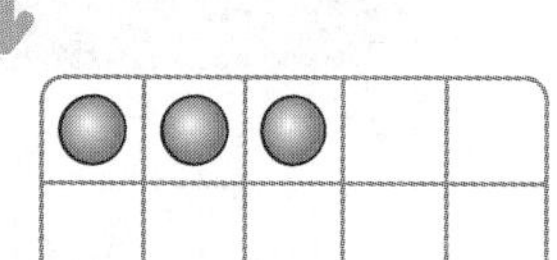

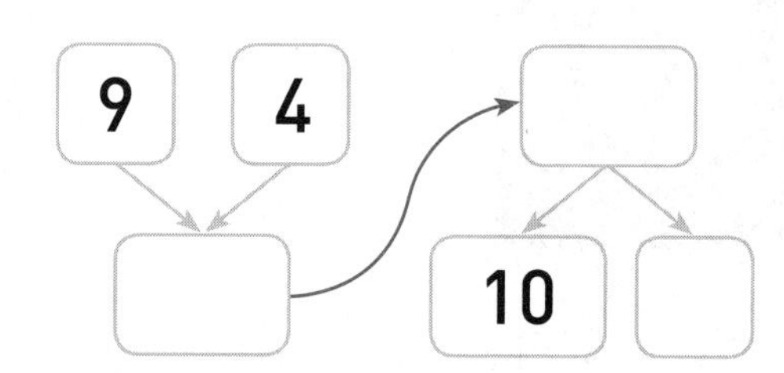

2

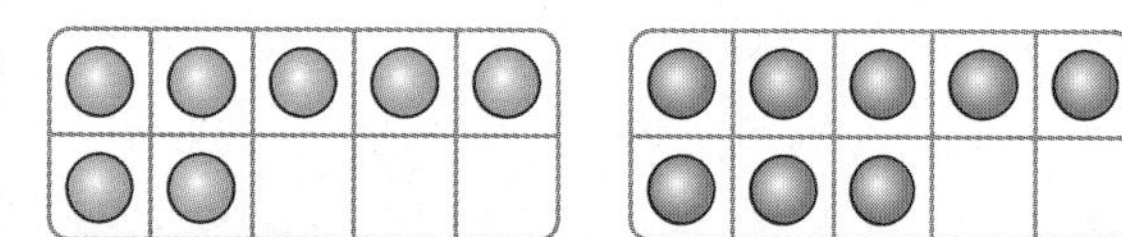

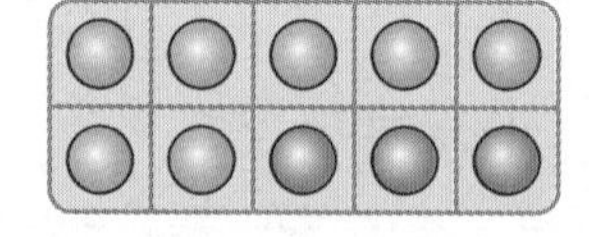

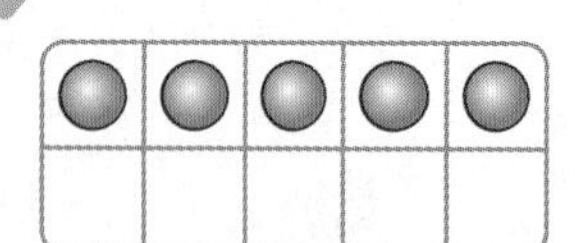

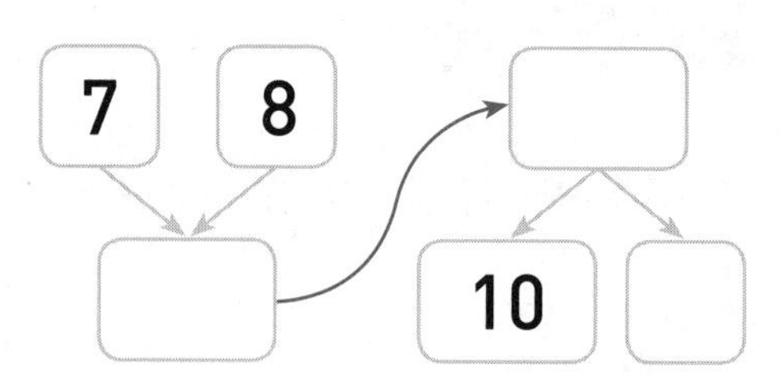

3

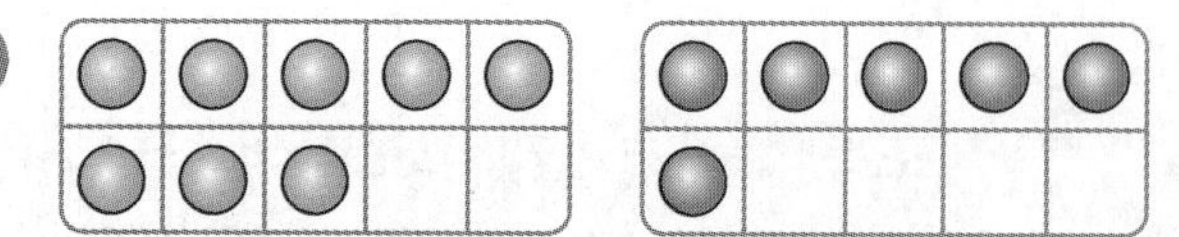

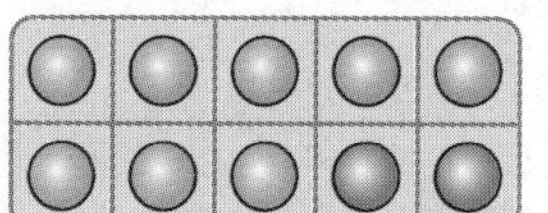

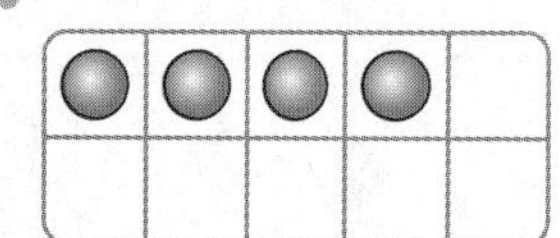

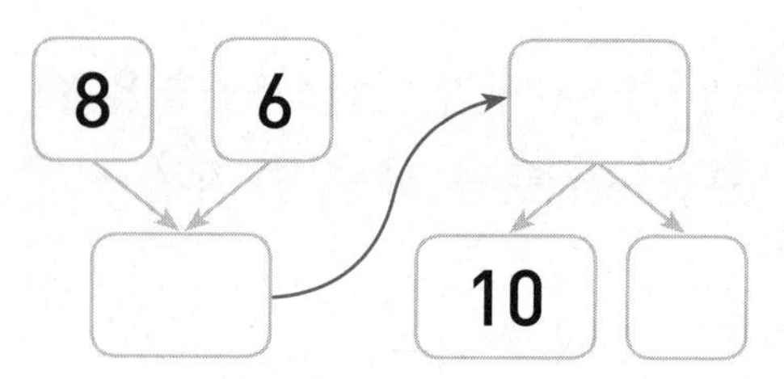

제한 시간 5분

기초 계산 연습

맞은 개수 / 13개

▶ 정답과 해설 10쪽

10을 이용하여 모으기와 가르기를 해 보세요.

4
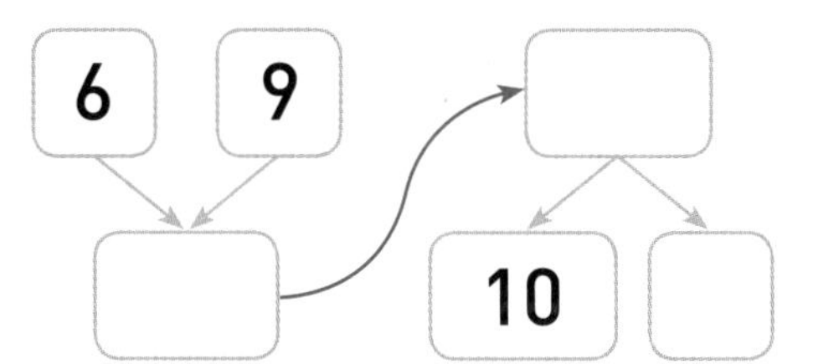

5
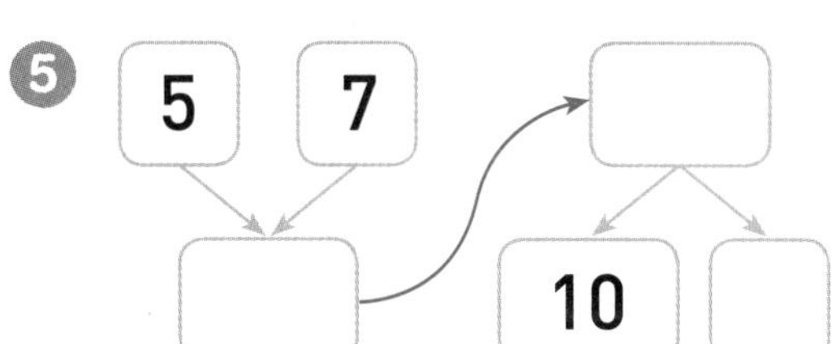

6
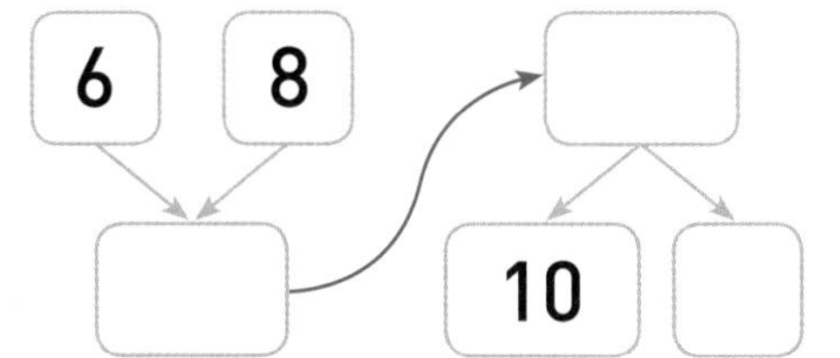

7
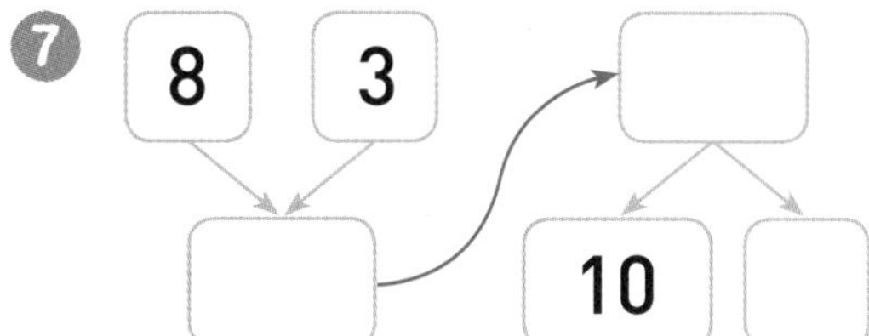

8
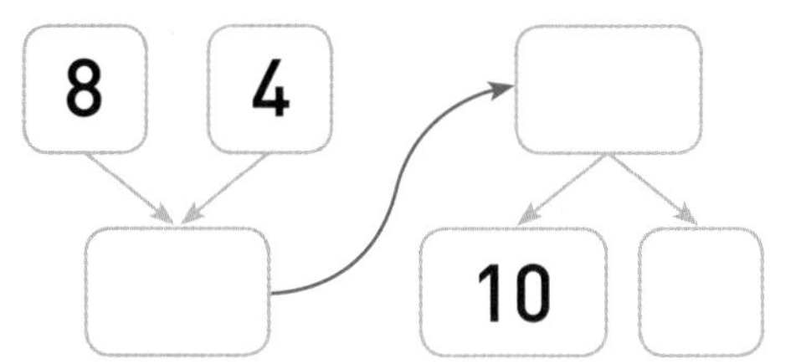

9
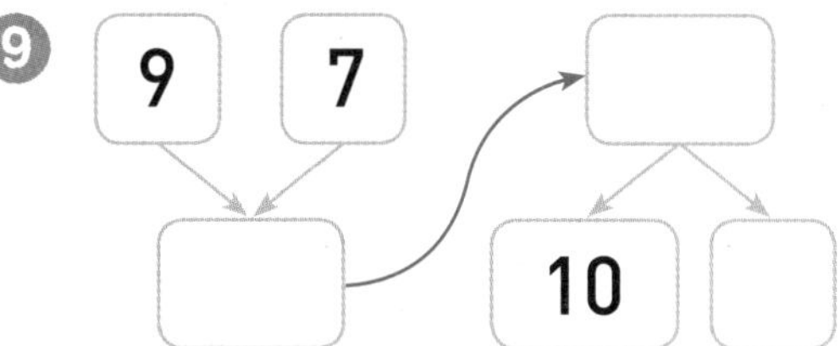

10
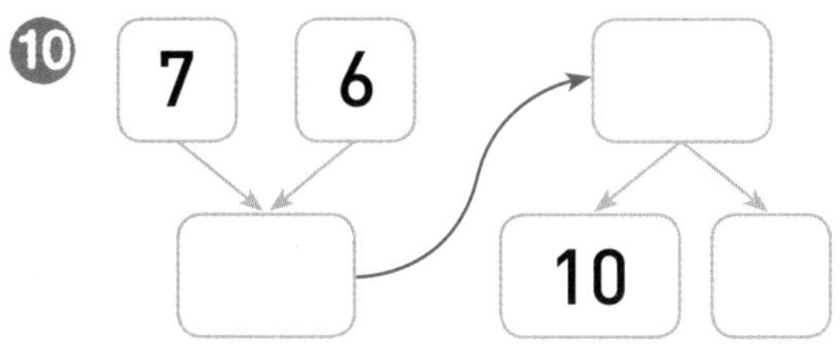

11
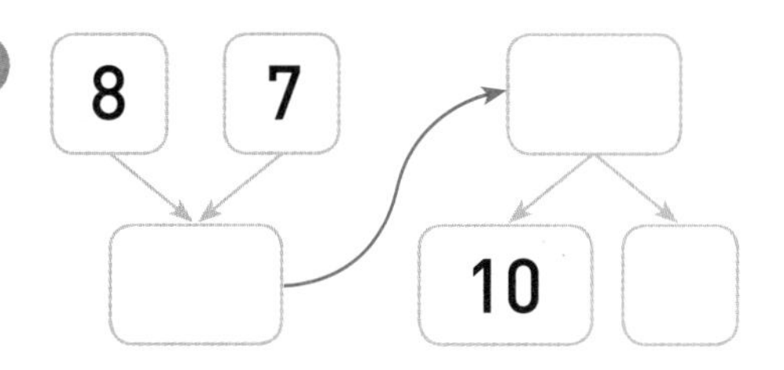

12
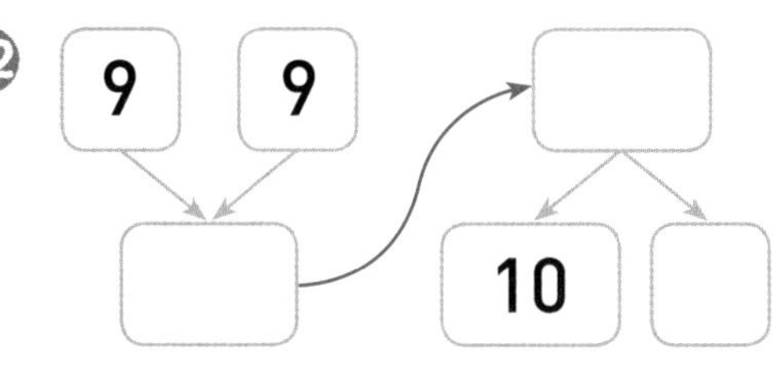

13
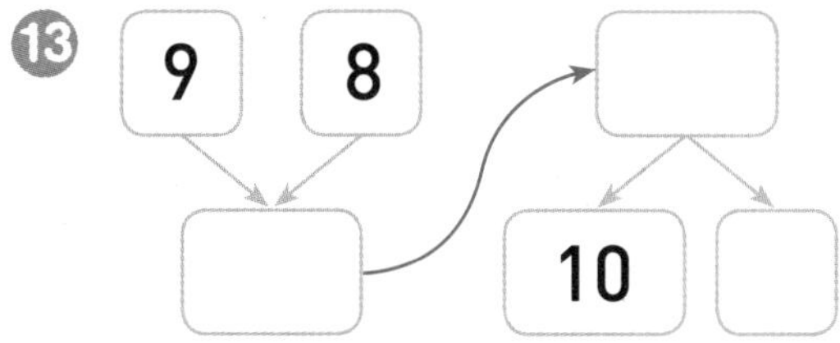

2 일차

10을 이용하여 모으기와 가르기

빈칸에 알맞은 수를 써넣으세요.

1 8, 8 → ☐ → 10, ☐

2 5, 6 → ☐ → 10, ☐

3 5, 9 → ☐ → 10, ☐

4 8, 7 → ☐ → 10, ☐

5 9, 6 → ☐ → 10, ☐

6 6, 6 → ☐ → 10, ☐

7 7, 6 → ☐ → 10, ☐

8 4, 8 → ☐ → 10, ☐

플러스 계산 연습

맞은 개수 / 14개

▶ 정답과 해설 10쪽

생활 속 문제

크레파스를 10칸인 상자 한 칸에 1개씩 담고 남는 크레파스는 몇 개인지 구하세요.

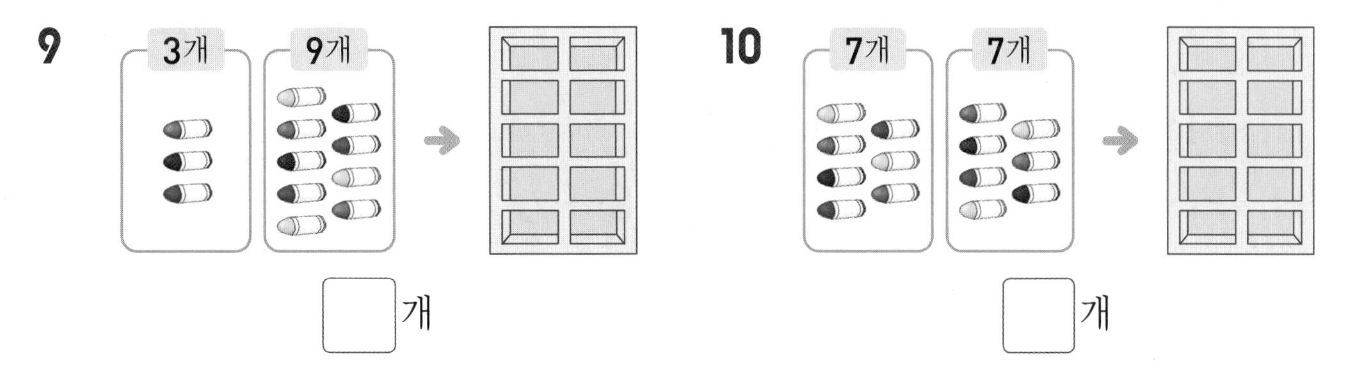

개 개

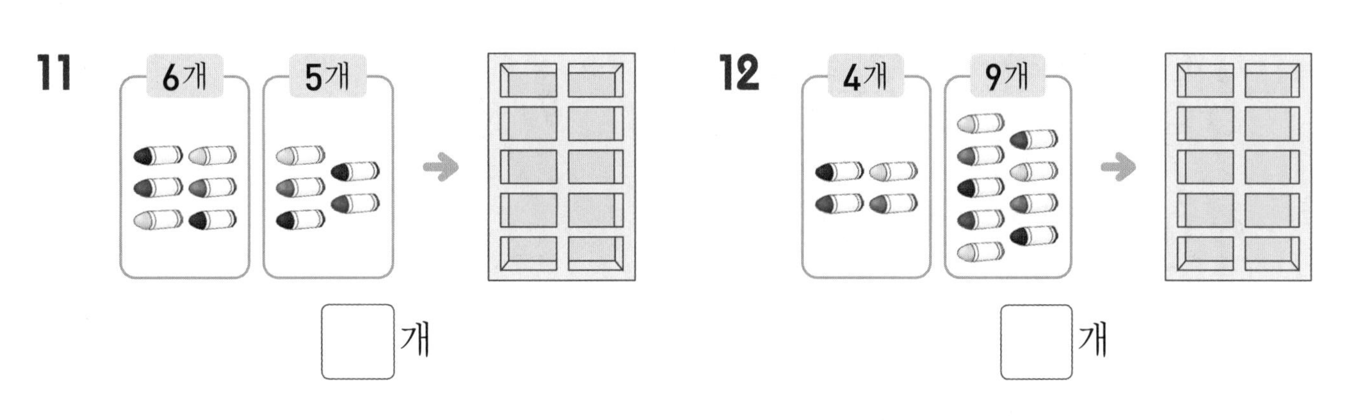

개 개

문장 읽고 문제 해결하기

13 초콜릿 9개와 8개를 모으기 하여 10개짜리 초콜릿판 1개에 담고 남는 초콜릿은 몇 개?

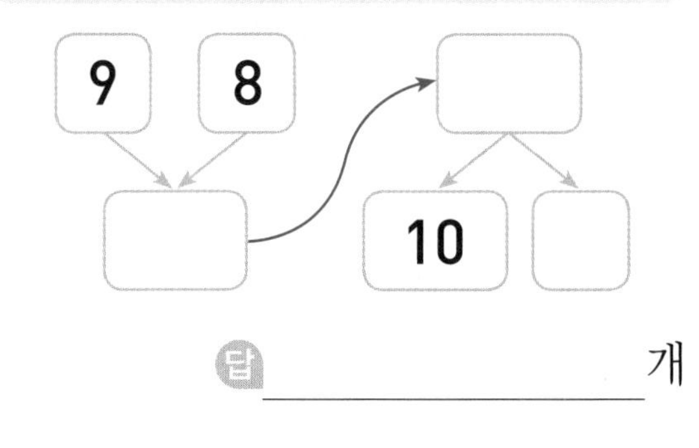

답 ______ 개

14 색종이 6장과 6장을 모으기 하여 10장을 한 묶음으로 묶고 남는 색종이는 몇 장?

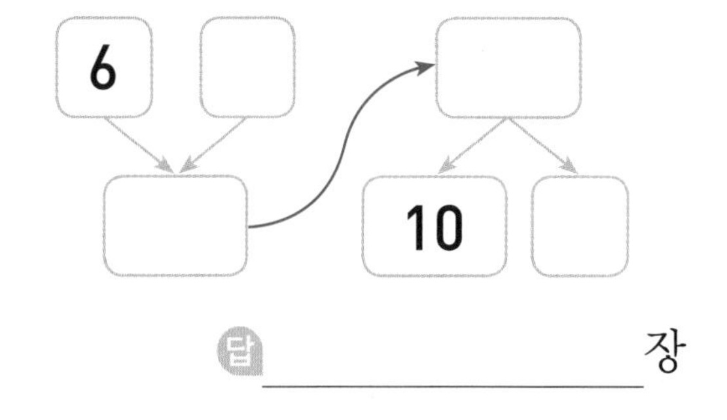

답 ______ 장

3 일차

더하는 수를 가르기 하여 덧셈하기

이렇게 해결하자

• $8+6$의 계산

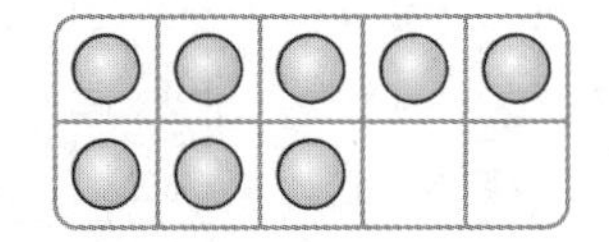
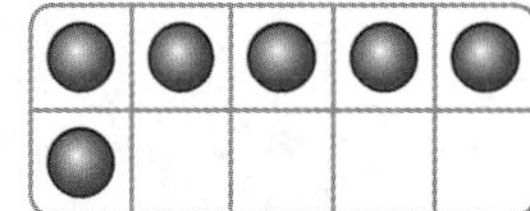

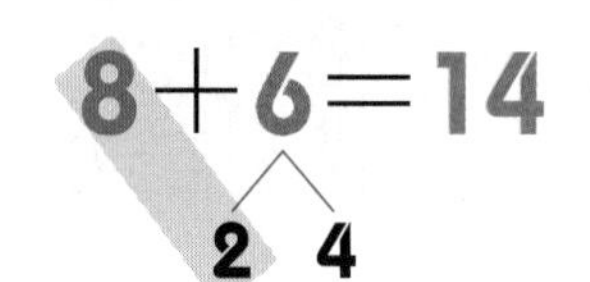

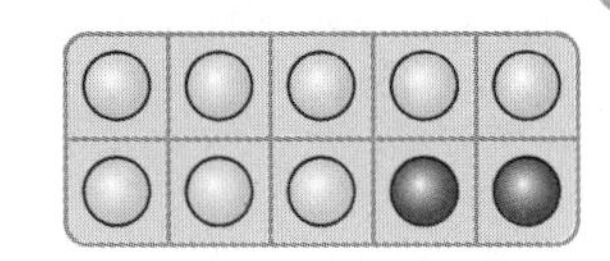
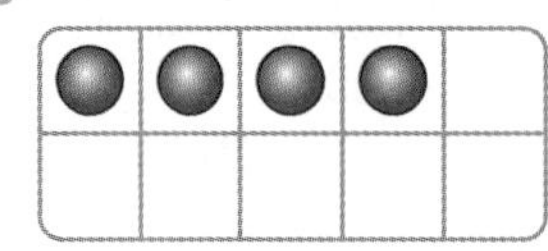

앞의 수가 10이 되도록 뒤의 수를 가르기 해요.

3 덧셈과 뺄셈(2)

더하는 수를 가르기 하여 덧셈을 해 보세요.

❶

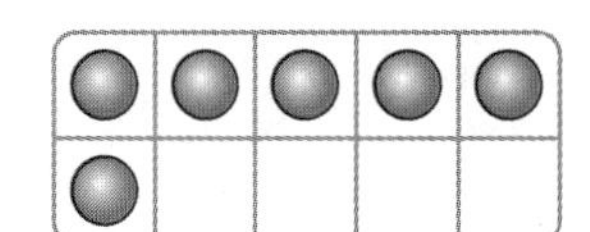

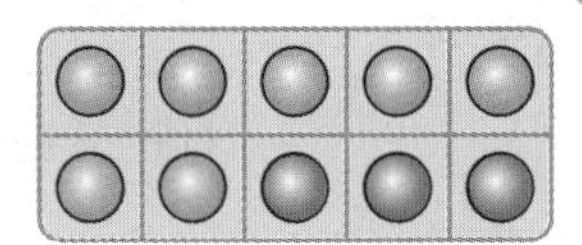
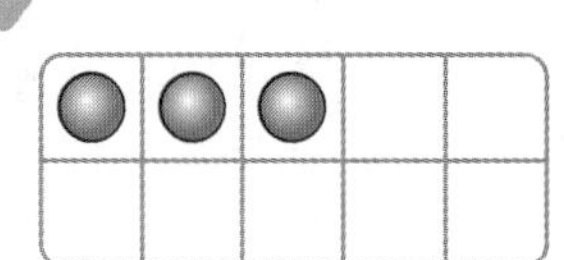

$7+6=$ ☐

☐ 3

❷

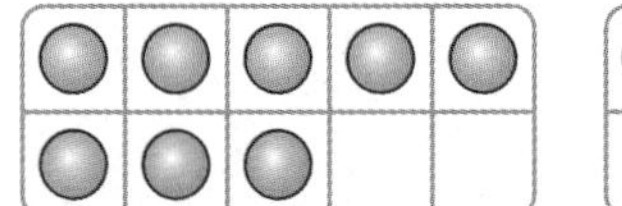
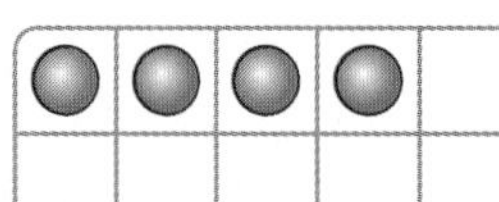

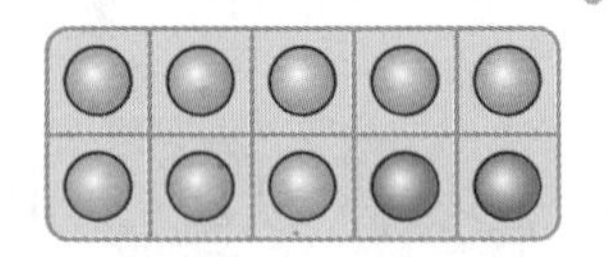
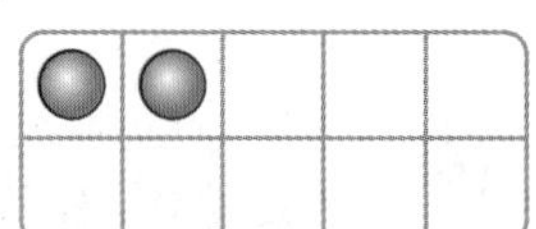

$8+4=$ ☐

☐ 2

❸

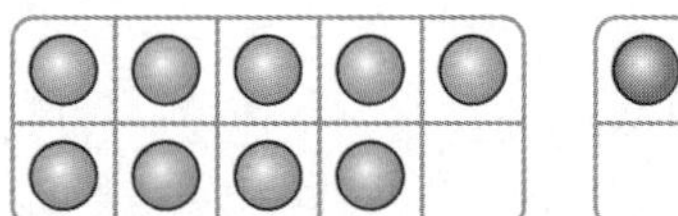
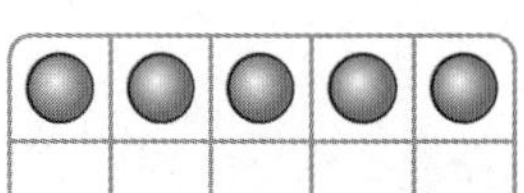

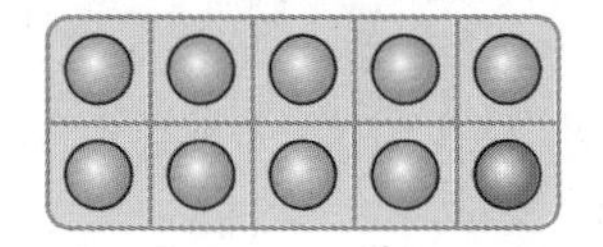
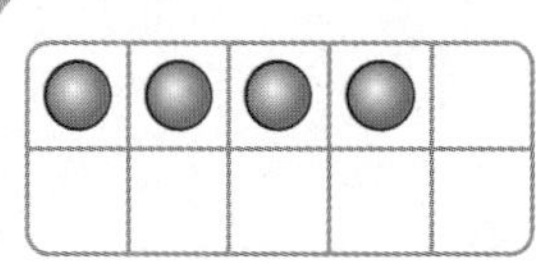

$9+5=$ ☐

☐ 4

기초 계산 연습

맞은 개수 / 14개

▶ 정답과 해설 11쪽

4

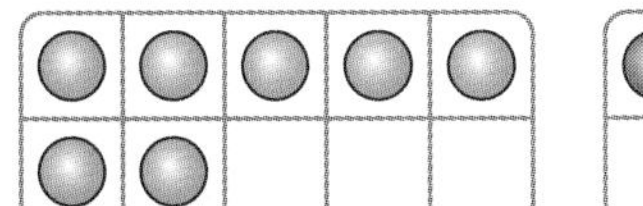

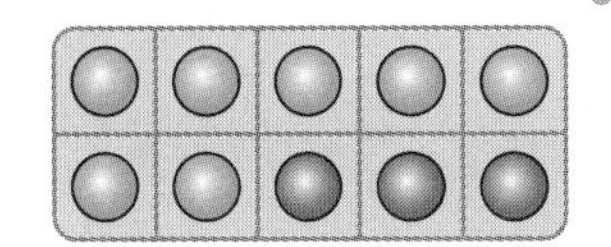

$7+5=\square$

$\square$ 2

5

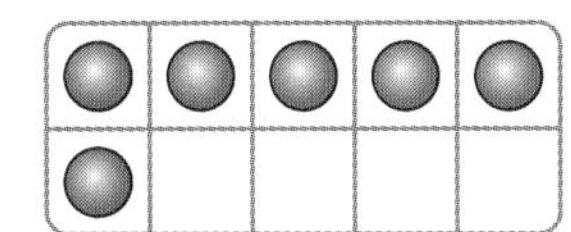

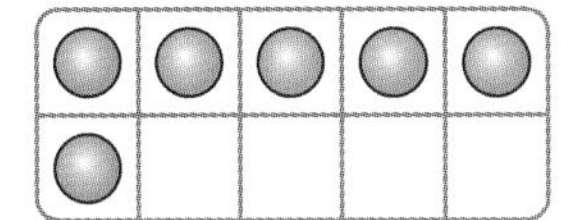

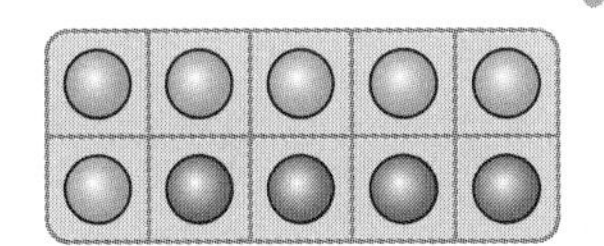

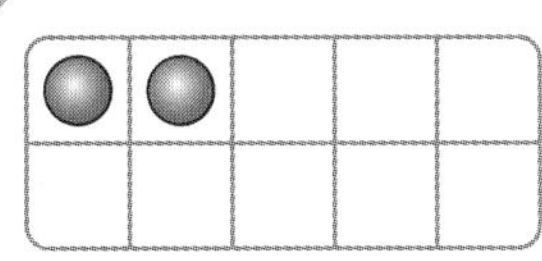

$6+6=\square$

$\square$ 2

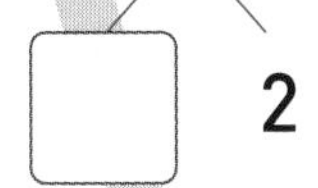

□ 안에 알맞은 수를 써넣으세요.

6 $9+3=\square$

$\square$ 2

7 $6+5=\square$

$\square$ 1

8 $8+7=\square$

$\square$ 5

9 $7+4=\square$

$\square$ 1

10 $9+8=\square$

$\square$ 7

11 $8+8=\square$

$\square$ 6

12 $6+7=\square$

$\square$ 3

13 $8+5=\square$

$\square$ 3

14 $9+6=\square$

$\square$ 5

3 일차 더하는 수를 가르기 하여 덧셈하기

보기 와 같이 계산해 보세요.

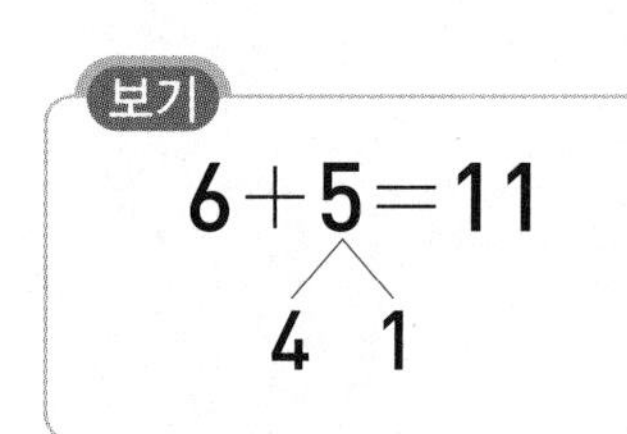

1 8+6

2 9+5

3 7+4

4 9+3

5 8+7

빈칸에 알맞은 수를 써넣으세요.

6
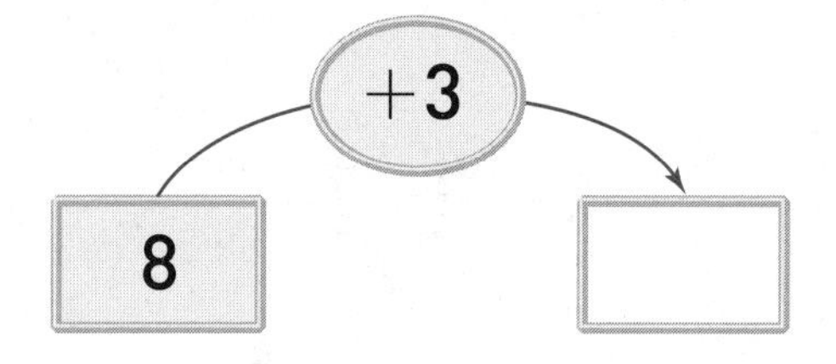

7
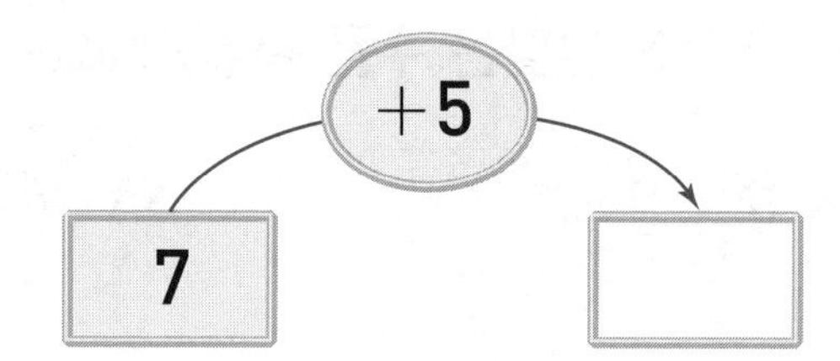

8
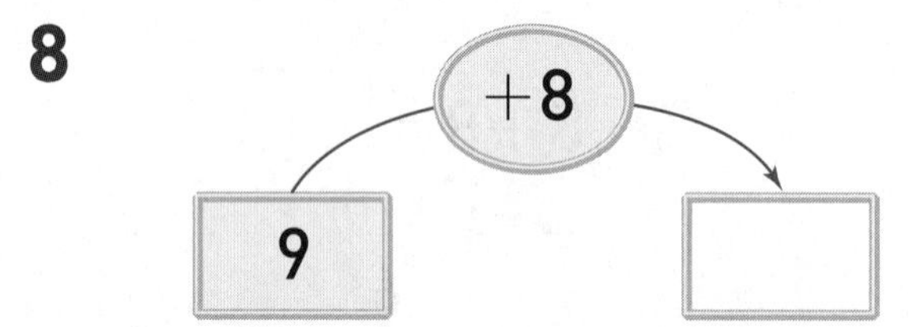

9
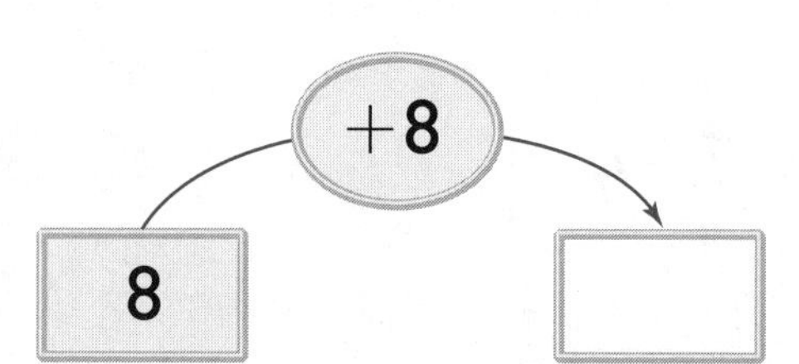

10
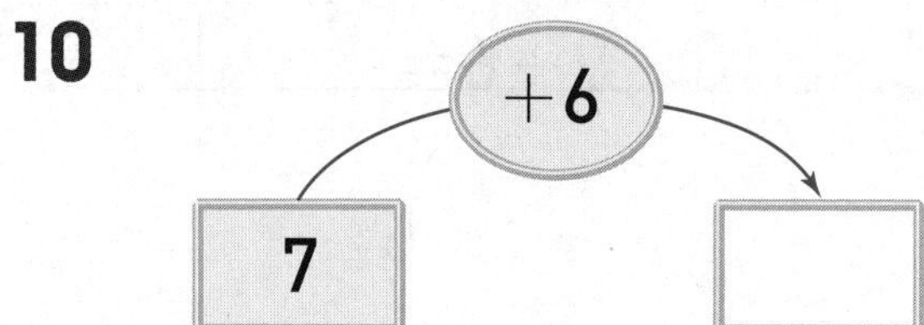

11
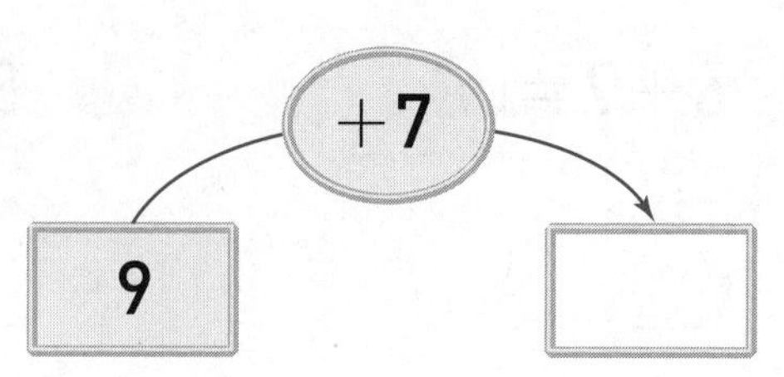

제한 시간 5분

플러스 계산 연습

맞은 개수 / 19개

▶ 정답과 해설 11쪽

생활 속 계산

말판에는 1부터 10까지의 수가 차례로 쓰여 있습니다. 말이 놓인 곳에 쓰여 있는 수의 합을 구하세요.

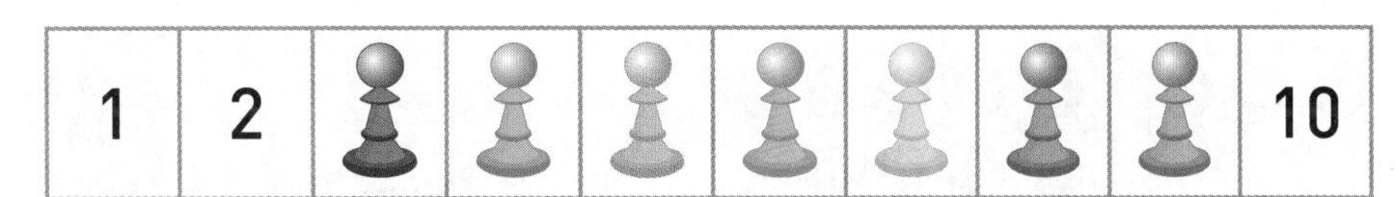

12 ♟ + ♟

➔ 3+9=☐

13 ♟ + ♟

➔ 5+8=☐

14 ♟ + ♟

➔ ☐+☐=☐

15 ♟ + ♟

➔ ☐+☐=☐

문장 읽고 계산식 세우기

16 참새 6마리가 있었는데 6마리가 더 날아왔다면 참새는 모두 몇 마리?

식 6+6=☐(마리)

17 흰색 바둑돌이 9개, 검은색 바둑돌이 6개 있다면 바둑돌은 모두 몇 개?

식 9+☐=☐(개)

18 책을 어제는 6쪽, 오늘은 어제보다 7쪽 더 많이 읽었습니다. 오늘 읽은 책은 몇 쪽?

식 ☐+☐=☐(쪽)

19 우유를 어제는 8잔, 오늘은 어제보다 4잔 더 많이 마셨습니다. 오늘 마신 우유는 몇 잔?

식 ☐+☐=☐(잔)

더해지는 수를 가르기 하여 덧셈하기

이렇게 해결하자

• 5+9의 계산

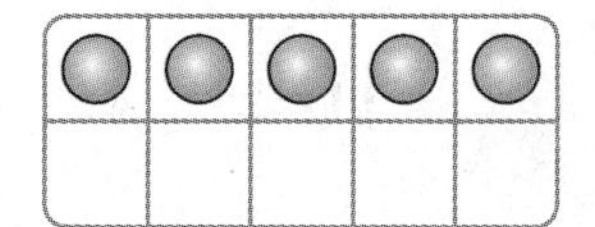
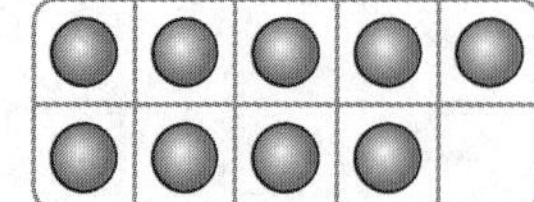
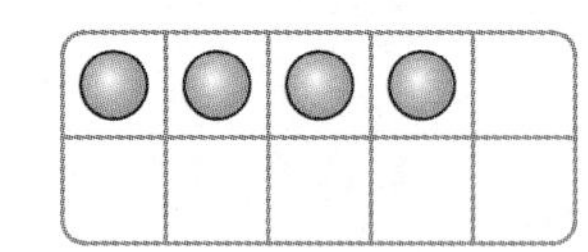
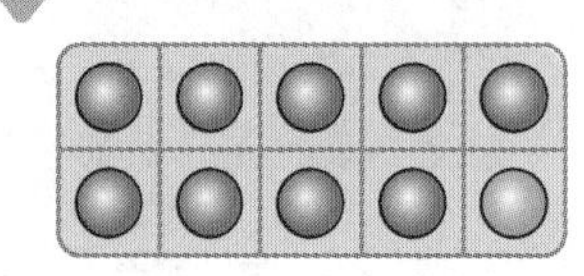
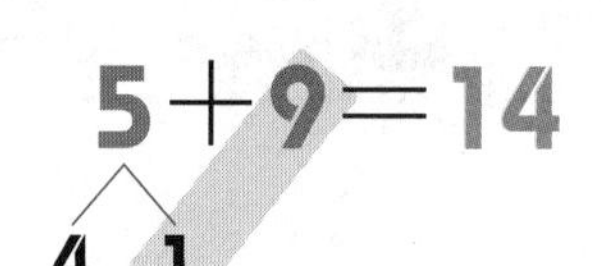

$$5+9=14$$

(5를 4와 1로 가르기)

5+9에서 5를 4와 1로 가르기 하여 9와 1을 더해 10을 만들고 남은 4를 더하면 14가 돼요.

더해지는 수를 가르기 하여 덧셈을 해 보세요.

❶

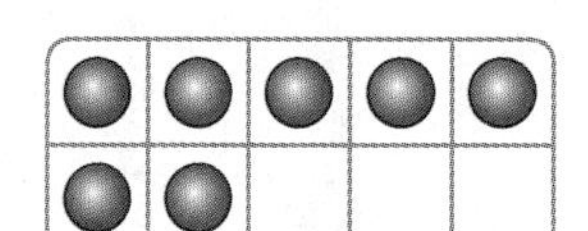
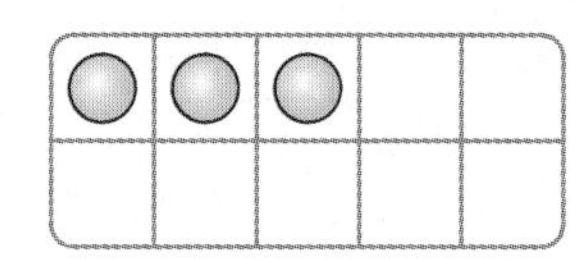
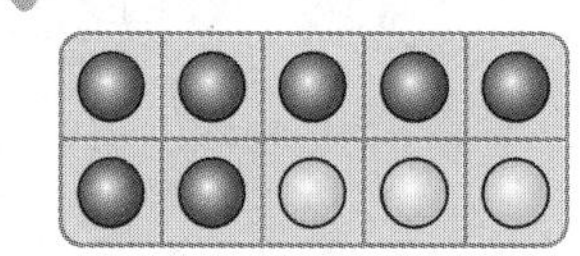

$6+7=$ ☐

(6을 3과 ☐로 가르기)

❷

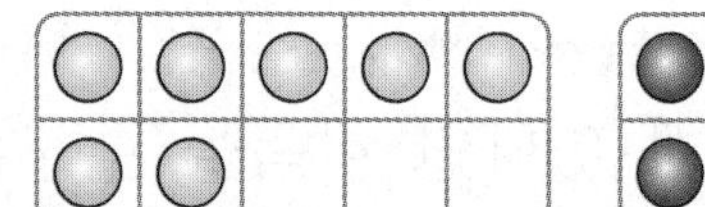
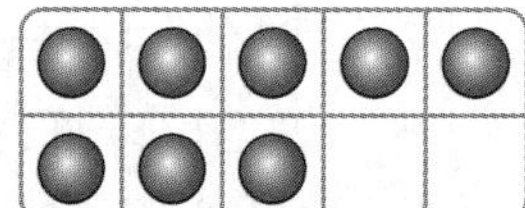
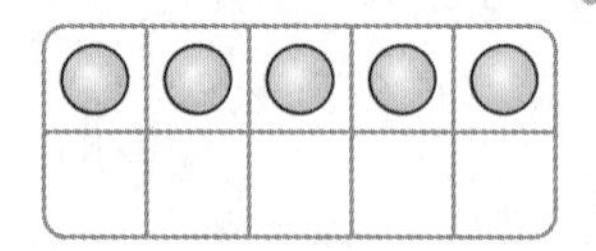

$7+8=$ ☐

(7을 5와 ☐로 가르기)

❸

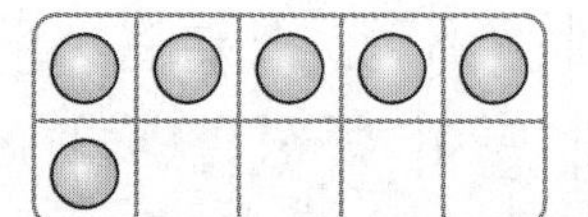
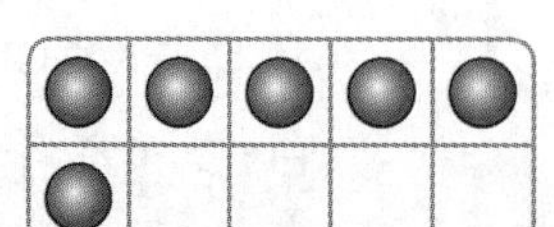
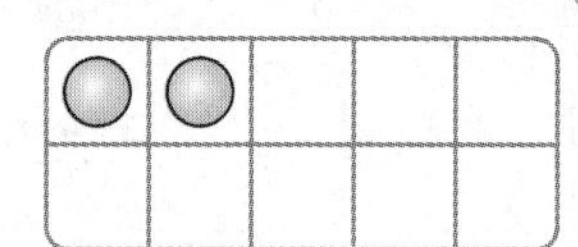

$6+6=$ ☐

(6을 2와 ☐로 가르기)

▶ 정답과 해설 11쪽

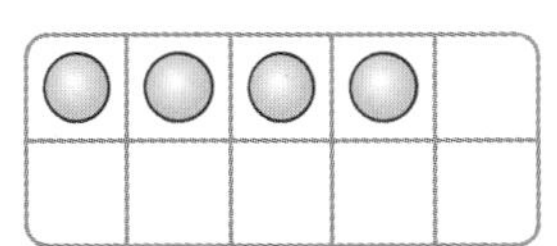
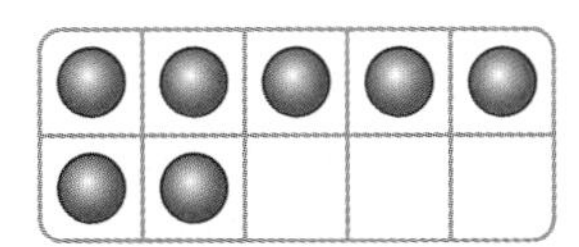

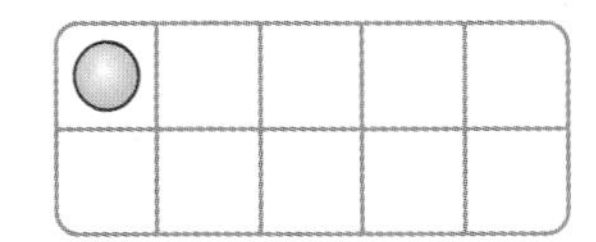

$4+7=\square$

1 □

5

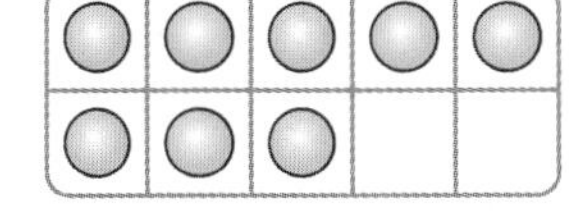
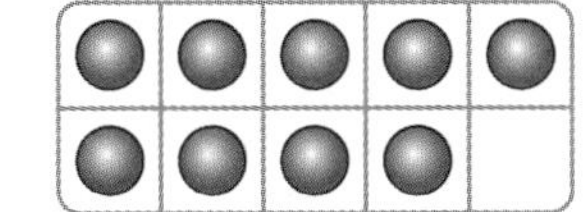

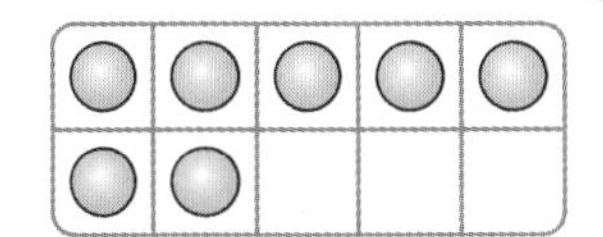

$8+9=\square$

7 □

□ 안에 알맞은 수를 써넣으세요.

6 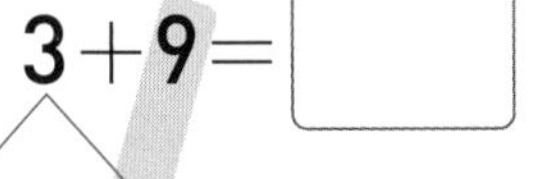

$3+9=\square$

2 □

7 $5+8=\square$

3 □

8 $4+9=\square$

3 □

9 $4+8=\square$

2 □

10 $6+9=\square$

5 □

11 $5+6=\square$

1 □

12 $7+7=\square$

4 □

13 $2+9=\square$

1 □

14 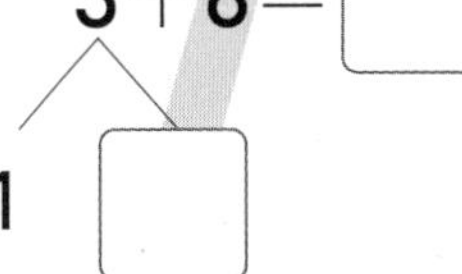

$3+8=\square$

1 □

4 일차 더해지는 수를 가르기 하여 덧셈하기

보기 와 같이 계산해 보세요.

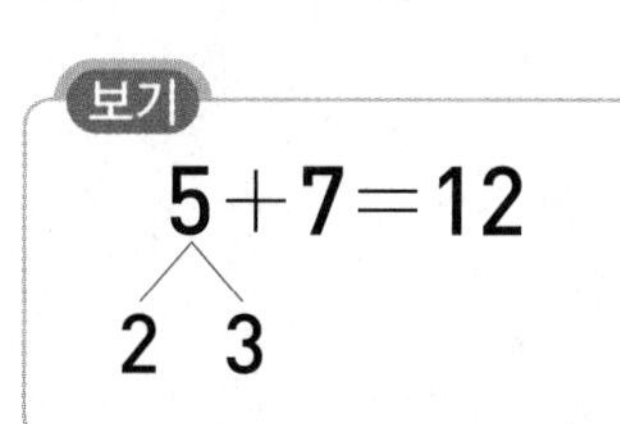

1 $3+8$

2 $7+9$

3 $6+7$

4 $4+9$

5 $9+9$

빈칸에 알맞은 수를 써넣으세요.

6

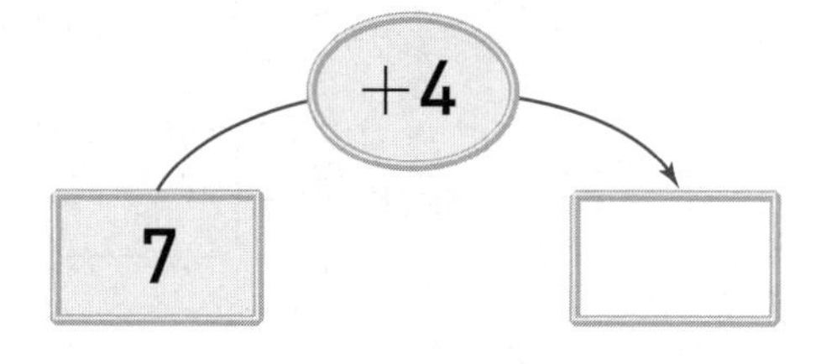

7

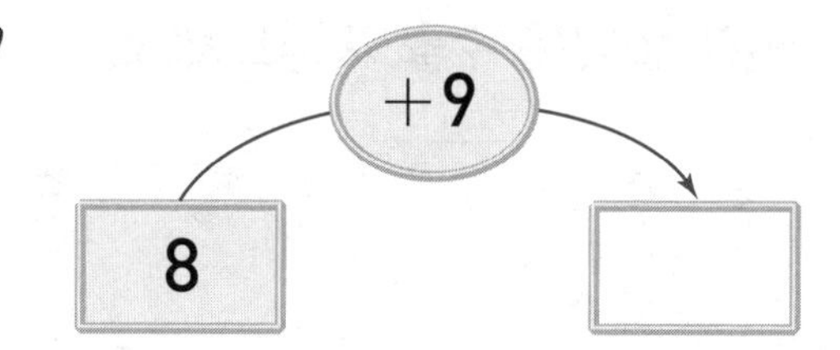

8

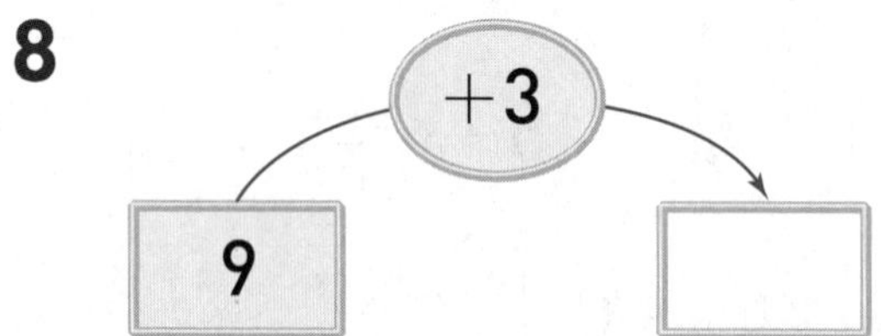

9

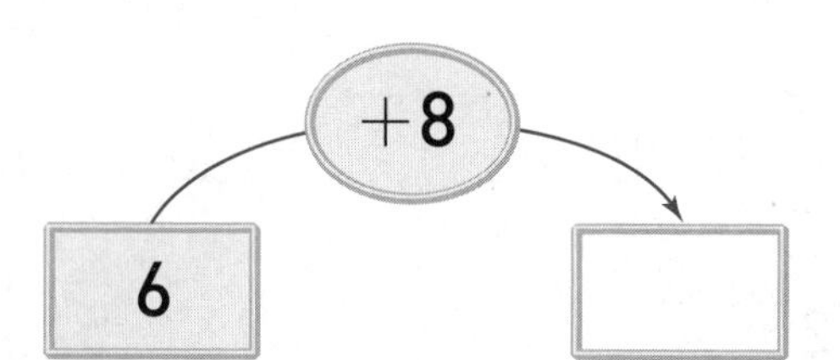

10

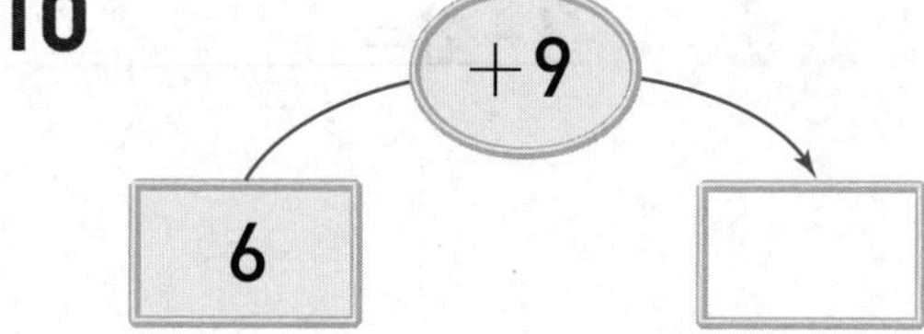

11

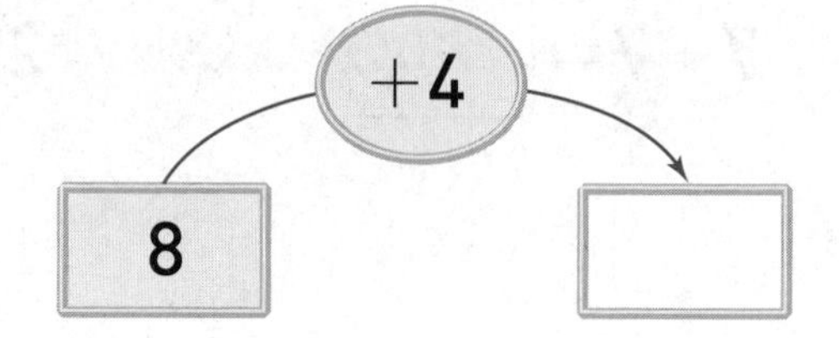

플러스 계산 연습

맞은 개수 / 23개

▶ 정답과 해설 12쪽

생활 속 계산

보기 와 같이 두 수의 합을 □ 안에 써넣으세요.

보기

12

13

14

15

16

17

18

19

문장 읽고 계산식 세우기

20 참치 김밥이 7줄, 야채 김밥이 7줄 있다면 김밥은 모두 몇 줄?

식 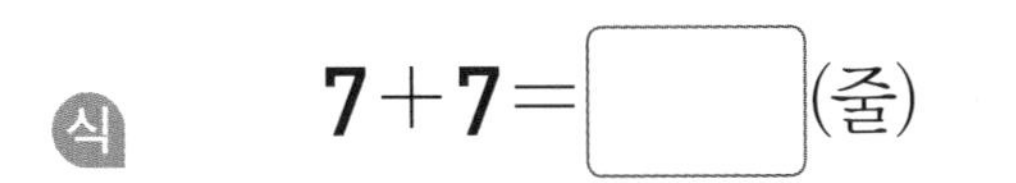

21 연두색 구슬이 8개, 주황색 구슬이 5개 있다면 구슬은 모두 몇 개?

식 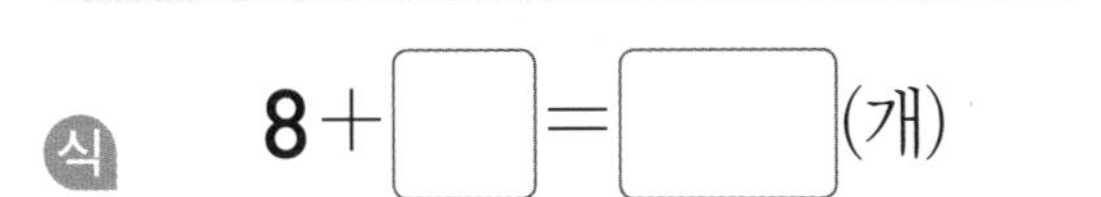

22 팥빵이 6개, 크림빵이 5개 있다면 빵은 모두 몇 개?

식 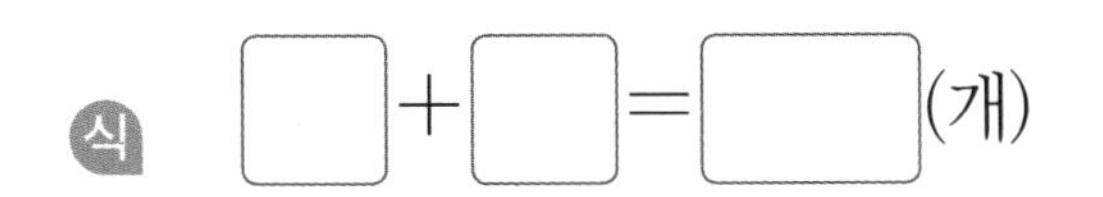

23 소나무가 4그루, 참나무가 7그루 있다면 나무는 모두 몇 그루?

식 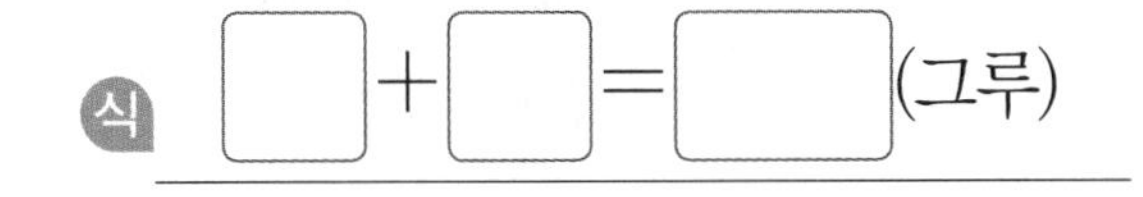

5 일차 빼지는 수를 가르기 하여 뺄셈하기

이렇게 해결하자

• 12－5의 계산

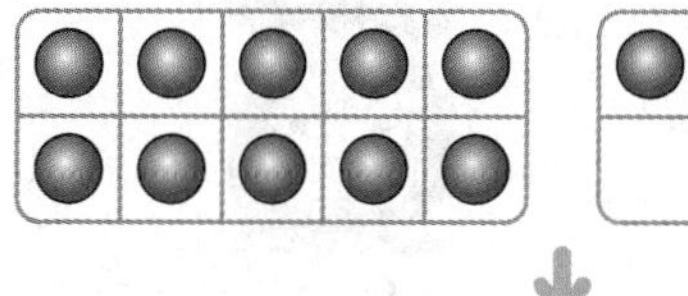 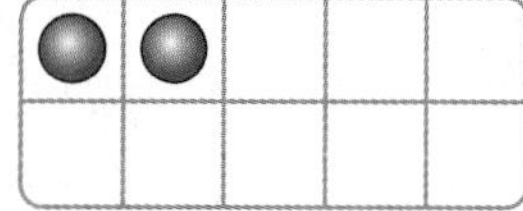

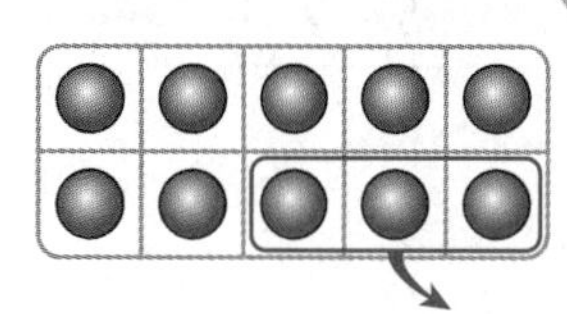 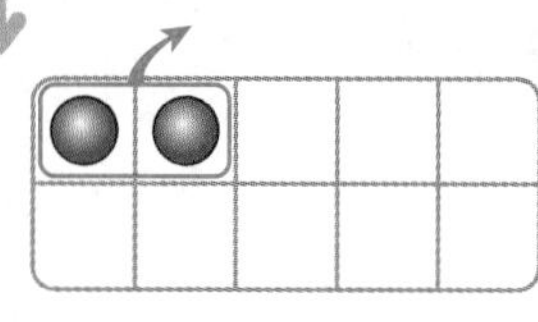

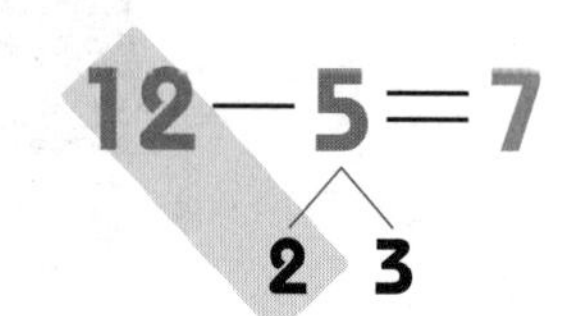

12－5에서 5를 2와 3으로 가르기 하여 12에서 2를 빼고 남은 10에서 3을 빼면 7이 돼요.

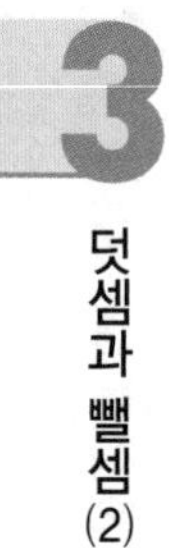

빼지는 수를 가르기 하여 뺄셈을 해 보세요.

❶

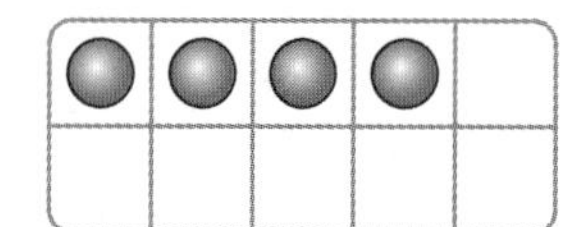

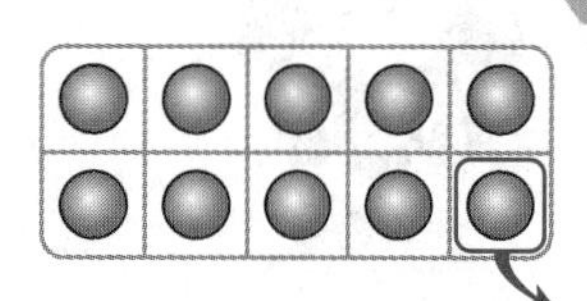 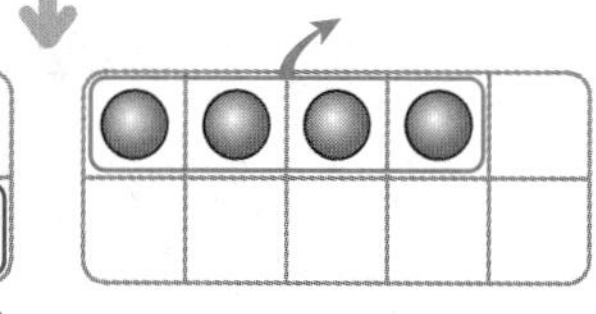

$14-5=\square$

(5를 $\square$와 1로 가르기)

❷

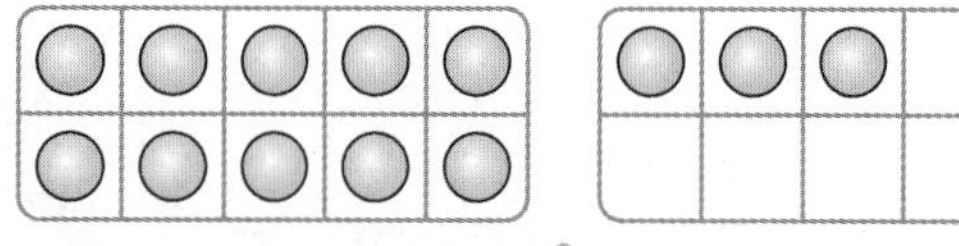

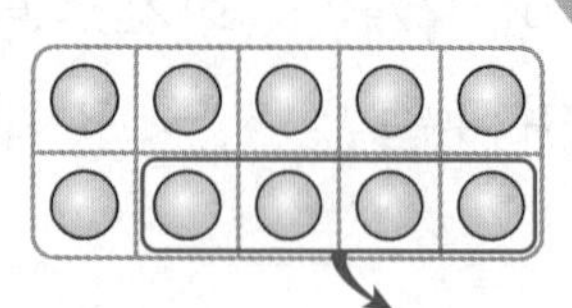 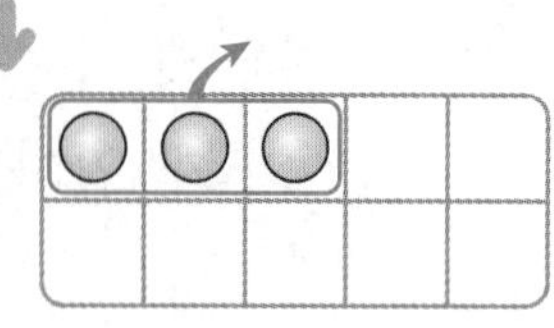

$13-7=\square$

(7을 $\square$와 4로 가르기)

❸

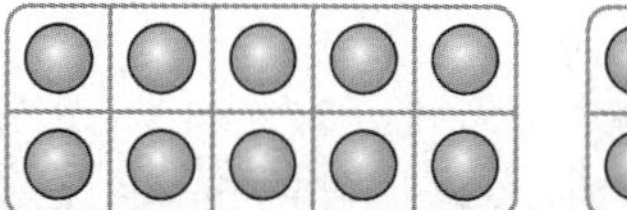 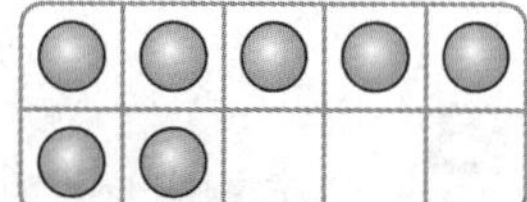

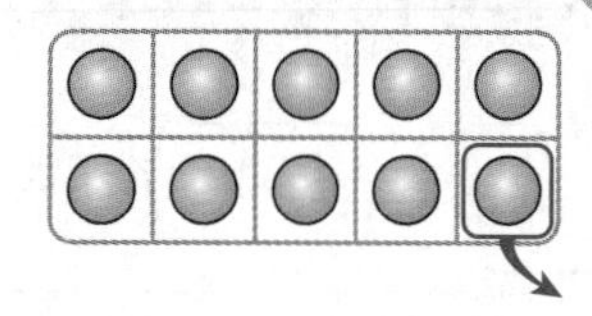

$17-8=\square$

(8을 $\square$와 1로 가르기)

기초 계산 연습

맞은 개수 / 14개

▶ 정답과 해설 12쪽

❹

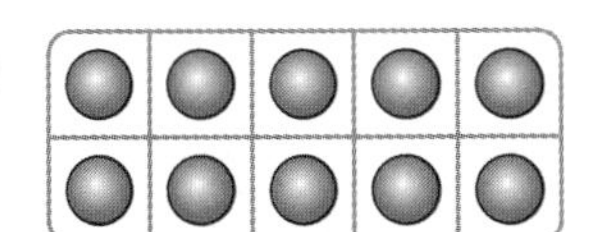
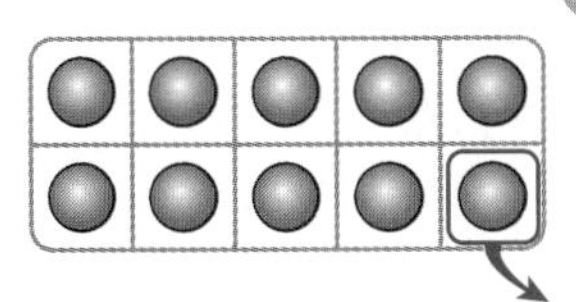

$12-3=\square$

□ 1

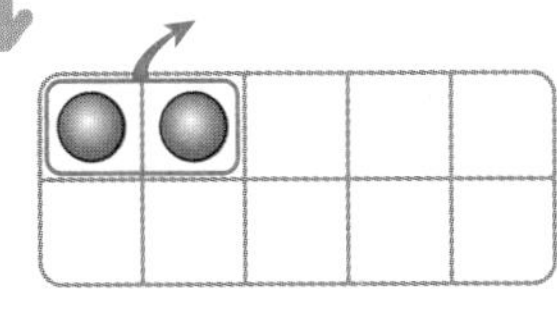

❺

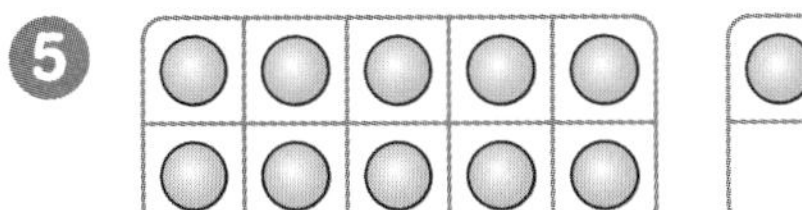
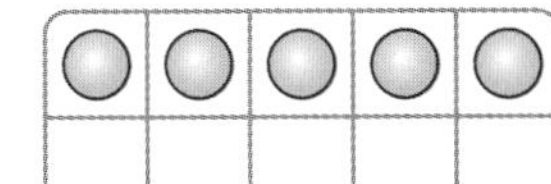

$15-7=\square$

□ 2

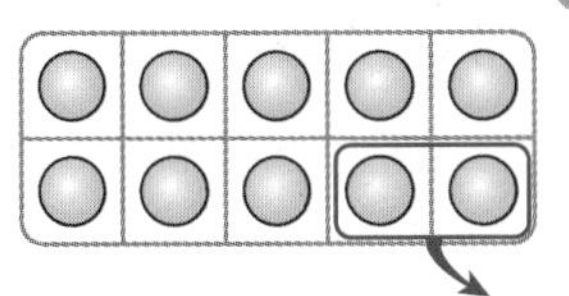
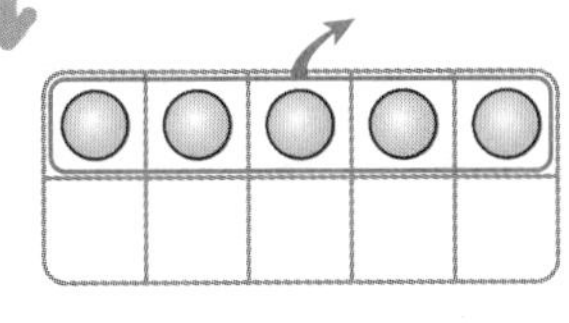

□ 안에 알맞은 수를 써넣으세요.

❻ $14-6=\square$ (□, 2)

❼ $11-4=\square$ (□, 3)

❽ $15-8=\square$ (□, 3)

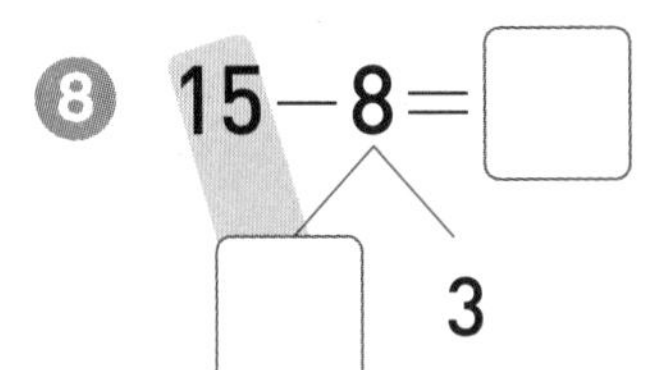

❾ $16-9=\square$ (□, 3)

❿ $13-8=\square$ (□, 5)

⓫ $11-7=\square$ (□, 6)

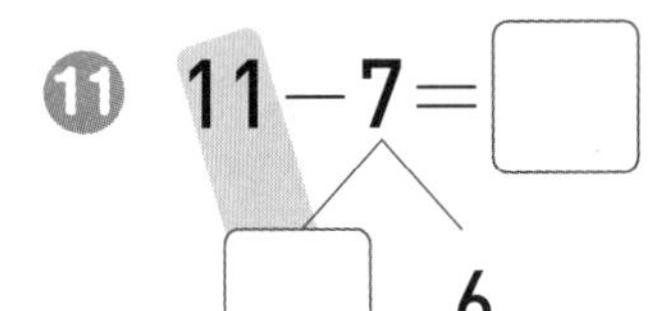

⓬ $13-5=\square$ (□, 2)

⓭ $12-6=\square$ (□, 4)

⓮ $17-9=\square$ (□, 2)

5 일차

빼지는 수를 가르기 하여 뺄셈하기

 보기 와 같이 계산해 보세요.

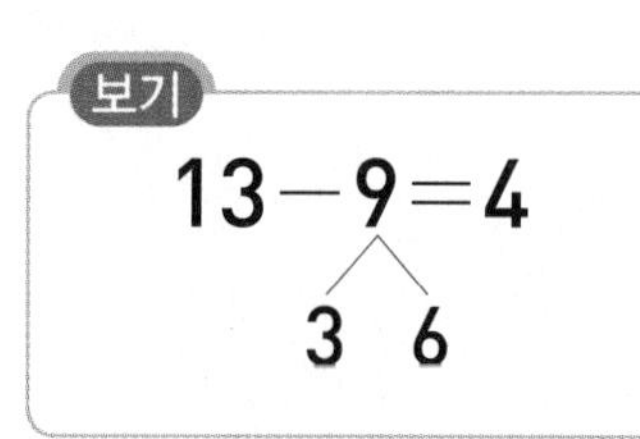

1 12−6

2 14−7

3 16−9

4 13−4

5 13−6

6 11−6

7 18−9

8 15−7

  빈칸에 알맞은 수를 써넣으세요.

9 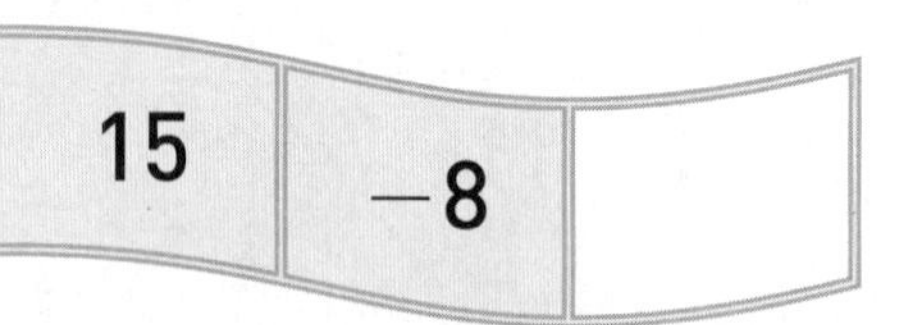

10 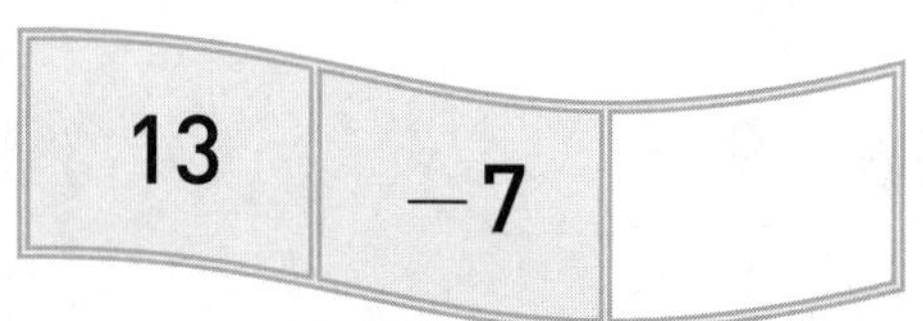

11 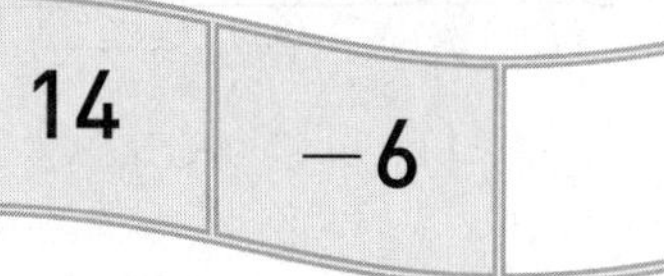

12 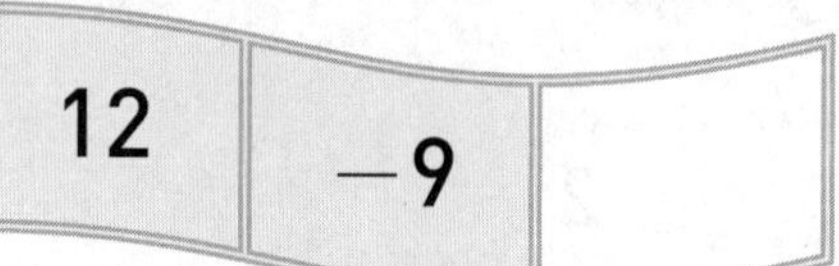

플러스 계산 연습

맞은 개수 / 20개

▶ 정답과 해설 12쪽

생활 속 계산

구슬 12개를 양손에 나누어 쥔 다음 한 손을 펼쳤습니다. 펼치지 않은 손에 쥔 구슬은 몇 개인지 구하세요.

13

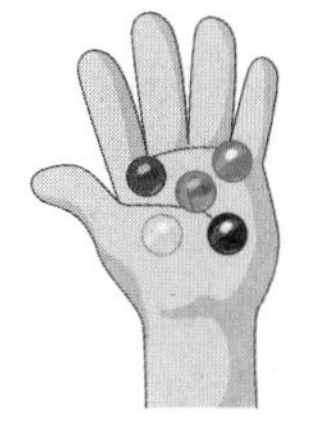 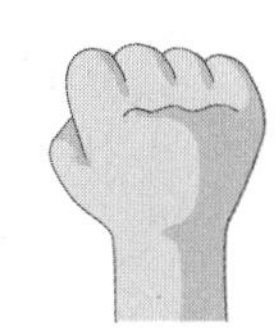

12－5＝☐(개)

14

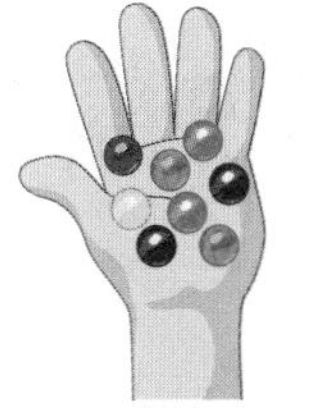

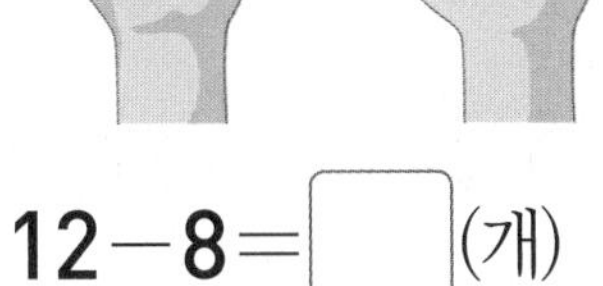

12－8＝☐(개)

15

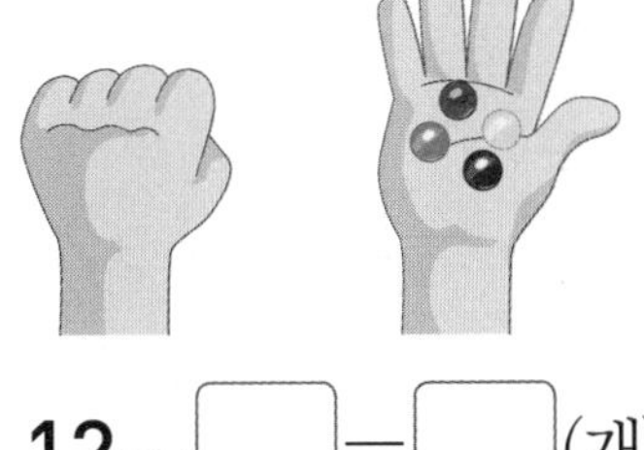

12－☐＝☐(개)

16

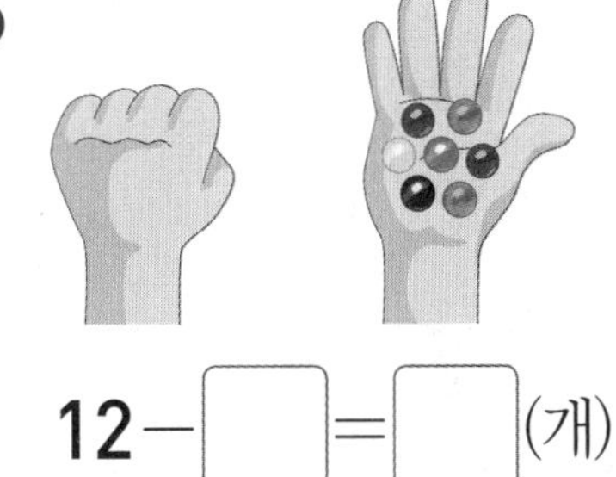

12－☐＝☐(개)

문장 읽고 계산식 세우기

17 딱지 14장 중 친구에게 8장을 주었다면 남은 딱지는 몇 장?

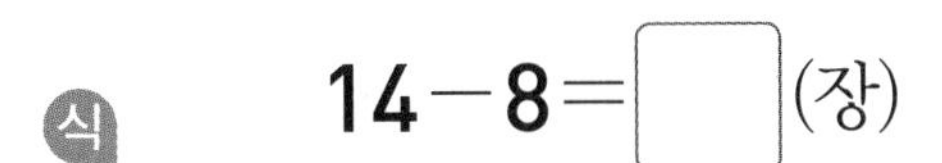

식 14－8＝☐(장)

18 치킨 13조각 중 5조각을 먹었다면 남은 치킨은 몇 조각?

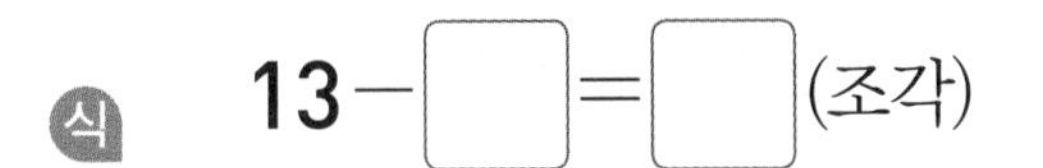

식 13－☐＝☐(조각)

19 색종이 15장 중 9장을 사용했다면 남은 색종이는 몇 장?

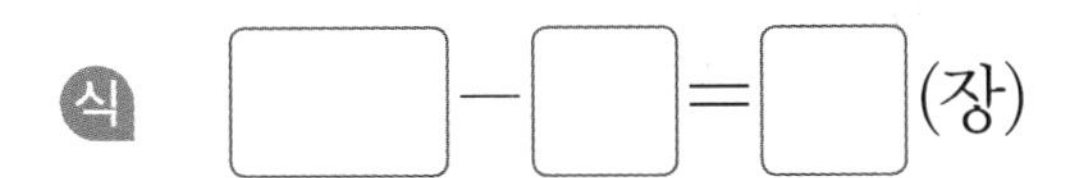

식 ☐－☐＝☐(장)

20 땅콩 16개 중 8개를 먹었습니다. 남은 땅콩은 몇 개?

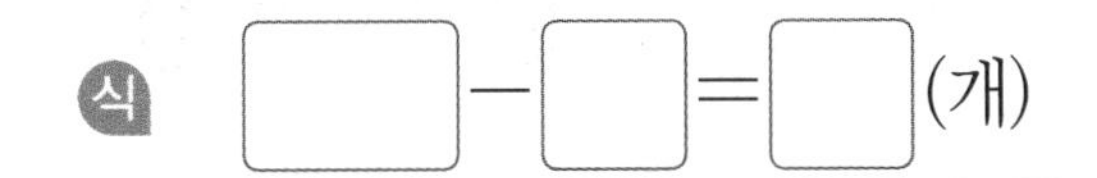

식 ☐－☐＝☐(개)

6 일차 빼어지는 수를 가르기 하여 뺄셈하기

이렇게 해결하자

• 15－8의 계산

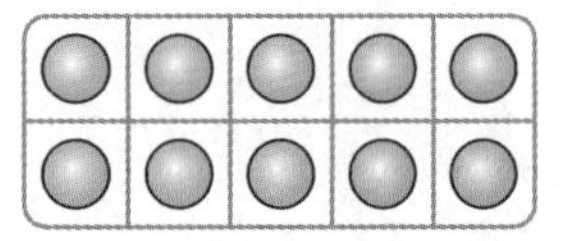

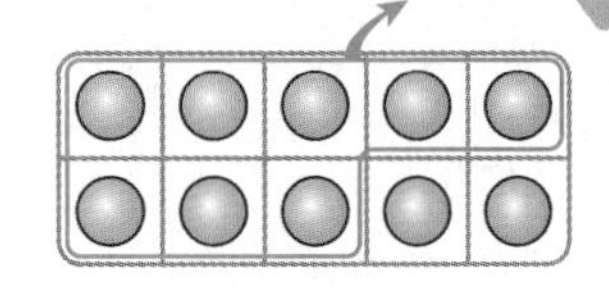

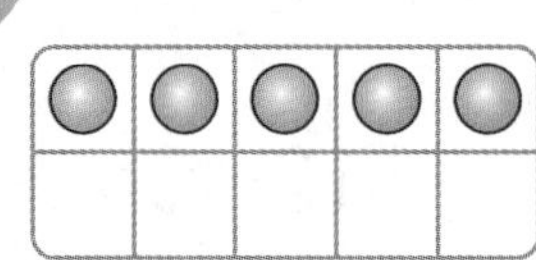

15－8＝7

10 5

15－8에서 15를 10과 5로 가르기 하여 10에서 8을 빼고 남은 2와 5를 더하면 7이 돼요.

빼어지는 수를 가르기 하여 뺄셈을 해 보세요.

1

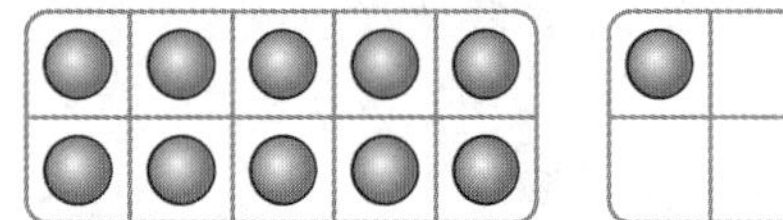

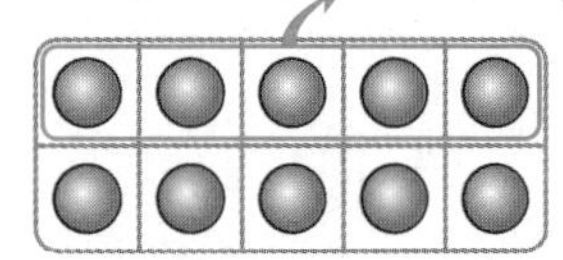

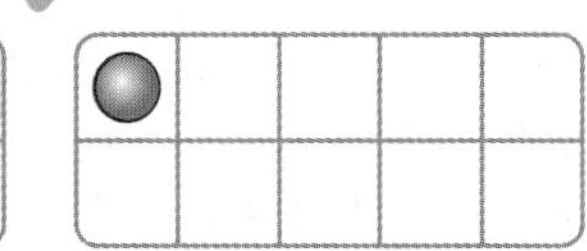

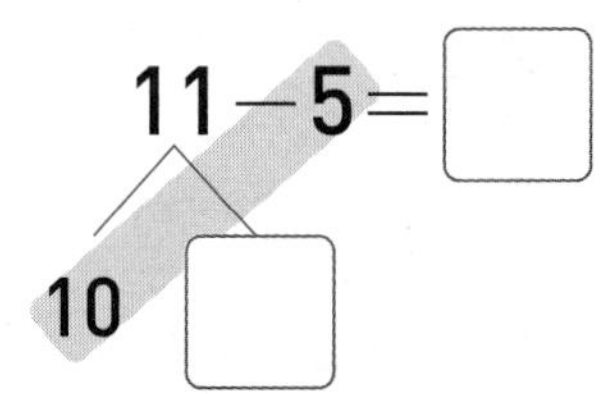

11－5＝□

10 □

2

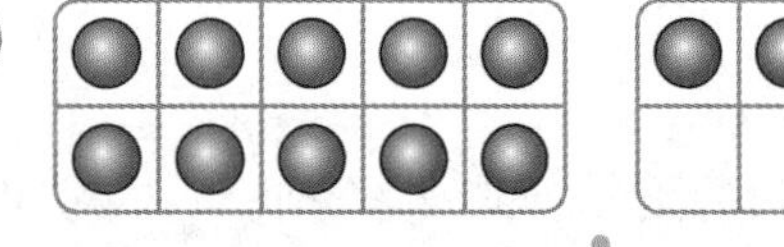

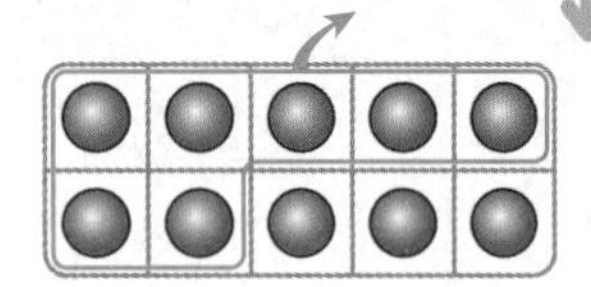

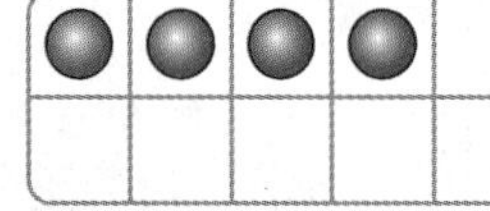

14－7＝□

10 □

3

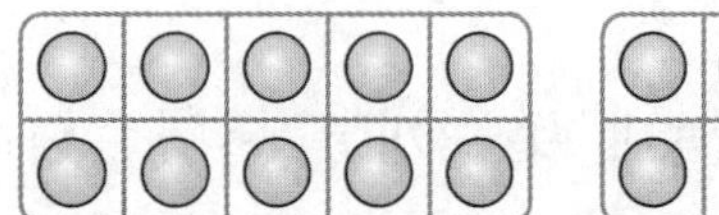

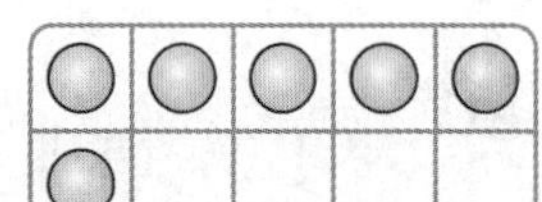

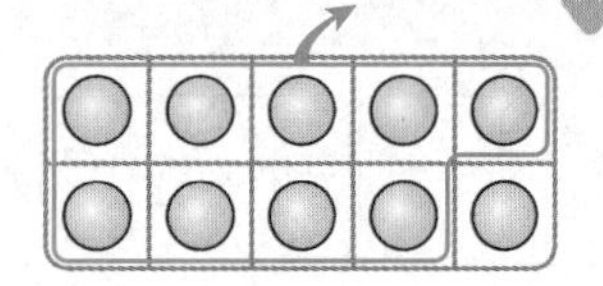

16－9＝□

10 □

제한 시간 5분

맞은 개수 / 14개

▶ 정답과 해설 13쪽

❹

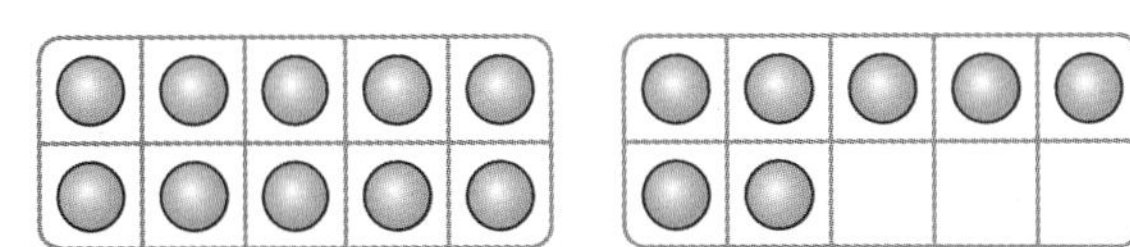

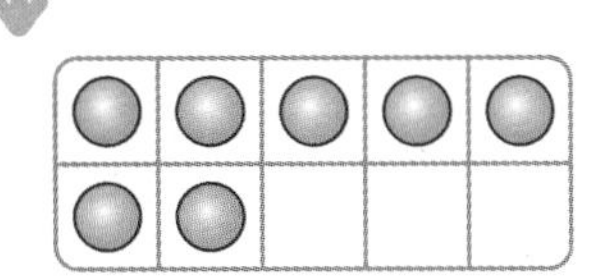

$17 - 9 = \square$

10 $\square$

❺

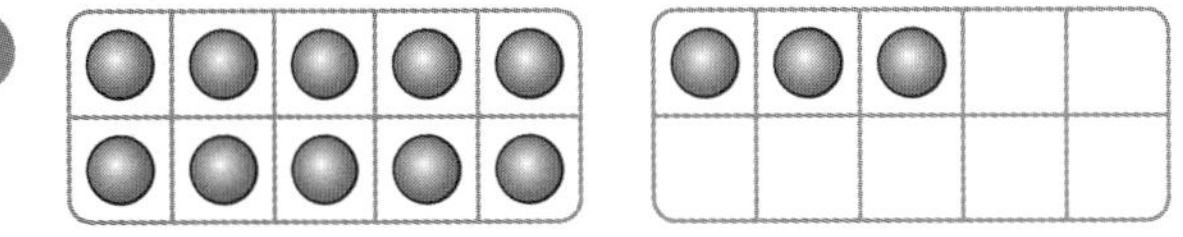

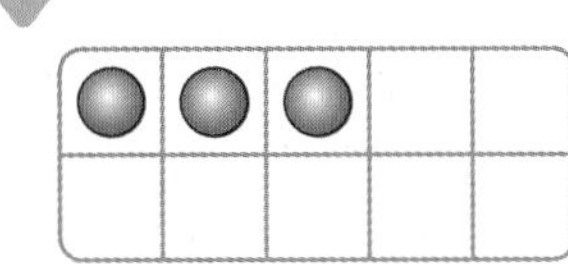

$13 - 8 = \square$

10 $\square$

□ 안에 알맞은 수를 써넣으세요.

❻ $11 - 7 = \square$

10 $\square$

❼ $12 - 8 = \square$

10 $\square$

❽ $15 - 6 = \square$

10 $\square$

❾ $13 - 7 = \square$

10 $\square$

❿ $16 - 8 = \square$

10 $\square$

⓫ $12 - 5 = \square$

10 $\square$

⓬ $15 - 9 = \square$

10 $\square$

⓭ $14 - 5 = \square$

10 $\square$

⓮ $17 - 8 = \square$

10 $\square$

6 일차 빼어지는 수를 가르기 하여 뺄셈하기

 보기 와 같이 계산해 보세요.

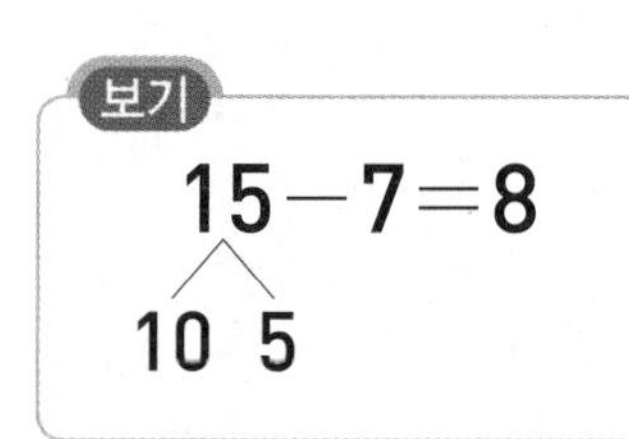

보기

$15-7=8$

10 5

1 $11-5$

2 $14-9$

3 $18-9$

4 $15-6$

5 $17-8$

6 $16-7$

7 $12-4$

8 $13-6$

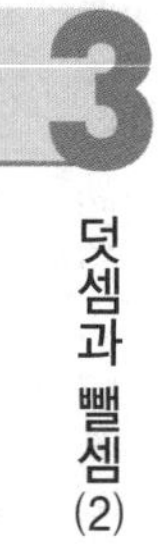

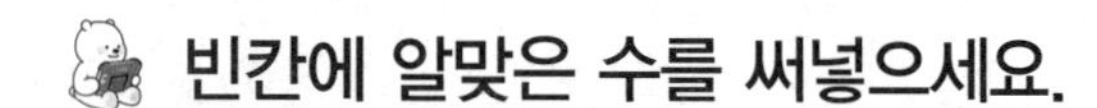

빈칸에 알맞은 수를 써넣으세요.

9

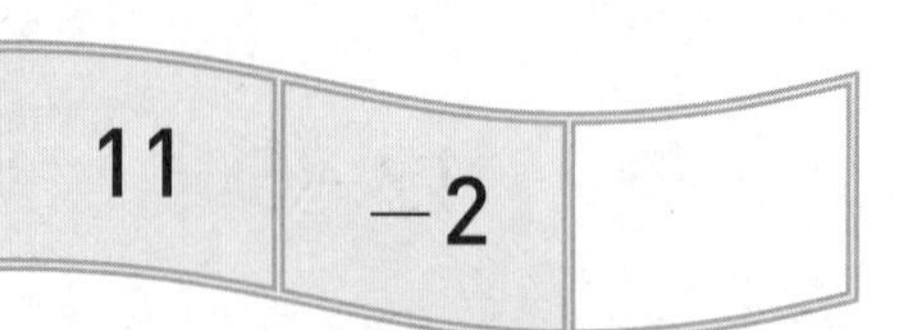

11	-2	

10

12	-7	

11

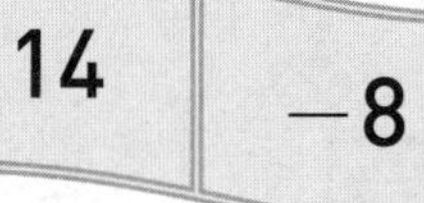

14	-8	

12

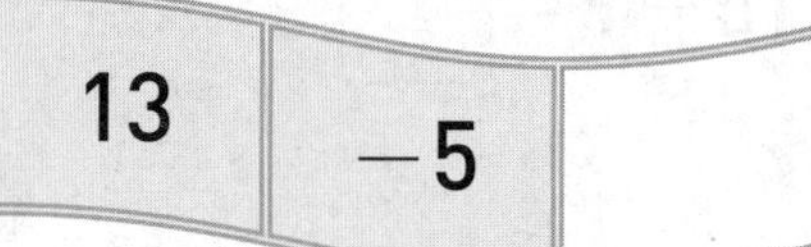

13	-5	

플러스 계산 연습

맞은 개수 / 20개

▶ 정답과 해설 13쪽

생활 속 계산

먹고 남은 사탕의 수는 몇 개인지 구하세요.

13

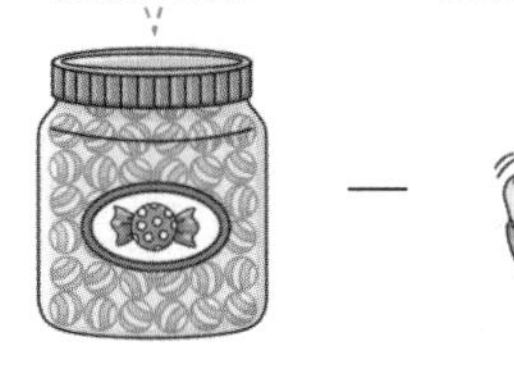

17 − □ = □ (개)

14

13 − □ = □ (개)

15

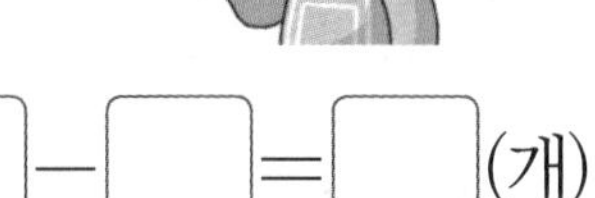

□ − □ = □ (개)

16

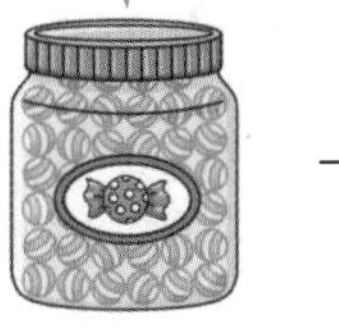

□ − □ = □ (개)

문장 읽고 계산식 세우기

17 땅콩 14개 중 7개를 먹었다면 남은 땅콩은 몇 개?

식 14 − 7 = □ (개)

18 우산 16개 중 9개를 팔았다면 남은 우산은 몇 개?

식 16 − □ = □ (개)

19 줄넘기를 어제는 13번, 오늘은 어제보다 8번 더 적게 했습니다. 오늘 한 줄넘기는 몇 번?

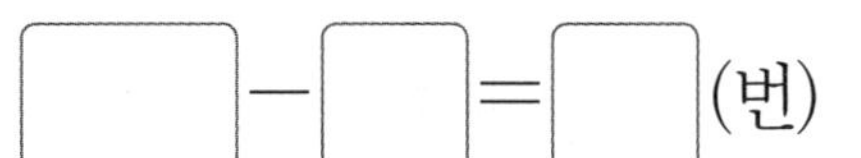

식 □ − □ = □ (번)

20 손 씻기를 어제는 11번, 오늘은 어제보다 7번 더 적게 했습니다. 오늘 한 손 씻기는 몇 번?

식 □ − □ = □ (번)

7 일차

두 수를 바꾸어 더해 보기

이렇게 해결하자

• 7+5와 5+7의 계산 결과 비교하기

$7+5=12$

$5+7=12$

두 수를 바꾸어 더해 보세요.

❶

$6+5=\square$

$5+6=\square$

❷

$8+6=\square$

$6+8=\square$

❸

$7+6=\square$

$6+7=\square$

❹

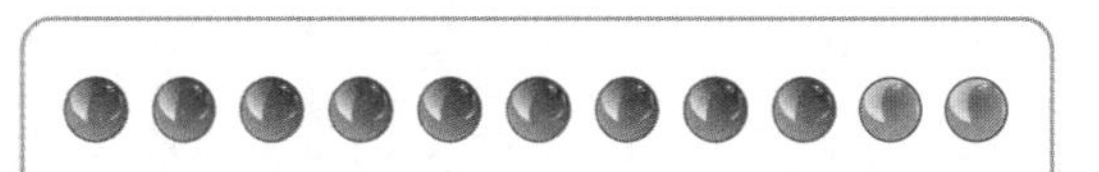

$9+2=\square$

$2+9=\square$

제한 시간 3분

기초 계산 연습

맞은 개수 / 18개

▶ 정답과 해설 13쪽

5

$8+3=\square$

$3+8=\square$

6

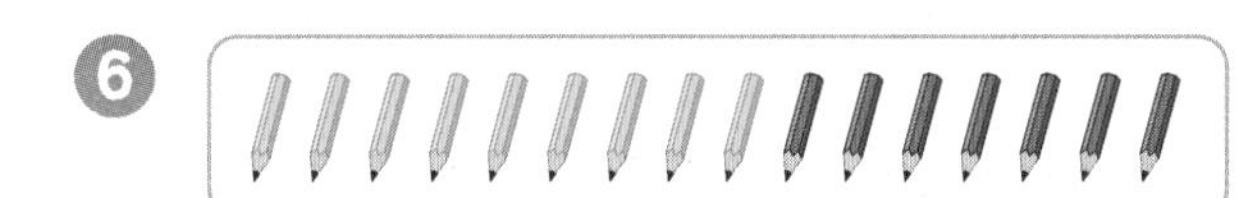

$9+7=\square$

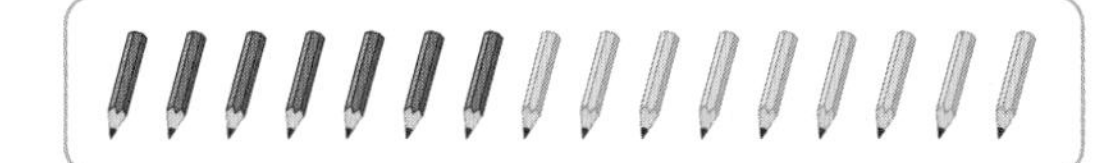

$7+9=\square$

7

$5+8=\square$

$8+5=\square$

8

$4+8=\square$

$8+4=\square$

□ 안에 알맞은 수를 써넣으세요.

9 $7+8=\square+7$

10 $4+7=7+\square$

11 $9+6=\square+9$

12 $6+7=7+\square$

13 $8+9=\square+8$

14 $5+9=9+\square$

15 $\square+9=9+2$

16 $\square+8=8+6$

17 $\square+5=5+6$

18 $\square+7=7+8$

7 일차 두 수를 바꾸어 더해 보기

두 수를 바꾸어 더해 보세요.

1 $2+9=\square$

$9+2=\square$

2 $5+6=\square$

$6+5=\square$

3 $7+8=\square$

$8+7=\square$

4 $4+9=\square$

$9+4=\square$

5 $8+4=\square$

$4+8=\square$

6 $3+9=\square$

$9+3=\square$

빈칸에 알맞은 수를 써넣으세요.

7 ⊕ →

8	9	
9	8	

8 ⊕ →

9	6	
6	9	

9 ⊕ →

4	7	
7	4	

10 ⊕ →

6	8	
8	6	

11 ⊕ →

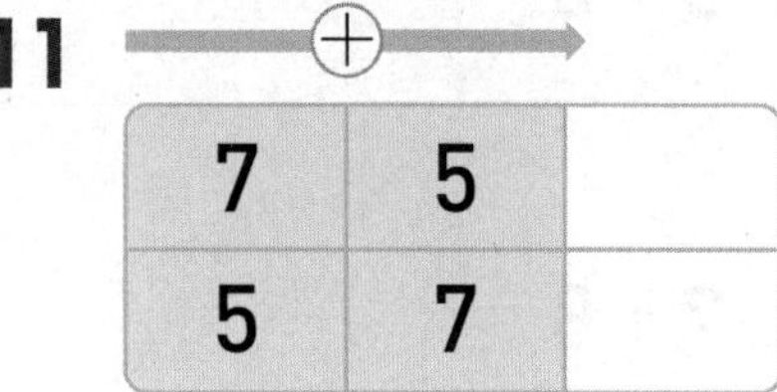

7	5	
5	7	

12 ⊕ →

6	7	
7	6	

플러스 계산 연습

▶ 정답과 해설 13쪽

생활 속 계산

도서관에 있는 종류별 책의 수를 보고 □ 안에 알맞은 수를 써넣으세요.

13

6+□=□

7+□=□

14

□+□=□

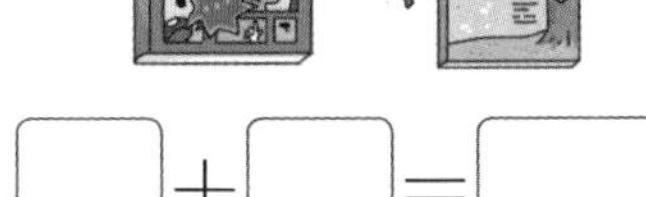

□+□=□

15

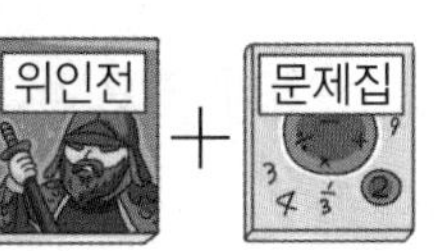

□+□=□

문제집 + 위인전

□+□=□

문장 읽고 문제 해결하기

옳으면 ○표, 틀리면 ×표 하세요.

16 4+7과 7+4는 같습니다. □

17 5+8은 8+5와 다릅니다. □

18 5+2와 2+5는 같습니다. □

19 6+5와 3+6은 같습니다. □

8 일차

계산 결과의 크기 비교

이렇게 해결하자

• 덧셈식 $5+7$과 $9+4$의 크기 비교

$5+7=12$ 또는 $5+7=12$,
(7을 3과 2로 가르기: 2 3 / 5를 5와 2… : 5 2)

$9+4=13$ 또는 $9+4=13$
(4를 1과 3으로 가르기: 1 3 / 9를 3과 6으로 가르기: 3 6)

→ $5+7 < 9+4$

• 뺄셈식 $16-8$과 $11-4$의 크기 비교

$16-8=8$ 또는 $16-8=8$,
(16을 10과 6으로 가르기: 10 6 / 8을 6과 2로 가르기: 6 2)

$11-4=7$ 또는 $11-4=7$
(11을 10과 1로 가르기: 10 1 / 4를 1과 3으로 가르기: 1 3)

→ $16-8 > 11-4$

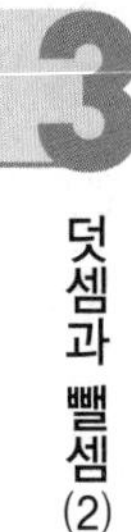

□ 안에 알맞은 수를 써넣고, ○ 안에 >, =, <를 알맞게 써넣으세요.

❶
$4+9=$ □
$7+5=$ □
→ $4+9$ ○ $7+5$

❷
$2+9=$ □
$8+6=$ □
→ $2+9$ ○ $8+6$

❸
$6+7=$ □
$8+4=$ □
→ $6+7$ ○ $8+4$

❹
$3+8=$ □
$9+5=$ □
→ $3+8$ ○ $9+5$

❺
$5+9=$ □
$7+8=$ □
→ $5+9$ ○ $7+8$

❻
$6+8=$ □
$9+9=$ □
→ $6+8$ ○ $9+9$

기초 계산 연습

맞은 개수 / 16개

▶ 정답과 해설 13쪽

⑦ $8+8=\square$, $7+9=\square$
→ $8+8 \bigcirc 7+9$

⑧ $6+9=\square$, $8+5=\square$
→ $6+9 \bigcirc 8+5$

⑨ $13-7=\square$, $17-9=\square$
→ $13-7 \bigcirc 17-9$

⑩ $15-6=\square$, $11-7=\square$
→ $15-6 \bigcirc 11-7$

⑪ $16-9=\square$, $12-5=\square$
→ $16-9 \bigcirc 12-5$

⑫ $14-8=\square$, $16-7=\square$
→ $14-8 \bigcirc 16-7$

⑬ $12-6=\square$, $15-8=\square$
→ $12-6 \bigcirc 15-8$

⑭ $13-5=\square$, $11-6=\square$
→ $13-5 \bigcirc 11-6$

⑮ $14-7=\square$, $16-8=\square$
→ $14-7 \bigcirc 16-8$

⑯ $17-8=\square$, $12-9=\square$
→ $17-8 \bigcirc 12-9$

8 일차 계산 결과의 크기 비교

계산 결과를 비교하여 ○ 안에 >, =, <를 알맞게 써넣으세요.

1 $5+8 \bigcirc 9+8$

2 $6+8 \bigcirc 2+9$

3 $4+7 \bigcirc 6+6$

4 $14-8 \bigcirc 12-7$

5 $15-8 \bigcirc 16-9$

6 $11-4 \bigcirc 14-6$

계산 결과가 가장 큰 것에 ○표, 가장 작은 것에 △표 하세요.

7

5+9	3+8	7+6
□	□	□

8

15−6	14−7	11−3
□	□	□

9

6+7	3+9	8+3
□	□	□

10

12−5	16−8	13−9
□	□	□

11

4+9	6+5	7+7
□	□	□

12

17−9	14−8	18−9
□	□	□

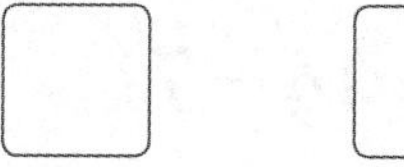

플러스 계산 연습

생활 속 계산

두 어린이가 수 카드를 각각 2장씩 뽑은 것입니다. 뽑은 수 카드에 쓰여 있는 두 수의 계산 결과가 더 큰 사람에 ○표 하세요.

13

14

15

16

문장 읽고 계산식 세우기

17

과녁 맞히기 놀이에서 윤아는 9점과 7점, 민호는 6점과 8점을 얻었을 때 점수가 더 높은 사람은 누구?

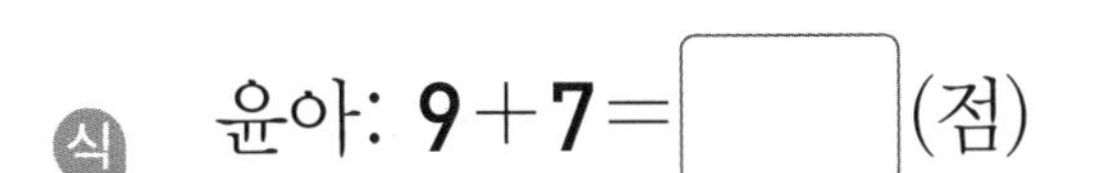

식 윤아: $9+7=$ ☐(점)

식 민호: $6+8=$ ☐(점)

답

18

고리 던지기 놀이에서 남희는 7점과 6점, 대윤이는 8점과 4점을 얻었을 때 점수가 더 높은 사람은 누구?

식 남희: $7+6=$ ☐(점)

식 대윤: $8+4=$ ☐(점)

답

평가 SPEED 연산력 TEST

두 수를 바꾸어 계산해 보세요.

❶ $7+6=\square$
$6+7=\square$

❷ $8+9=\square$
$9+8=\square$

❸ $4+8=\square$
$8+4=\square$

❹ $9+6=\square$
$6+9=\square$

❺ $5+9=\square$
$9+5=\square$

❻ $4+7=\square$
$7+4=\square$

계산해 보세요.

❼ $5+7$

❽ $6+8$

❾ $7+8$

❿ $3+9$

⓫ $9+4$

⓬ $6+5$

⓭ $15-9$

⓮ $16-7$

⓯ $12-5$

⓰ $18-9$

⓱ $11-2$

⓲ $14-6$

▶정답과 해설 14쪽

계산 결과를 비교하여 ○ 안에 >, =, <를 알맞게 써넣으세요.

⑲ $9+2$ ○ $5+7$

⑳ $17-8$ ○ $11-3$

㉑ $7+9$ ○ $8+6$

㉒ $11-4$ ○ $16-9$

㉓ $5+6$ ○ $9+3$

㉔ $14-9$ ○ $12-3$

㉕ $7+6$ ○ $4+9$

㉖ $13-7$ ○ $15-8$

㉗ $14-8$ ○ $7+4$

㉘ $12-4$ ○ $8+3$

㉙ $6+6$ ○ $11-5$

㉚ $4+8$ ○ $13-6$

제한 시간 안에 정확하게
모두 풀었다면 여러분은 진정한 **계산왕!**

특강

문장제 문제 도전하기

계산식을 이용하여 물음에 답하세요.

1 $4+7=\square$

→ 토끼 **4**마리, 거북 **7**마리가 있습니다.
토끼와 거북은 모두 몇 마리일까요?

이 계산식이 실생활에서
어떤 상황에 이용될까요?

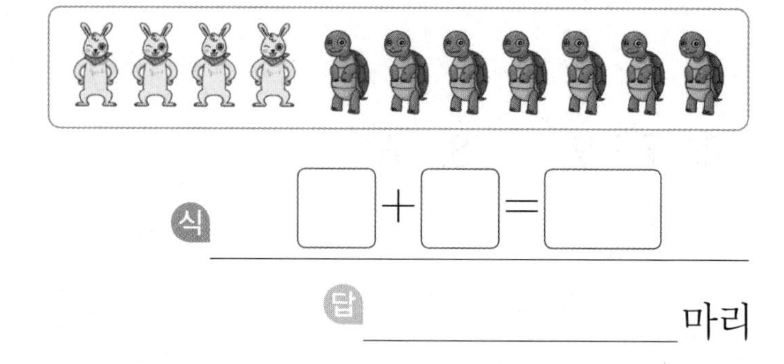

식 $\square+\square=\square$

답 ______ 마리

2 $13-8=\square$

→ 자동차가 **13**대, 자전거가 **8**대 있습니다.
자동차는 자전거보다 몇 대 더 많을까요?

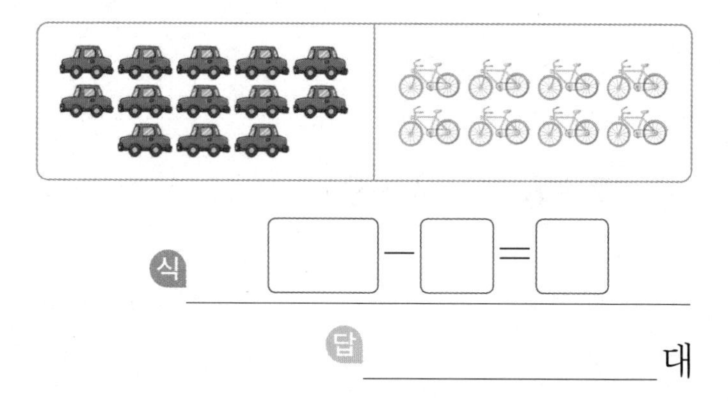

식 $\square-\square=\square$

답 ______ 대

3 $8+5 \bigcirc 6+6$

→ 달걀을 더 많이 가지고 있는 사람은 누구일까요?

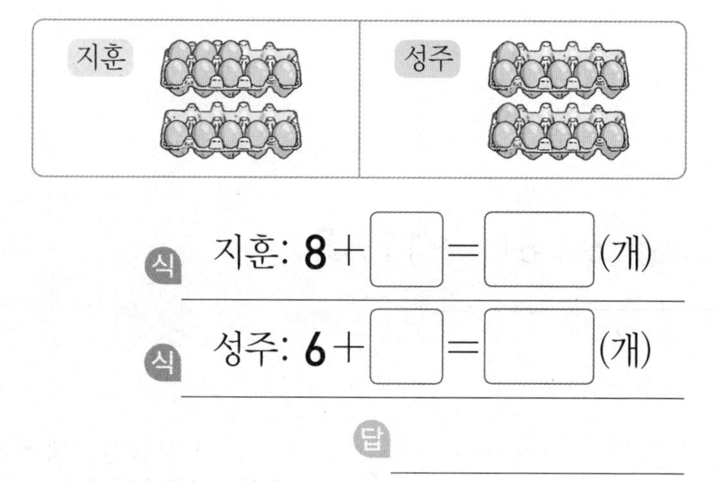

식 지훈: $8+\square=\square$(개)

식 성주: $6+\square=\square$(개)

답 ______

▶ 정답과 해설 14쪽

문장을 읽고 알맞은 계산식을 세워 답을 구해 보자!

4 꽃밭에 나비( ) **8**마리와 벌( ) **7**마리가 있습니다.
나비와 벌은 모두 몇 마리일까요?

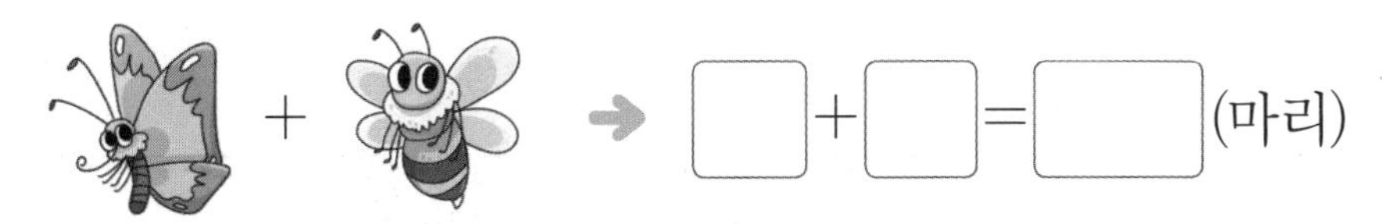

➔ □ + □ = □ (마리)

5 주차장에 버스( ) **12**대와 트럭( ) **9**대가 주차되어 있습니다.
주차되어 있는 버스는 트럭보다 몇 대 더 많을까요?

➔ □ − □ = □ (대)

6 다은이는 사과 ( ) **5**개와 귤( ) **7**개를 샀고 진우는 참외( ) **6**개와 감( ) **8**개를 샀습니다. 더 많은 과일을 산 사람은 누구일까요?

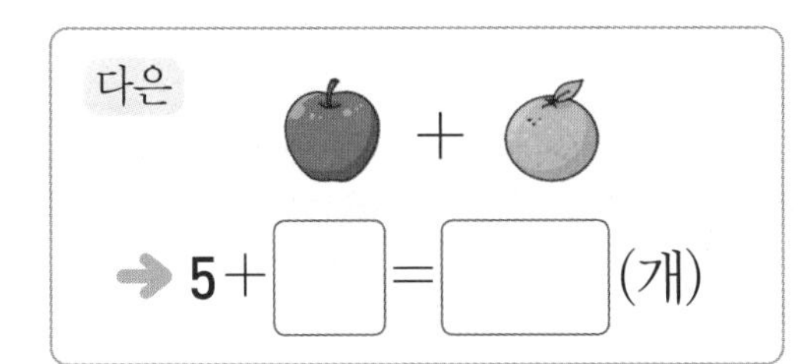

다은

➔ **5** + □ = □ (개)

진우

➔ **6** + □ = □ (개)

➔ 더 많은 과일을 산 사람은 □ 입니다.

특강 창의·융합·코딩·도전하기

버스에 남은 사람은 몇 명일까?

 버스에 남은 사람은 몇 명인지 구하세요.

버스에 남은 사람 수는 처음 버스에 타고 있던 사람 수에서 정류장에 내린 사람 수를 뺀 것과 같습니다.

식 16－□＝□

답 ______ 명

보기 와 같이 4장의 수 카드를 입력하면 수 카드를 한 번씩만 사용하여 덧셈식을 만들어 주는 로봇이 있습니다. 로봇이 출력한 값을 구하세요.

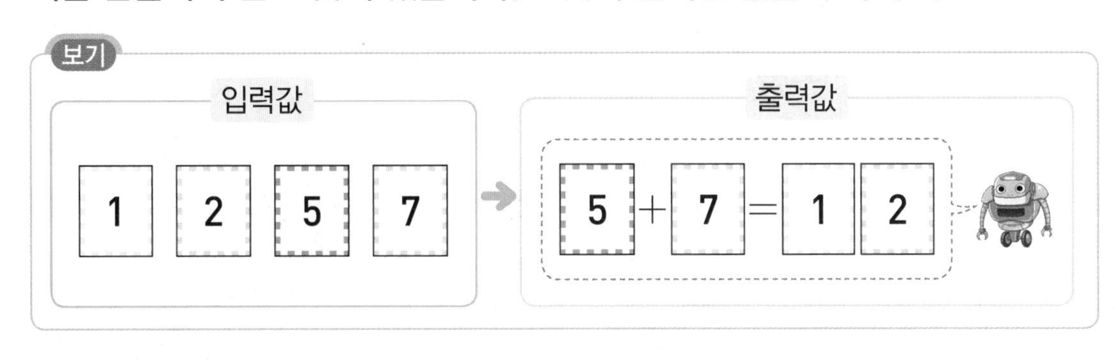

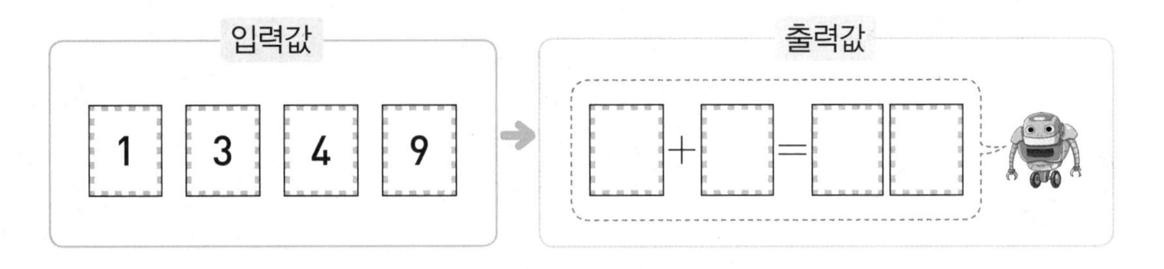

창의 3 계산 결과에 해당하는 문을 지나 수지가 수호를 찾아가는 길을 선으로 그어 보세요.

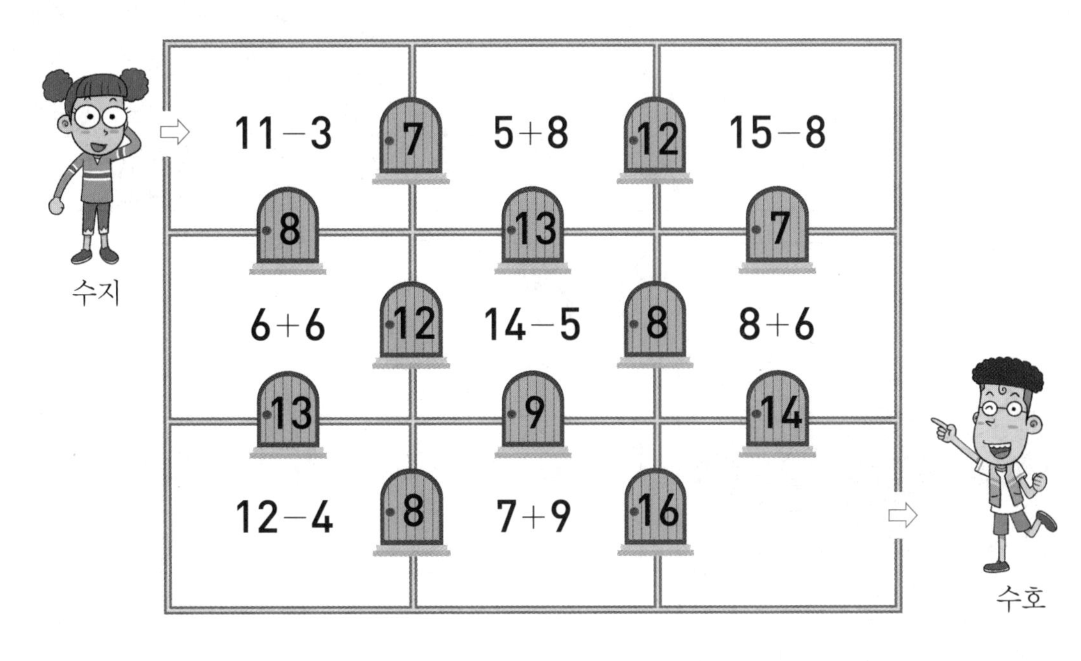

덧셈과 뺄셈(3)

실생활에서 알아보는 재미있는 수학 이야기

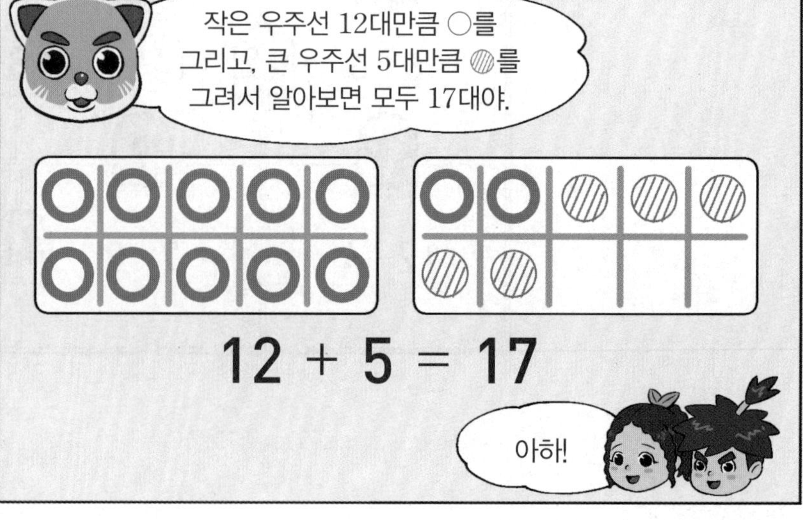

이번에 배울 내용을 알아볼까요?

- 1일차 (몇십몇)+(몇)
- 2일차 (몇)+(몇십몇)
- 3일차 (몇십)+(몇십)
- 4일차 (몇십몇)+(몇십몇) (1)
- 5일차 (몇십몇)+(몇십몇) (2)
- 6일차 (몇십몇)−(몇)
- 7일차 (몇십)−(몇십)
- 8일차 (몇십몇)−(몇십)
- 9일차 (몇십몇)−(몇십몇) (1)
- 10일차 (몇십몇)−(몇십몇) (2)

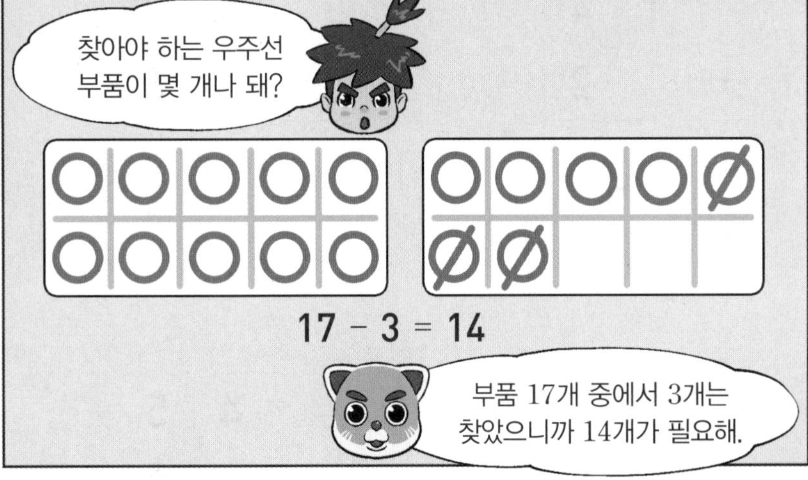

1 일차

(몇십몇)＋(몇)

이렇게 해결하자

• 23＋4의 계산

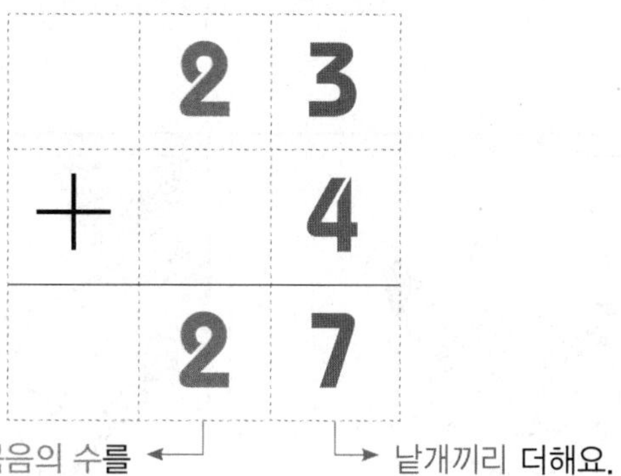

낱개끼리 더하고
10개씩 묶음의 수는
그대로 내려 써요.

4 덧셈과 뺄셈(3)

덧셈을 해 보세요.

❶

	1	4
＋		2

❷

	1	2
＋		6

❸

	2	4
＋		5

❹

	3	1
＋		7

❺

	4	5
＋		3

❻

	5	0
＋		8

❼

	6	4
＋		3

❽

	7	4
＋		4

❾

	2	2
＋		5

⑩
	1	8
+		1

⑪
	4	5
+		2

⑫
	3	0
+		7

⑬
	4	3
+		6

⑭
	1	3
+		5

⑮
	2	6
+		3

⑯
	3	6
+		1

⑰
	9	1
+		4

⑱
	2	5
+		2

⑲
	5	5
+		3

⑳
	4	7
+		2

㉑
	3	1
+		8

㉒
	8	2
+		6

㉓
	6	3
+		2

㉔
	8	5
+		3

㉕
	8	0
+		5

㉖
	4	6
+		2

㉗
	2	4
+		4

1 일차

(몇십몇)+(몇)

덧셈을 해 보세요.

1 $25+3=\square$

2 $34+5=\square$

3 $41+3=\square$

4 $50+5=\square$

5 $63+3=\square$

6 $32+6=\square$

7 $92+4=\square$

8 $31+8=\square$

9 $22+7=\square$

10 $53+6=\square$

11 $42+4=\square$

12 $17+2=\square$

빈칸에 알맞은 수를 써넣으세요.

13 | 42 | + | 2 | = | |

14 | 54 | + | 5 | = | |

15 | 10 | + | 6 | = | |

16 | 61 | + | 6 | = | |

17 | 77 | + | 2 | = | |

18 | 41 | + | 7 | = | |

제한 시간 7분

플러스 계산 연습

맞은 개수 / 28개

▶ 정답과 해설 15쪽

생활 속 계산

상자에 물건을 더 담으면 모두 몇 개가 되는지 구하세요.

19

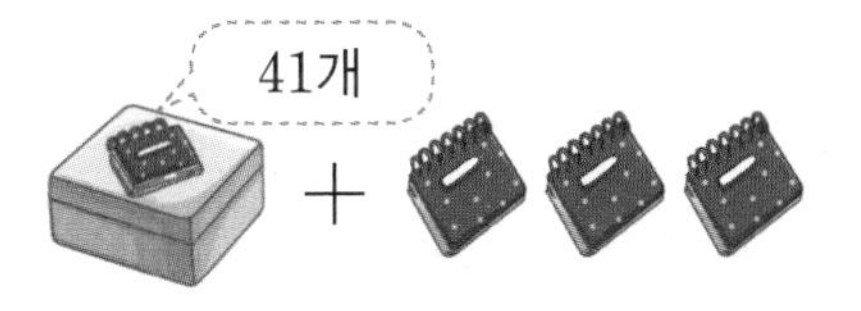

41＋3＝☐(개)

20

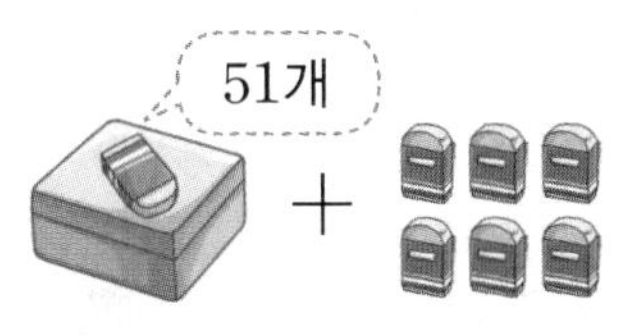

51＋6＝☐(개)

21

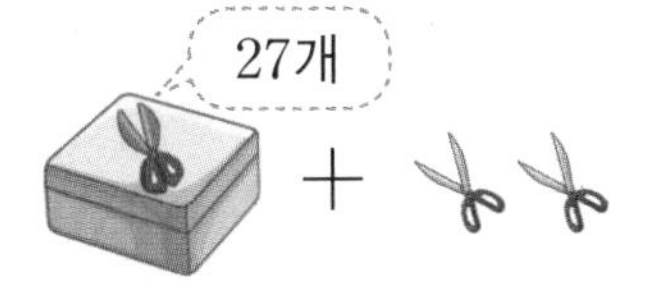

27＋2＝☐(개)

22

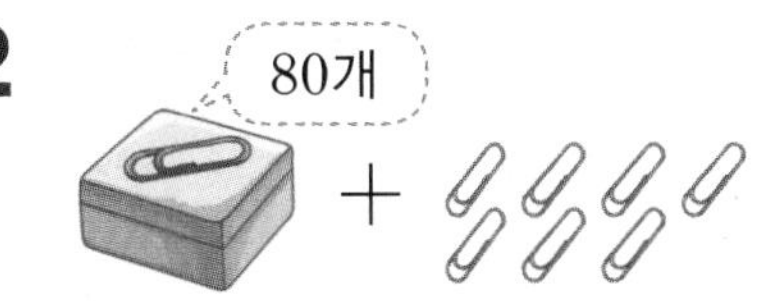

80＋7＝☐(개)

23

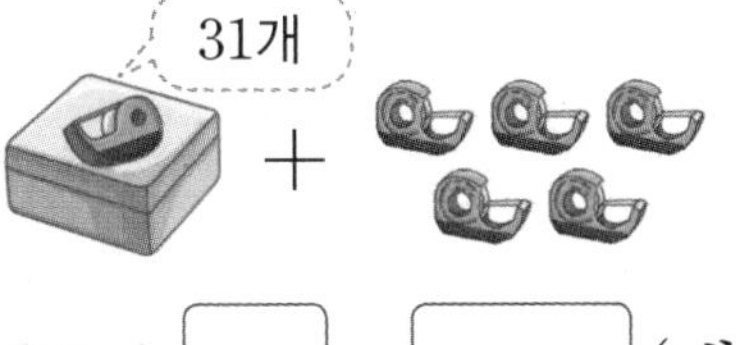

31＋☐＝☐(개)

24

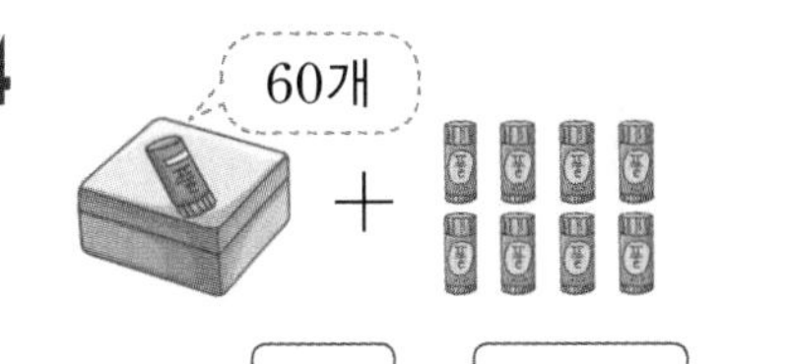

60＋☐＝☐(개)

문장 읽고 계산식 세우기

25 15보다 4만큼 더 큰 수는?

식 15＋4＝☐

26 21보다 2만큼 더 큰 수는?

식 21＋2＝☐

27 32보다 5만큼 더 큰 수는?

식 32＋☐＝☐

28 44보다 3만큼 더 큰 수는?

식 44＋☐＝☐

2 일차

(몇)+(몇십몇)

이렇게 해결하자

• 5+31의 계산

10개씩 묶음의 수는
그대로 내려 써요.

덧셈을 해 보세요.

❶

		3
+	1	1

❷

		4
+	2	1

❸

		5
+	1	3

❹

		5
+	7	2

❺

		6
+	1	2

❻

		7
+	4	2

❼

		8
+	7	0

❽

		3
+	4	6

❾

		2
+	6	1

기초 계산 연습

맞은 개수 / 27개

▶ 정답과 해설 15쪽

⑩

		8
+	3	1

⑪

		2
+	9	2

⑫

		7
+	2	0

⑬

		3
+	5	1

⑭

		5
+	6	4

⑮

		4
+	2	3

⑯

		6
+	4	2

⑰

		2
+	8	5

⑱

		3
+	2	4

⑲

		8
+	4	0

⑳

		9
+	5	0

㉑

		6
+	6	1

㉒

		4
+	3	3

㉓

		3
+	4	2

㉔

		3
+	1	6

㉕

		1
+	8	8

㉖

		5
+	3	2

㉗

		2
+	7	4

2 일차

(몇)+(몇십몇)

덧셈을 해 보세요.

1 $4+11=\square$

2 $3+31=\square$

3 $7+22=\square$

4 $5+64=\square$

5 $4+71=\square$

6 $6+52=\square$

7 $2+37=\square$

8 $3+66=\square$

9 $7+80=\square$

10 $6+43=\square$

11 $5+24=\square$

12 $4+81=\square$

빈칸에 알맞은 수를 써넣으세요.

13 | 2 | +15 | |

14 | 4 | +82 | |

15 | 3 | +94 | |

16 | 6 | +63 | |

17 | 5 | +60 | |

18 | 7 | +21 | |

플러스 계산 연습

맞은 개수 / 28개

▶ 정답과 해설 15쪽

생활 속 계산

주어진 과일은 모두 몇 개인지 구하세요.

19  6개  21개

$6+21=\square$(개)

20  3개  24개

$3+24=\square$(개)

21  4개  12개

$4+12=\square$(개)

22 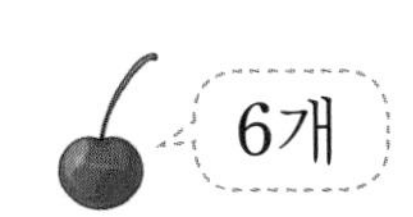 6개  12개

$6+12=\square$(개)

23 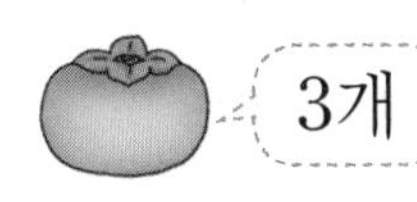 3개 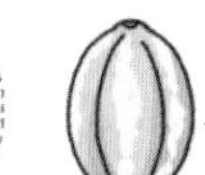  21개

$3+\square=\square$(개)

24 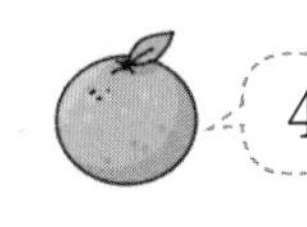 4개 24개

$4+\square=\square$(개)

문장 읽고 계산식 세우기

25 5보다 23만큼 더 큰 수는?

식 $5+23=\square$

26 7보다 40만큼 더 큰 수는?

식 $7+40=\square$

27 2보다 36만큼 더 큰 수는?

식 $2+\square=\square$

28 4보다 55만큼 더 큰 수는?

 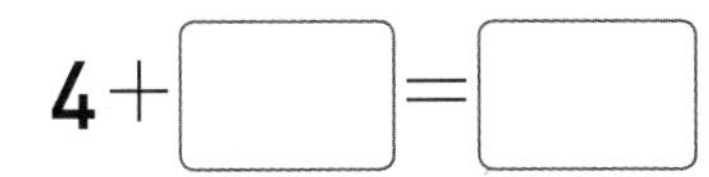

식 $4+\square=\square$

3 일차

(몇십)+(몇십)

이렇게 해결하자

• 20+30의 계산

	2	0
+	3	0
	5	0

10개씩 묶음의 수끼리 더해요.

0은 그대로 써요.

덧셈을 해 보세요.

❶

	4	0
+	2	0

❷

	2	0
+	5	0

❸

	1	0
+	3	0

❹

	2	0
+	1	0

❺

	1	0
+	4	0

❻

	3	0
+	3	0

❼

	3	0
+	4	0

❽

	6	0
+	1	0

❾

	7	0
+	2	0

제한 시간 5분

기초 계산 연습

맞은 개수 / 27개

▶ 정답과 해설 16쪽

⑩

	1	0
+	5	0

⑪

	3	0
+	5	0

⑫

	2	0
+	2	0

⑬

	4	0
+	5	0

⑭

	6	0
+	2	0

⑮

	2	0
+	4	0

⑯

	5	0
+	1	0

⑰

	1	0
+	8	0

⑱

	6	0
+	3	0

⑲

	5	0
+	4	0

⑳

	3	0
+	1	0

㉑

	4	0
+	3	0

㉒

	5	0
+	2	0

㉓

	2	0
+	7	0

㉔

	7	0
+	1	0

㉕

	3	0
+	2	0

㉖

	4	0
+	4	0

㉗

	5	0
+	3	0

3 일차

(몇십)+(몇십)

덧셈을 해 보세요.

1 $10+10=$ ☐

2 $20+30=$ ☐

3 $40+10=$ ☐

4 $10+20=$ ☐

5 $30+60=$ ☐

6 $20+60=$ ☐

7 $50+30=$ ☐

8 $10+60=$ ☐

9 $30+40=$ ☐

10 $40+20=$ ☐

11 $60+30=$ ☐

12 $70+20=$ ☐

빈칸에 알맞은 수를 써넣으세요.

13 20 → +50 → ☐

14 60 → +10 → ☐

15 10 → +50 → ☐

16 40 → +40 → ☐

17 30 → +30 → ☐

18 70 → +10 → ☐

제한 시간 7분

플러스 계산 연습

맞은 개수 / 26개

▶ 정답과 해설 16쪽

생활 속 계산

 저금한 돈은 모두 얼마인지 구하세요.

19

20+40=□(원)

20

50+20=□(원)

21

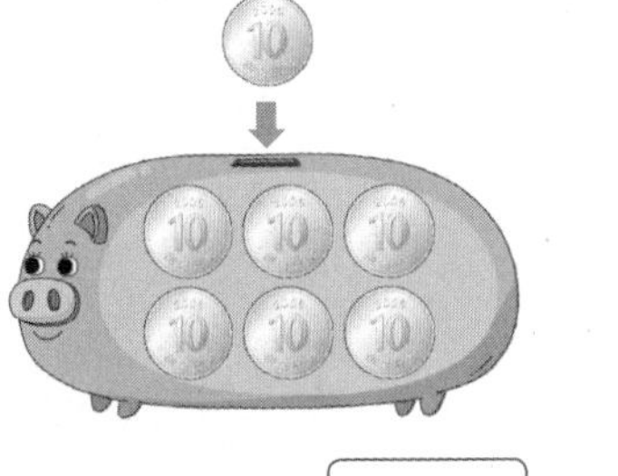

60+10=□(원)

22

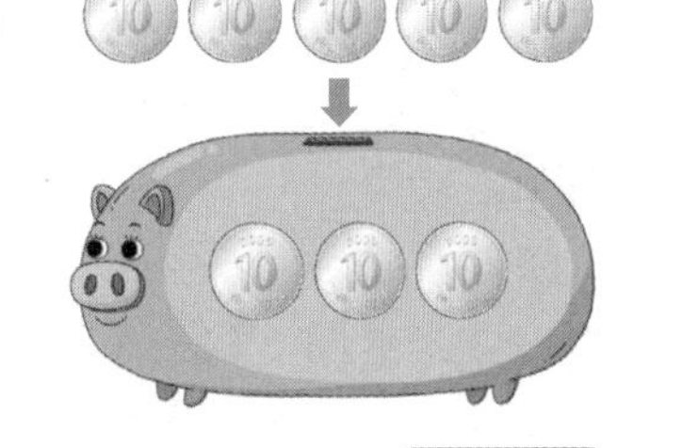

30+50=□(원)

문장 읽고 계산식 세우기

23

파란 구슬 10개와 노란 구슬 20개는 모두 몇 개?

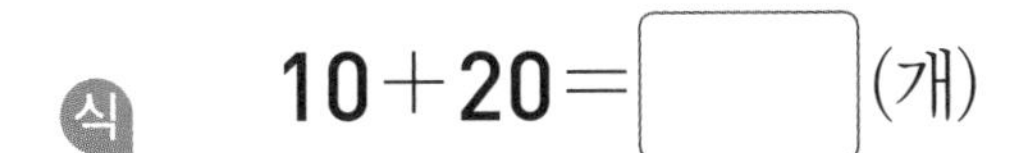

식 10+20=□(개)

24

빨간 구슬 50개와 초록 구슬 30개는 모두 몇 개?

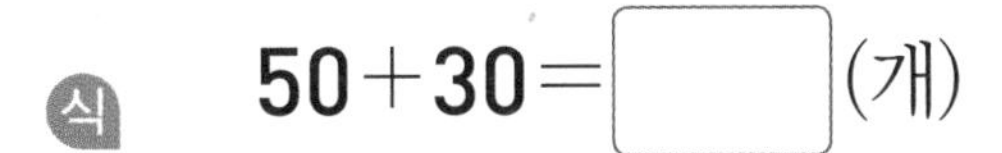

식 50+30=□(개)

25

흰 바둑돌 20개와 검은 바둑돌 20개는 모두 몇 개?

식 20+□=□(개)

26

흰 바둑돌 40개와 검은 바둑돌 50개는 모두 몇 개?

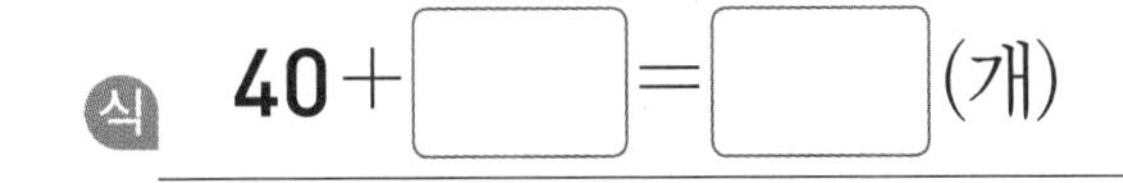

식 40+□=□(개)

4 일차

(몇십몇)+(몇십몇) (1)

이렇게 해결하자

• 15+23의 계산

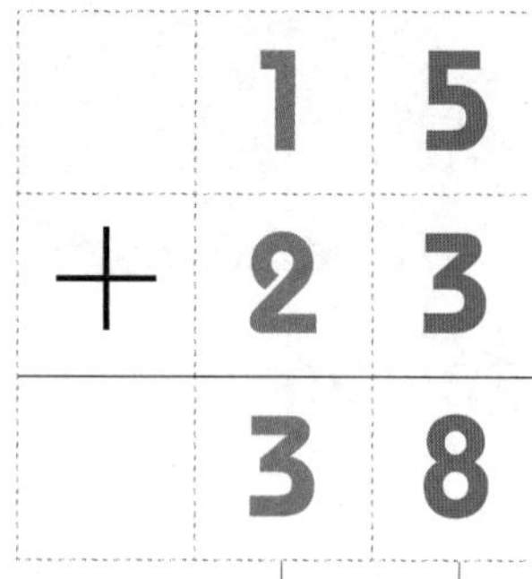

10개씩 묶음끼리 더해요.

낱개끼리 더해요.

낱개는 낱개끼리,
10개씩 묶음은
10개씩 묶음끼리
자리를 맞추어 더해요.

덧셈을 해 보세요.

❶

	1	3
+	1	6

❷

	2	1
+	3	3

❸

	1	4
+	5	4

❹

	2	1
+	1	7

❺

	3	4
+	2	5

❻

	6	2
+	1	5

❼

	4	1
+	1	7

❽

	1	4
+	4	2

❾

	5	2
+	2	1

제한 시간 6분

기초 계산 연습

맞은 개수 / 27개

▶ 정답과 해설 16쪽

⑩
	1	4
+	3	1

⑪
	2	5
+	2	2

⑫
	3	1
+	4	6

⑬
	4	3
+	1	6

⑭
	5	2
+	2	3

⑮
	1	1
+	3	3

⑯
	1	6
+	2	2

⑰
	6	3
+	2	1

⑱
	5	1
+	2	5

⑲
	3	3
+	2	4

⑳
	4	2
+	4	1

㉑
	7	5
+	1	3

㉒
	2	0
+	4	3

㉓
	7	6
+	2	3

㉔
	2	1
+	1	8

㉕
	7	1
+	1	6

㉖
	1	4
+	6	3

㉗
	3	6
+	3	2

4 일차 (몇십몇)+(몇십몇) (1)

덧셈을 해 보세요.

1 $28+11=\square$　　2 $51+34=\square$　　3 $23+41=\square$

4 $66+21=\square$　　5 $15+32=\square$　　6 $24+43=\square$

7 $45+14=\square$　　8 $12+26=\square$　　9 $48+11=\square$

10 $12+30=\square$　　11 $82+16=\square$　　12 $15+73=\square$

빈칸에 알맞은 수를 써넣으세요.

13 14 → +31 → $\square$

14 24 → +44 → $\square$

15 16 → +61 → $\square$

16
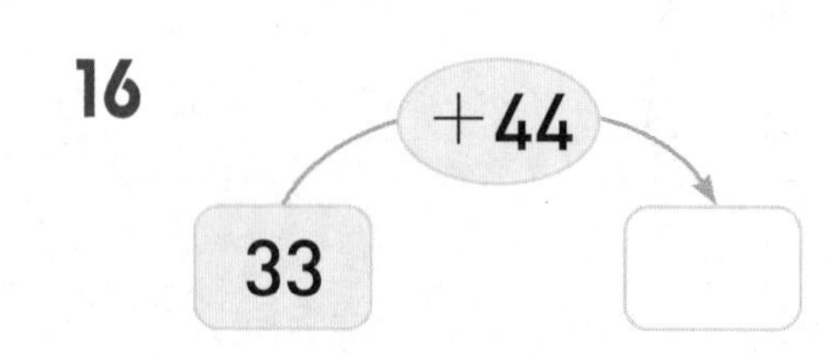

17 36 → +13 → $\square$

18
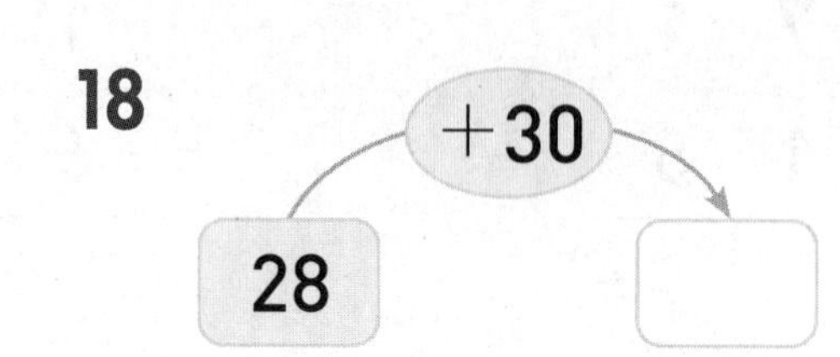

플러스 계산 연습

맞은 개수 / 28개

▶ 정답과 해설 16쪽

생활 속 계산

 두 친구가 딴 딸기는 모두 몇 개인지 구하세요.

19

$12+24=\square$ (개)

20

$32+33=\square$ (개)

21

$25+14=\square$ (개)

22

$41+20=\square$ (개)

23

$32+\square=\square$ (개)

24

$25+\square=\square$ (개)

문장 읽고 계산식 세우기

25 12와 23의 합은?

식 $12+23=\square$

26 22와 32의 합은?

식 $22+\square=\square$

27 62보다 13만큼 더 큰 수는?

식 $62+13=\square$

28 54보다 31만큼 더 큰 수는?

식 $54+\square=\square$

5 일차

(몇십몇)+(몇십몇) (2)

이렇게 해결하자

• 26+32의 계산

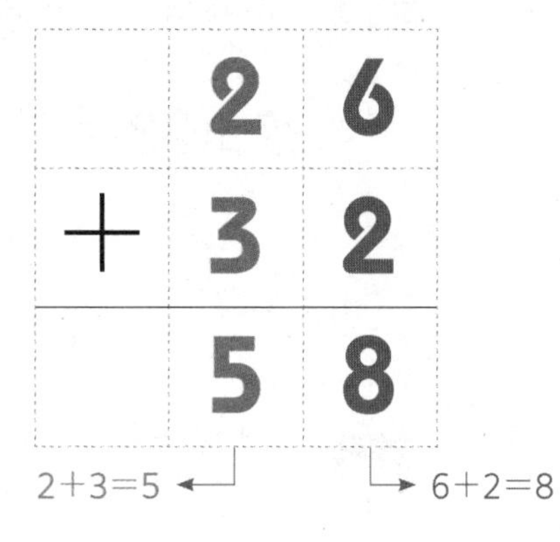

덧셈을 해 보세요.

❶

	1	3
+	2	3

❷

	1	6
+	3	2

❸

	3	4
+	1	3

❹

	5	1
+	2	4

❺

	2	6
+	4	0

❻

	4	1
+	4	4

❼

	5	3
+	3	6

❽

	3	8
+	4	1

❾

	1	5
+	7	2

기초 계산 연습

맞은 개수 / 27개

▶ 정답과 해설 17쪽

⑩ $\begin{array}{r} 15 \\ +\ 12 \\ \hline \end{array}$

⑪ $\begin{array}{r} 16 \\ +\ 32 \\ \hline \end{array}$

⑫ $\begin{array}{r} 35 \\ +\ 13 \\ \hline \end{array}$

⑬ $\begin{array}{r} 50 \\ +\ 19 \\ \hline \end{array}$

⑭ $\begin{array}{r} 25 \\ +\ 44 \\ \hline \end{array}$

⑮ $\begin{array}{r} 54 \\ +\ 41 \\ \hline \end{array}$

⑯ $\begin{array}{r} 26 \\ +\ 63 \\ \hline \end{array}$

⑰ $\begin{array}{r} 44 \\ +\ 51 \\ \hline \end{array}$

⑱ $\begin{array}{r} 28 \\ +\ 61 \\ \hline \end{array}$

⑲ $\begin{array}{r} 54 \\ +\ 11 \\ \hline \end{array}$

⑳ $\begin{array}{r} 55 \\ +\ 22 \\ \hline \end{array}$

㉑ $\begin{array}{r} 14 \\ +\ 62 \\ \hline \end{array}$

㉒ $\begin{array}{r} 11 \\ +\ 48 \\ \hline \end{array}$

㉓ $\begin{array}{r} 47 \\ +\ 31 \\ \hline \end{array}$

㉔ $\begin{array}{r} 61 \\ +\ 16 \\ \hline \end{array}$

㉕ $\begin{array}{r} 16 \\ +\ 43 \\ \hline \end{array}$

㉖ $\begin{array}{r} 33 \\ +\ 41 \\ \hline \end{array}$

㉗ $\begin{array}{r} 17 \\ +\ 41 \\ \hline \end{array}$

5 일차

(몇십몇)+(몇십몇) (2)

덧셈을 해 보세요.

1 $12+22=\square$

2 $32+32=\square$

3 $31+44=\square$

4 $23+52=\square$

5 $14+73=\square$

6 $61+28=\square$

7 $56+21=\square$

8 $10+46=\square$

9 $60+27=\square$

10 $16+41=\square$

11 $24+23=\square$

12 $22+55=\square$

빈칸에 두 수의 합을 써넣으세요.

13

23	23

14

15	22

15

61	20

16

42	25

17

32	45

18

55	34

생활 속 계산

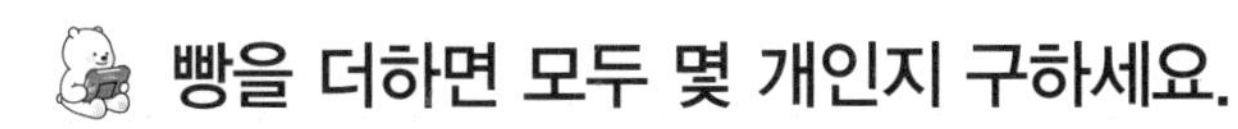

빵을 더하면 모두 몇 개인지 구하세요.

19 13개 + 14개 = □(개)

20 22개 + 16개 = □(개)

21 21개 + 13개 = □(개)

22 14개 + 25개 = □(개)

23 22개 + 25개 = □(개)

24 16개 + 21개 = □(개)

문장 읽고 계산식 세우기

25 금붕어 13마리와 열대어 66마리는 모두 몇 마리?

식 $13+66=$ □(마리)

26 금붕어 32마리와 열대어 26마리는 모두 몇 마리?

식 $32+$ □ $=$ □(마리)

27 빨간 단추 42개와 초록 단추 22개는 모두 몇 개?

식 $42+22=$ □(개)

28 노란 단추 73개와 파란 단추 21개는 모두 몇 개?

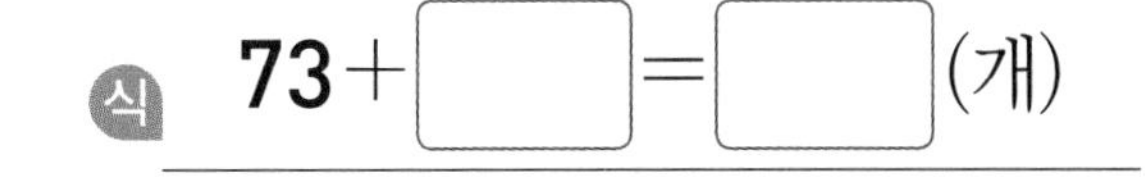

식 $73+$ □ $=$ □(개)

6 일차 (몇십몇) − (몇)

이렇게 해결하자

• 27 − 4의 계산

10개씩 묶음의 수를 그대로 내려 써요.

낱개끼리 빼요.

낱개끼리 빼고,
10개씩 묶음의 수는
그대로 내려 써요.

뺄셈을 해 보세요.

❶

	1	9
−		4

❷

	3	6
−		5

❸

	2	8
−		4

❹

	5	9
−		8

❺

	4	7
−		7

❻

	7	6
−		2

❼

	2	5
−		4

❽

	3	8
−		5

❾

	4	5
−		3

기초 계산 연습

맞은 개수 / 27개

▶ 정답과 해설 17쪽

⑩ $18 - 4 =$

⑪ $27 - 3 =$

⑫ $48 - 7 =$

⑬ $36 - 3 =$

⑭ $54 - 2 =$

⑮ $69 - 5 =$

⑯ $73 - 3 =$

⑰ $87 - 5 =$

⑱ $17 - 6 =$

⑲ $44 - 2 =$

⑳ $96 - 3 =$

㉑ $88 - 6 =$

㉒ $35 - 2 =$

㉓ $46 - 3 =$

㉔ $97 - 6 =$

㉕ $57 - 7 =$

㉖ $66 - 4 =$

㉗ $25 - 4 =$

6 일차

(몇십몇)－(몇)

 뺄셈을 해 보세요.

1 $15-4=\square$

2 $26-3=\square$

3 $38-4=\square$

4 $56-5=\square$

5 $65-5=\square$

6 $89-8=\square$

7 $94-3=\square$

8 $68-5=\square$

9 $46-2=\square$

10 $27-4=\square$

11 $44-3=\square$

12 $76-3=\square$

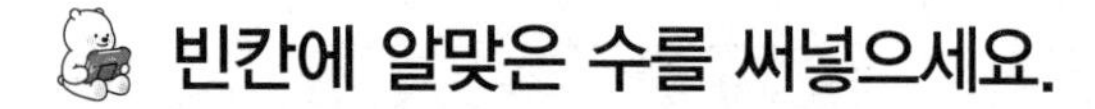 빈칸에 알맞은 수를 써넣으세요.

13 $74 - 4 = \square$

14 $97 - 5 = \square$

15 $66 - 4 = \square$

16 $58 - 7 = \square$

17 $46 - 5 = \square$

18 $37 - 2 = \square$

플러스 계산 연습

▶ 정답과 해설 17쪽

생활 속 계산

친구들이 먹고 남은 달걀의 수를 구하세요.

19

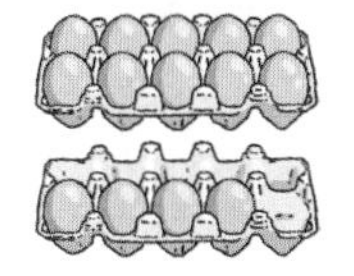

이 중 3개를 먹었어요.

14−3=□(개)

20

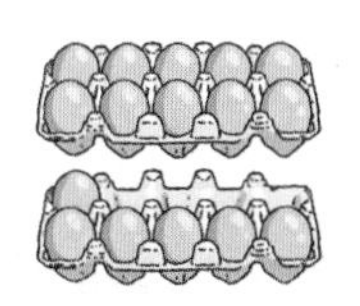

이 중 5개를 먹었어요.

16−5=□(개)

21

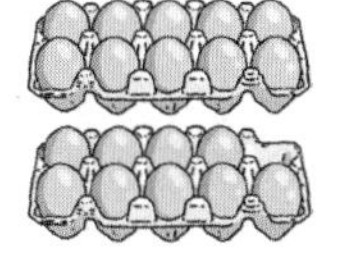

이 중 2개를 먹었어요.

19−2=□(개)

22

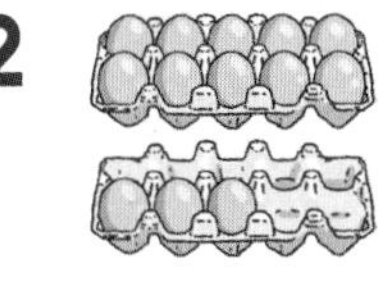

이 중 3개를 먹었어요.

13−3=□(개)

23

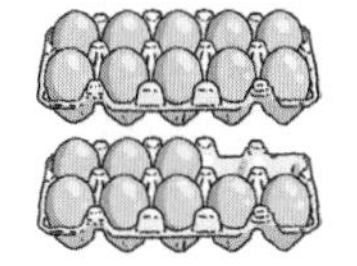

이 중 4개를 먹었어요.

18−□=□(개)

24

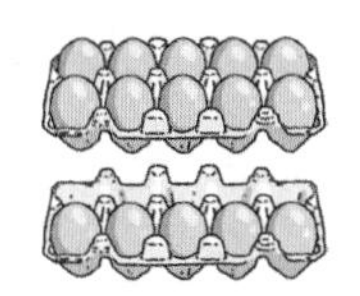

이 중 3개를 먹었어요.

15−□=□(개)

문장 읽고 계산식 세우기

25 29보다 5만큼 더 작은 수는?

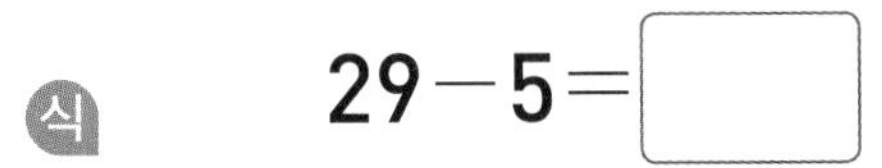

식 29−5=□

26 47보다 4만큼 더 작은 수는?

식 47−4=□

27 66보다 6만큼 더 작은 수는?

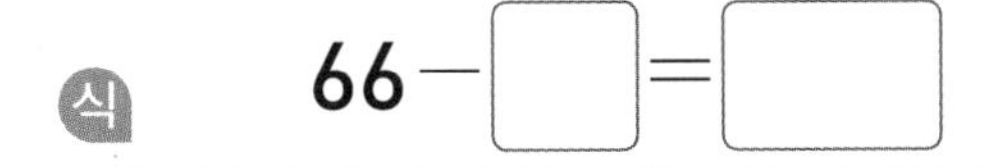

식 66−□=□

28 76보다 3만큼 더 작은 수는?

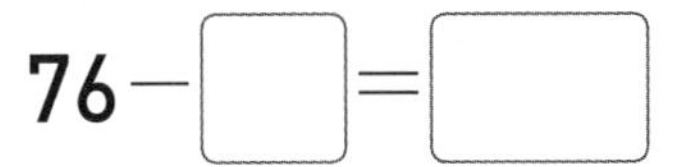

식 76−□=□

7 일차

(몇십) − (몇십)

이렇게 해결하자

• 50 − 20의 계산

	5	0
−	2	0
	3	0

10개씩 묶음끼리만 빼요.

0은 그대로 써요.

낱개가 없으므로
10개씩 묶음끼리만
빼서 계산해요.

뺄셈을 해 보세요.

❶

	4	0
−	1	0

❷

	7	0
−	4	0

❸

	6	0
−	5	0

❹

	8	0
−	4	0

❺

	9	0
−	3	0

❻

	3	0
−	1	0

❼

	5	0
−	1	0

❽

	8	0
−	2	0

❾

	9	0
−	6	0

기초 계산 연습

맞은 개수 / 27개

▶ 정답과 해설 18쪽

⑩ $\begin{array}{r} 30 \\ -\ 20 \\ \hline \end{array}$

⑪ $\begin{array}{r} 60 \\ -\ 30 \\ \hline \end{array}$

⑫ $\begin{array}{r} 70 \\ -\ 10 \\ \hline \end{array}$

⑬ $\begin{array}{r} 80 \\ -\ 60 \\ \hline \end{array}$

⑭ $\begin{array}{r} 90 \\ -\ 40 \\ \hline \end{array}$

⑮ $\begin{array}{r} 80 \\ -\ 30 \\ \hline \end{array}$

⑯ $\begin{array}{r} 70 \\ -\ 60 \\ \hline \end{array}$

⑰ $\begin{array}{r} 50 \\ -\ 30 \\ \hline \end{array}$

⑱ $\begin{array}{r} 40 \\ -\ 20 \\ \hline \end{array}$

⑲ $\begin{array}{r} 60 \\ -\ 40 \\ \hline \end{array}$

⑳ $\begin{array}{r} 80 \\ -\ 50 \\ \hline \end{array}$

㉑ $\begin{array}{r} 70 \\ -\ 20 \\ \hline \end{array}$

㉒ $\begin{array}{r} 70 \\ -\ 50 \\ \hline \end{array}$

㉓ $\begin{array}{r} 80 \\ -\ 70 \\ \hline \end{array}$

㉔ $\begin{array}{r} 90 \\ -\ 70 \\ \hline \end{array}$

㉕ $\begin{array}{r} 80 \\ -\ 10 \\ \hline \end{array}$

㉖ $\begin{array}{r} 60 \\ -\ 20 \\ \hline \end{array}$

㉗ $\begin{array}{r} 90 \\ -\ 50 \\ \hline \end{array}$

7 일차

(몇십)－(몇십)

빨셈을 해 보세요.

1 20－10=☐

2 90－20=☐

3 50－40=☐

4 70－30=☐

5 90－80=☐

6 60－10=☐

7 40－30=☐

8 90－10=☐

9 70－40=☐

10 50－20=☐

11 60－30=☐

12 40－20=☐

빈칸에 알맞은 수를 써넣으세요.

13 30 → －20 → ☐

14

15 90 → －60 → ☐

16
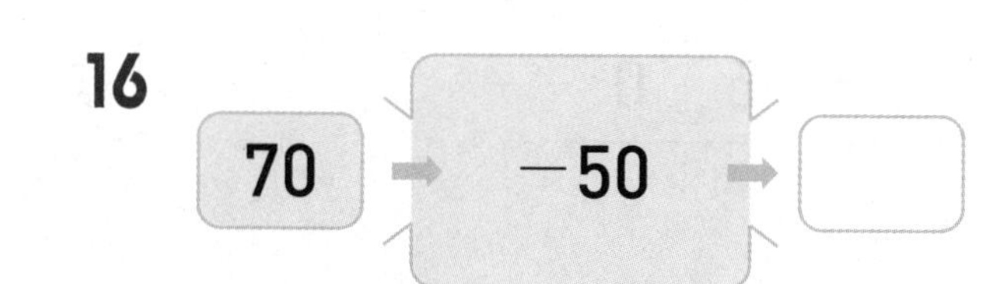

17 50 → －30 → ☐

18
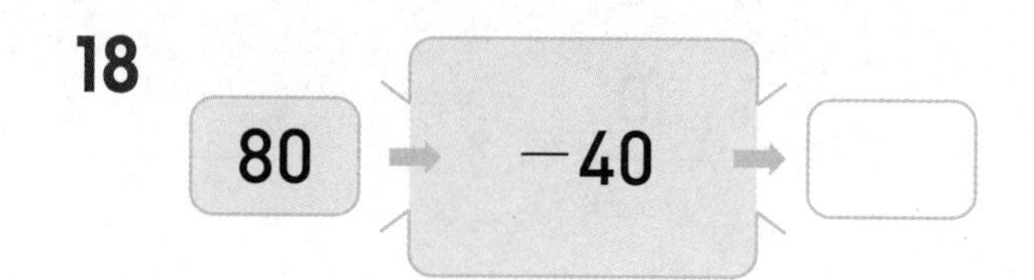

플러스 계산 연습

맞은 개수 / 26개

▶ 정답과 해설 18쪽

생활 속 계산

전체 퍼즐 조각 중 일부만 맞추었습니다. 남은 퍼즐 조각의 수를 구하세요.

19

60 − 20 = ☐ (조각)

20

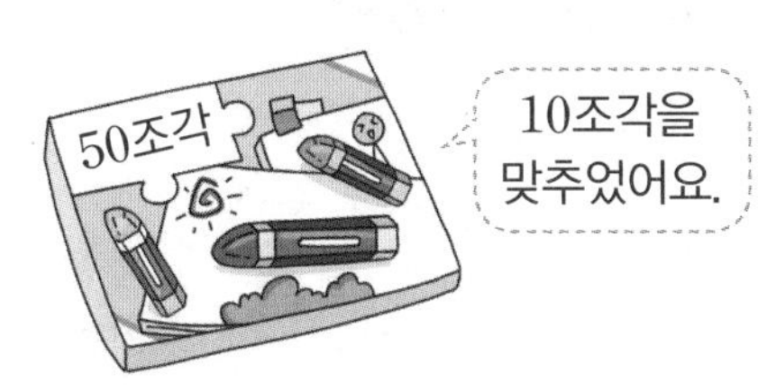

50 − 10 = ☐ (조각)

21

40 − 20 = ☐ (조각)

22

80 − 50 = ☐ (조각)

문장 읽고 계산식 세우기

23

사탕 40개 중 10개를 먹었다면 남은 사탕은?

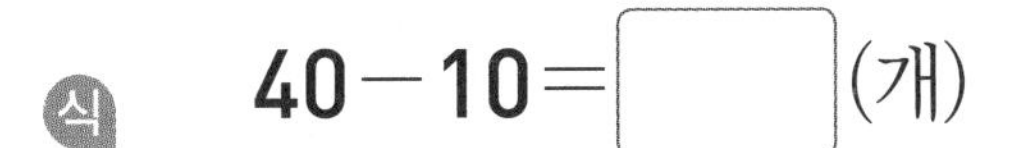

식 40 − 10 = ☐ (개)

24

사탕 70개 중 20개를 먹었다면 남은 사탕은?

식 70 − ☐ = ☐ (개)

25

연필 50자루 중 30자루를 팔았다면 남은 연필은?

식 50 − 30 = ☐ (자루)

26

연필 60자루 중 50자루를 팔았다면 남은 연필은?

식 60 − ☐ = ☐ (자루)

8 일차

(몇십몇) − (몇십)

이렇게 해결하자

• 42−20의 계산

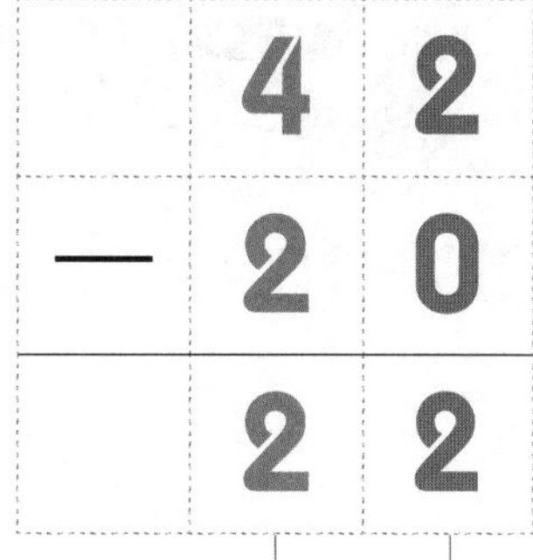

10개씩 묶음끼리 빼요.

낱개끼리 빼요.

(어떤 수)−0은 어떤 수예요.

뺄셈을 해 보세요.

❶

	4	3
−	1	0

❷

	5	7
−	3	0

❸

	6	5
−	4	0

❹

	3	2
−	2	0

❺

	7	3
−	5	0

❻

	2	6
−	1	0

❼

	8	1
−	4	0

❽

	9	4
−	6	0

❾

	7	7
−	6	0

제한 시간 5분

기초 계산 연습

맞은 개수 / 27개

▶ 정답과 해설 18쪽

⑩ $25 - 10$

⑪ $36 - 10$

⑫ $53 - 40$

⑬ $49 - 20$

⑭ $58 - 30$

⑮ $64 - 20$

⑯ $77 - 50$

⑰ $85 - 60$

⑱ $97 - 70$

⑲ $69 - 40$

⑳ $61 - 30$

㉑ $73 - 40$

㉒ $92 - 80$

㉓ $55 - 10$

㉔ $42 - 30$

㉕ $84 - 50$

㉖ $65 - 30$

㉗ $44 - 20$

8 일차

(몇십몇) − (몇십)

빨셈을 해 보세요.

1 24−10=

2 45−20=

3 36−10=

4 43−30=

5 57−30=

6 63−40=

7 76−30=

8 88−50=

9 95−50=

10 49−20=

11 68−20=

12 71−40=

빈칸에 알맞은 수를 써넣으세요.

13

14

15 36 −20

16 57 −20

17 83 −40

18 65 −30

제한 시간 8분

플러스 계산 연습

맞은 개수 / 28개

▶ 정답과 해설 18쪽

생활 속 계산

19

10개를 사용했어요.

34 − 10 = ☐(개)

20

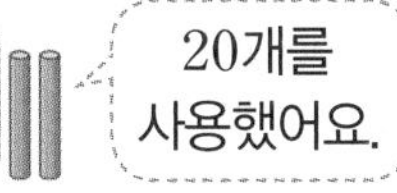

32 − 20 = ☐(개)

21

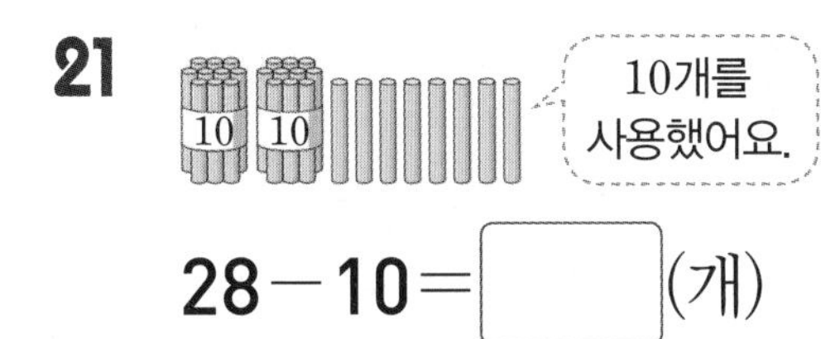

28 − 10 = ☐(개)

22

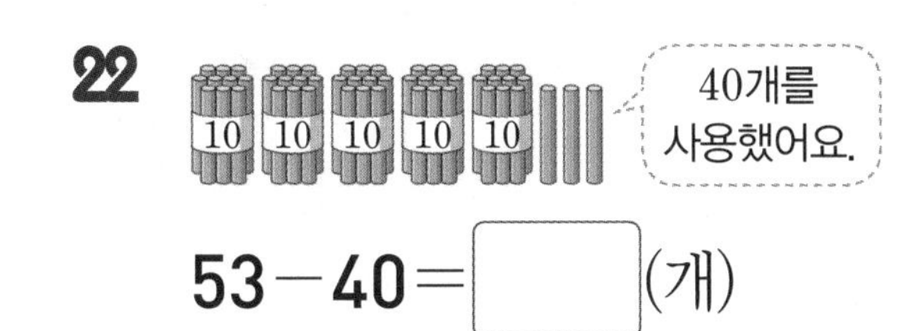

53 − 40 = ☐(개)

23

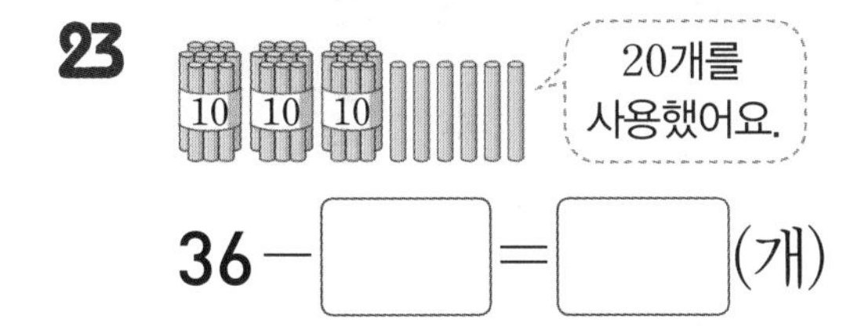

36 − ☐ = ☐(개)

24

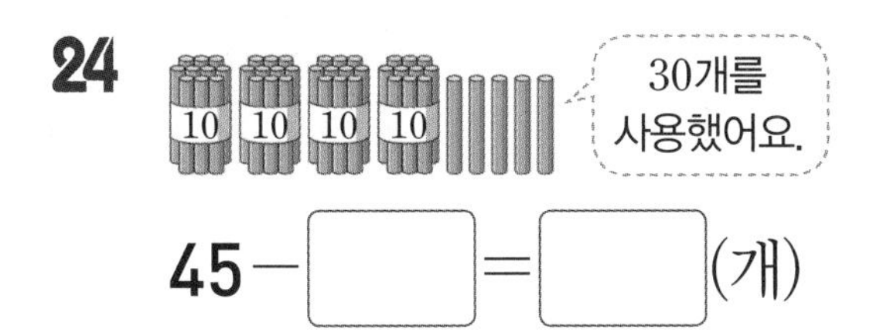

45 − ☐ = ☐(개)

문장 읽고 계산식 세우기

25 55보다 20만큼 더 작은 수는?

식 55 − 20 = ☐

26 87보다 70만큼 더 작은 수는?

식 87 − ☐ = ☐

27 79와 30의 차는?

식 79 − 30 = ☐

28 46과 10의 차는?

식 46 − ☐ = ☐

9 일차

(몇십몇) − (몇십몇) (1)

이렇게 해결하자

• 36−24의 계산

10개씩 묶음끼리 빼요.

낱개끼리 빼요.

낱개는 낱개끼리,
10개씩 묶음은
10개씩 묶음끼리
자리를 맞추어 빼요.

뺄셈을 해 보세요.

❶

	4	5
−	1	3

❷

	3	5
−	1	2

❸

	5	6
−	4	2

❹

	7	4
−	5	3

❺

	9	8
−	7	5

❻

	6	6
−	2	2

❼

	4	8
−	3	2

❽

	4	7
−	2	6

❾

	2	5
−	1	3

▶ 정답과 해설 19쪽

⑩
	3	8
−	1	4

⑪
	4	7
−	2	3

⑫
	2	5
−	2	2

⑬
	9	3
−	5	1

⑭
	6	4
−	4	2

⑮
	8	5
−	5	4

⑯
	7	2
−	1	1

⑰
	6	8
−	5	3

⑱
	5	7
−	2	6

⑲
	3	6
−	2	3

⑳
	8	8
−	5	4

㉑
	7	5
−	5	5

㉒
	1	4
−	1	2

㉓
	5	3
−	4	1

㉔
	4	9
−	3	6

㉕
	3	7
−	1	5

㉖
	9	7
−	6	3

㉗
	7	4
−	6	1

9 일차

(몇십몇) − (몇십몇) (1)

빨셈을 해 보세요.

1 $16-11=\square$

2 $58-44=\square$

3 $18-14=\square$

4 $67-34=\square$

5 $24-14=\square$

6 $36-33=\square$

7 $77-31=\square$

8 $57-12=\square$

9 $89-63=\square$

10 $48-35=\square$

11 $78-42=\square$

12 $53-21=\square$

빈칸에 알맞은 수를 써넣으세요.

13

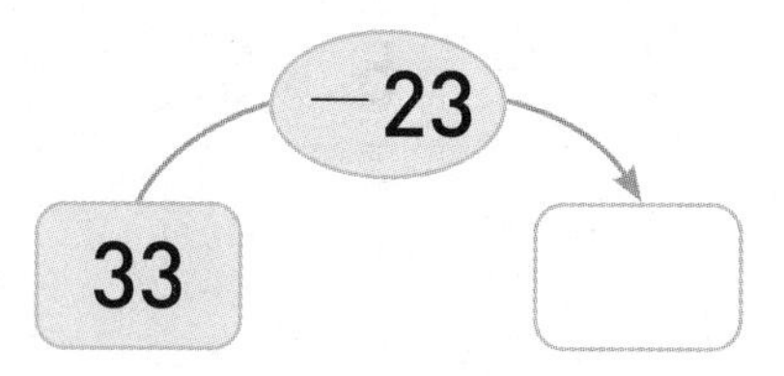

14

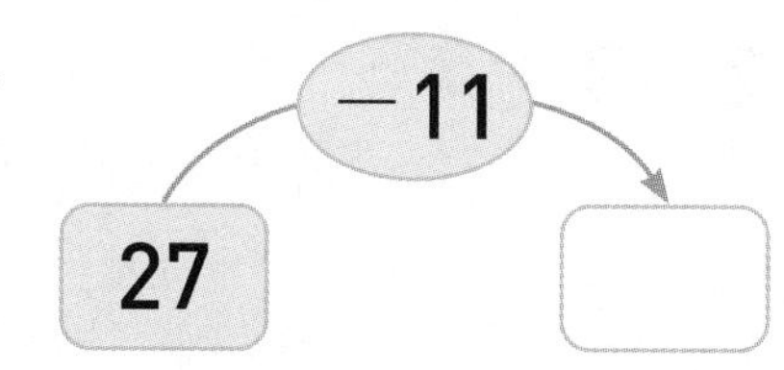

15

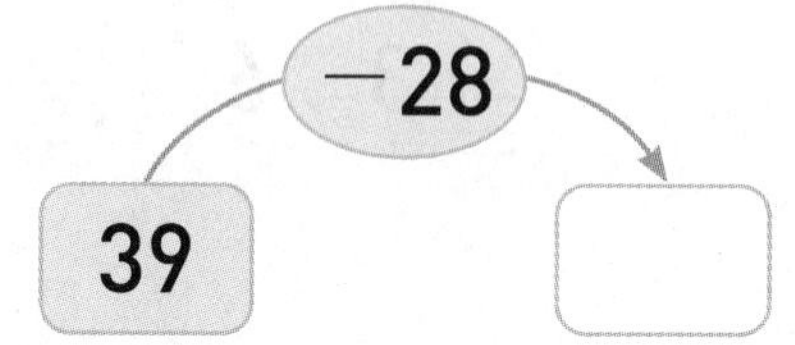

16

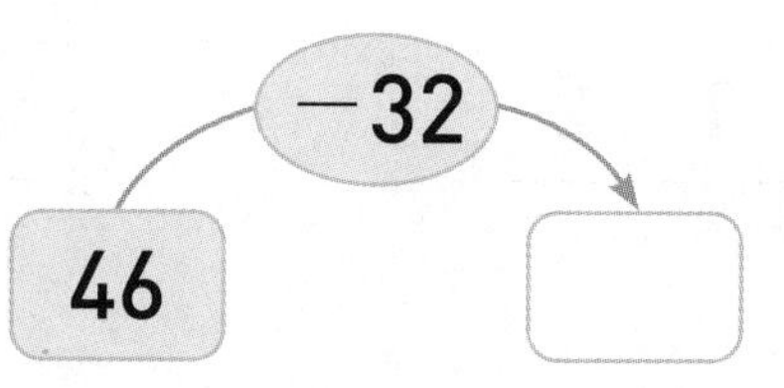

17

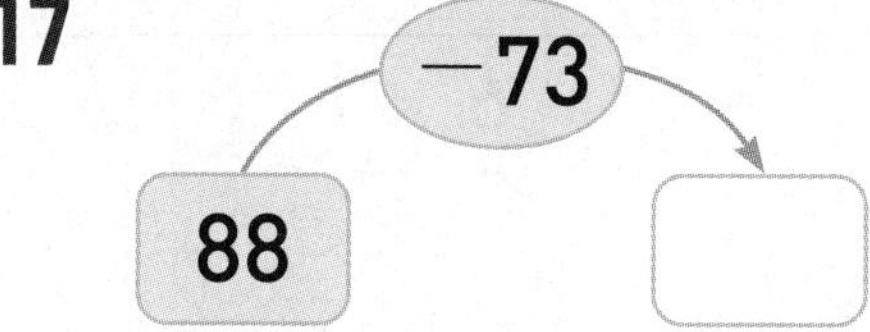

18

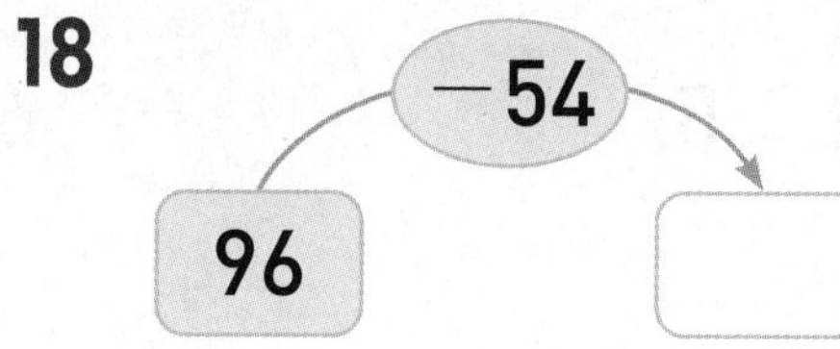

플러스 계산 연습

▶ 정답과 해설 19쪽

생활 속 계산

19 96 − 14 = □

20
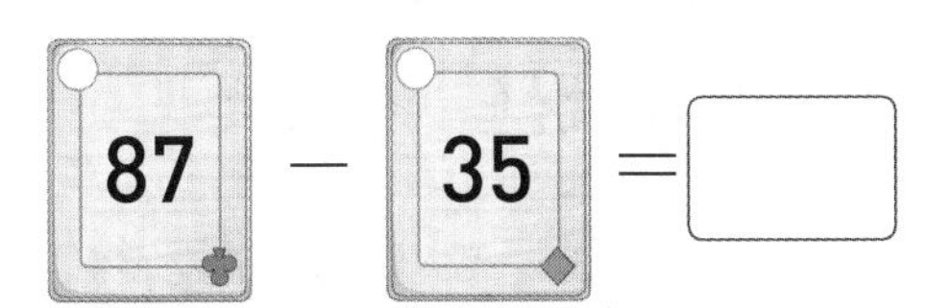

87 − 35 = □

21 58 − 43 = □

22 45 − 22 = □

23 67 − 46 = □

24 36 − 15 = □

문장 읽고 계산식 세우기

25 귤 58개 중 14개를 먹었다면 남은 귤은?

식 58 − 14 = □(개)

26 딸기 46개 중 25개를 먹었다면 남은 귤은?

식 46 − 25 = □(개)

27 사과 32개 중 11개를 먹었다면 남은 사과는?

식 32 − □ = □(개)

28 감 27개 중 15개를 먹었다면 남은 감은?

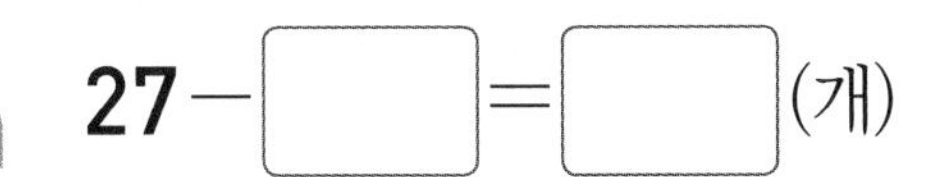

식 27 − □ = □(개)

10 일차 (몇십몇)－(몇십몇) (2)

이렇게 해결하자

• 49－26의 계산

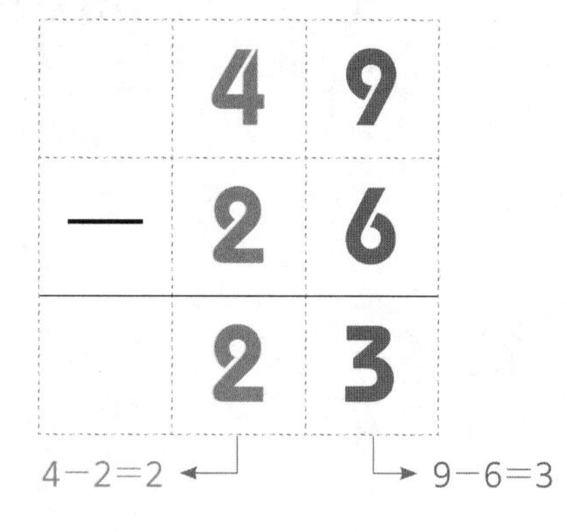

자리에 맞게
수를 쓰고 뺄셈을 해요.

뺄셈을 해 보세요.

❶

	5	5
－	1	2

❷

	4	9
－	3	5

❸

	6	4
－	2	2

❹

	9	8
－	8	8

❺

	7	6
－	1	4

❻

	2	8
－	1	4

❼

	8	4
－	3	2

❽

	6	5
－	2	4

❾

	3	8
－	3	7

기초 계산 연습

맞은 개수 / 27개

▶ 정답과 해설 19쪽

⑩
	7	3
−	5	2

⑪
	5	5
−	3	3

⑫
	2	7
−	1	7

⑬
	4	9
−	1	6

⑭
	3	3
−	2	2

⑮
	8	8
−	5	5

⑯
	9	8
−	6	2

⑰
	3	5
−	3	1

⑱
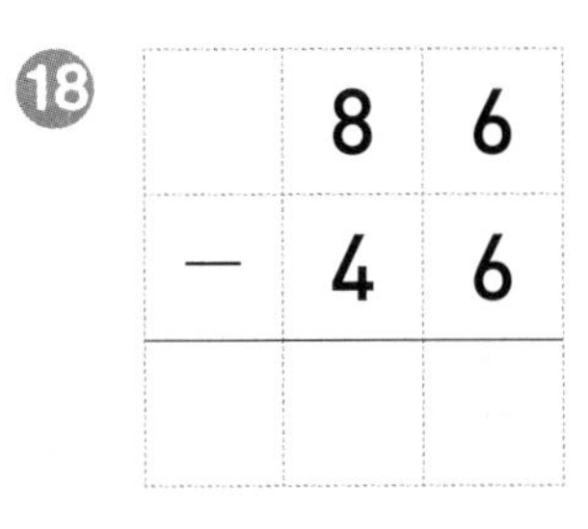
	8	6
−	4	6

⑲
	9	7
−	5	3

⑳
	7	7
−	5	4

㉑
	4	8
−	1	7

㉒
	9	4
−	6	1

㉓
	6	6
−	5	3

㉔
	2	5
−	1	5

㉕
	3	4
−	1	3

㉖
	5	6
−	2	4

㉗
	5	7
−	3	3

10 일차

(몇십몇) − (몇십몇) (2)

빨셈을 해 보세요.

1 $27-13=\square$

2 $34-23=\square$

3 $47-31=\square$

4 $58-44=\square$

5 $67-42=\square$

6 $77-25=\square$

7 $84-34=\square$

8 $96-15=\square$

9 $35-12=\square$

10 $49-23=\square$

11 $56-32=\square$

12 $65-14=\square$

빈칸에 두 수의 차를 써넣으세요.

13

76	33

14

62	11

15

58	16

16

96	33

17

78	25

18

64	32

플러스 계산 연습

맞은 개수 / 28개

▶ 정답과 해설 19쪽

생활 속 계산

 팔고 남은 물건의 수를 구하세요.

19

42개 팔았어요.

⟨54개⟩

54−42=☐(개)

20

14개 팔았어요.

⟨36개⟩

36−14=☐(개)

21

23권 팔았어요.

⟨45권⟩

45−23=☐(권)

22

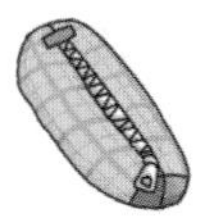

33개 팔았어요.

⟨67개⟩

67−33=☐(개)

23

15권 팔았어요.

⟨46권⟩

46−☐=☐(권)

24

13개 팔았어요.

⟨23개⟩

23−☐=☐(개)

문장 읽고 계산식 세우기

25

과자 55개 중 23개를 먹었다면 남은 과자는?

 55−23=☐(개)

26

초콜릿 35개 중 12개를 먹었다면 남은 초콜릿은?

 35−12=☐(개)

27

사탕 68개 중 25개를 먹었다면 남은 사탕은?

 68−☐=☐(개)

28

빵 27개 중 14개를 먹었다면 남은 빵은?

 27−☐=☐(개)

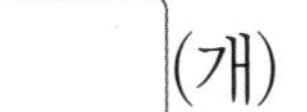

평가 SPEED 연산력 TEST

계산해 보세요.

①

	1	2
+		3

②

	2	1
+		5

③

		6
+	7	1

④

		4
+	4	2

⑤

		6
+	6	3

⑥

	2	0
+	4	0

⑦

	4	2
+	3	3

⑧

	5	4
+	1	5

⑨

	3	2
+	2	5

⑩

	5	4
−		3

⑪

	7	0
−	3	0

⑫

	5	4
−	3	0

⑬

	4	9
−	2	3

⑭

	5	8
−	1	7

⑮

	7	7
−	5	4

⑯ $14+5=\square$

⑰ $33+4=\square$

⑱ $3+83=\square$

⑲ $6+91=\square$

⑳ $40+40=\square$

㉑ $50+20=\square$

㉒ $55+24=\square$

㉓ $73+15=\square$

㉔ $22+35=\square$

㉕ $27-5=\square$

㉖ $90-50=\square$

㉗ $88-40=\square$

㉘ $57-26=\square$

㉙ $94-23=\square$

㉚ $89-57=\square$

제한 시간 안에 정확하게
모두 풀었다면 여러분은 진정한 **계산왕!**

특강 문장제 문제 도전하기

덧셈을 이용하여 물음에 답하세요.

1 $12+25=\square$ → 크림빵이 12개, 마늘빵이 25개 있습니다.
크림빵과 마늘빵은 모두 몇 개일까요?

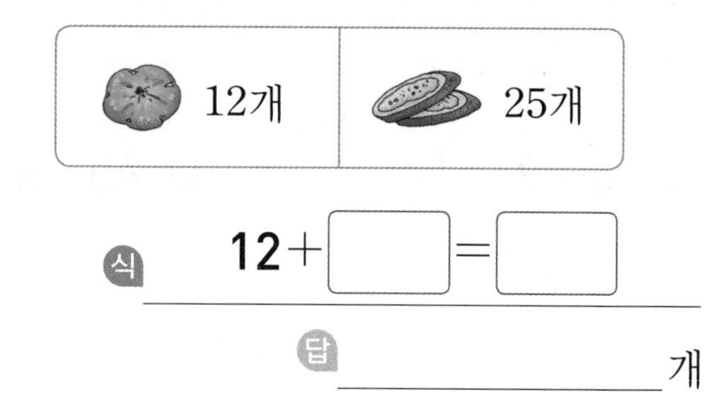

식 $12+\square=\square$

답 ________ 개

2 $23+16=\square$ → 사과가 23개, 오렌지가 16개 있습니다.
사과와 오렌지는 모두 몇 개일까요?

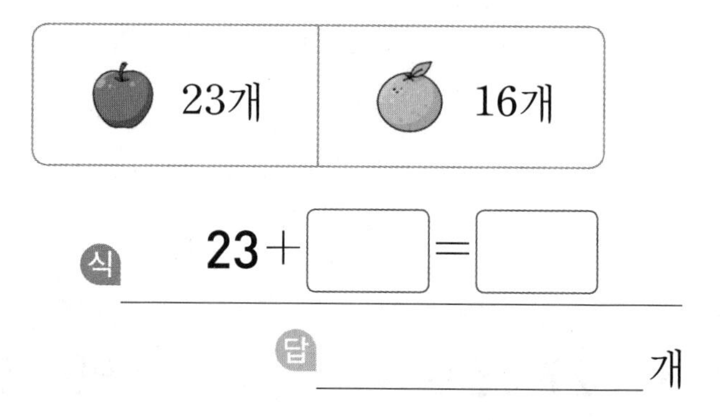

식 $23+\square=\square$

답 ________ 개

3 $33+21=\square$ → 딸기 주스가 33캔, 포도 주스가 21캔 있습니다.
딸기 주스와 포도 주스는 모두 몇 캔일까요?

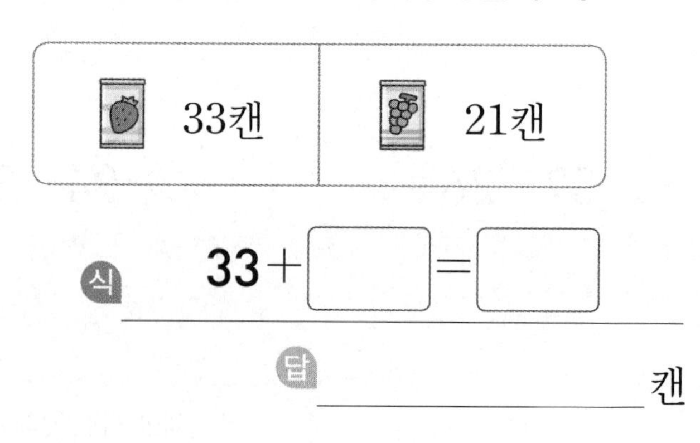

식 $33+\square=\square$

답 ________ 캔

▶정답과 해설 20쪽

문장을 읽고 알맞은 덧셈식을 세워 답을 구해 보자!

4 오늘 제과점에서 바게트( )를 **15**개, 식빵( )을 **24**개 팔았습니다.
바게트와 식빵은 모두 몇 개 팔았을까요?

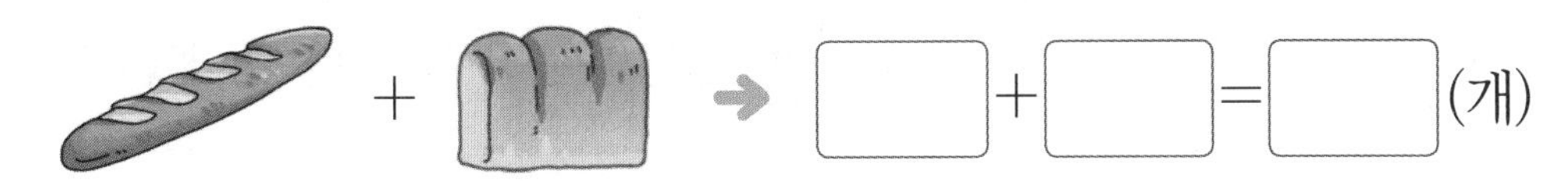

5 오늘 과일 가게에서 참외( )를 **12**개, 토마토( )를 **37**개 팔았습니다.
참외와 토마토는 모두 몇 개 팔았을까요?

\+ ➔ □ + □ = □ (개)

6 오늘 가게에서 레몬 주스( )를 **15**캔, 사과 주스( )를 **31**캔 팔았습니다.
레몬 주스와 사과 주스는 모두 몇 캔 팔았을까요?

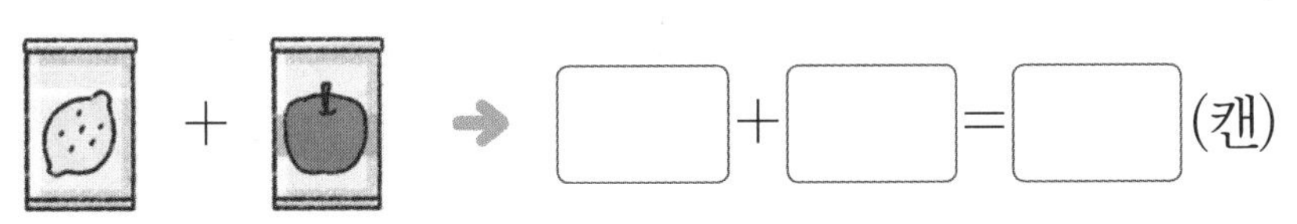

특강

문장제 문제 도전하기

뺄셈을 이용하여 물음에 답하세요.

7 $27-14=\square$ → 야구방망이가 **27**개, 야구공이 **14**개 있습니다.
야구방망이는 야구공보다 몇 개 더 많을까요?

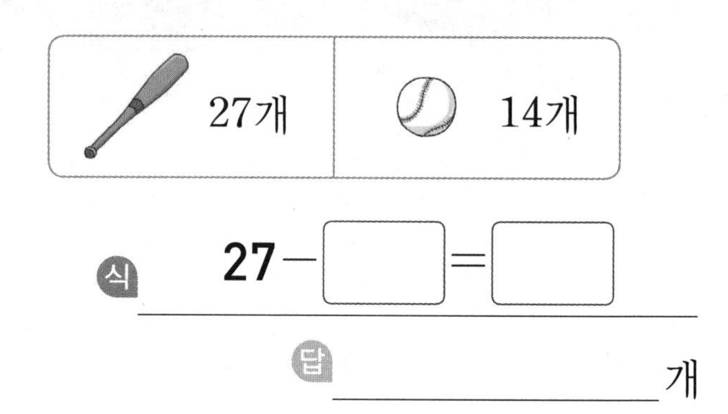

식 $27-\square=\square$

답 ______ 개

8 $33-21=\square$ → 풀이 **33**개, 테이프가 **21**개 있습니다.
풀은 테이프보다 몇 개 더 많을까요?

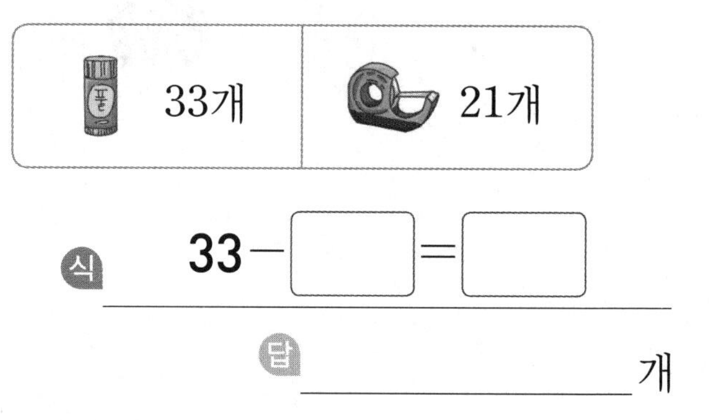

식 $33-\square=\square$

답 ______ 개

9 $53-31=\square$ → 비누가 **53**개, 샴푸가 **31**개 있습니다.
비누는 샴푸보다 몇 개 더 많을까요?

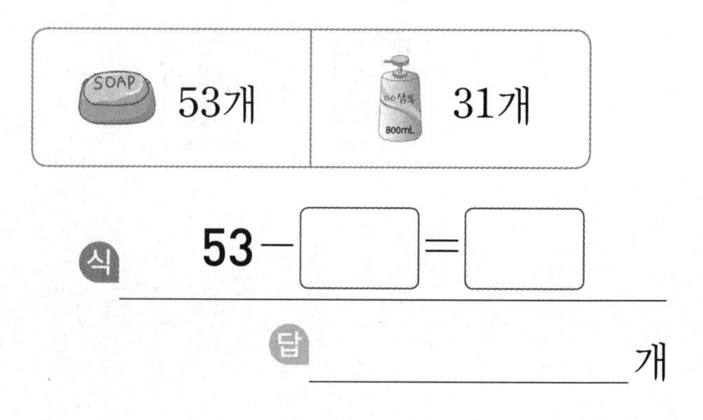

식 $53-\square=\square$

답 ______ 개

▶정답과 해설 20쪽

문장을 읽고 알맞은 뺄셈식을 세워 답을 구해 보자!

10 오늘 마트에서 농구공(🏀)을 **58**개, 축구공(⚽)을 **18**개 팔았습니다.
농구공은 축구공보다 몇 개 더 많이 팔았을까요?

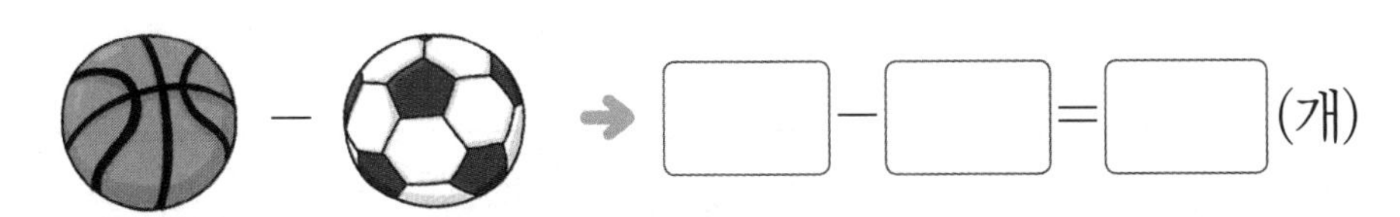

11 오늘 문구점에서 가위(✂)를 **39**개, 지우개( )를 **27**개 팔았습니다.
가위는 지우개보다 몇 개 더 많이 팔았을까요?

12 오늘 마트에서 칫솔( )을 **44**개, 치약( )을 **31**개 팔았습니다.
칫솔은 치약보다 몇 개 더 많이 팔았을까요?

누가 탕수육을 먹을 수 있을까?

쿠폰으로 중국요리를 시켜 먹으려고 합니다.

계산 결과만큼 쿠폰을 가지고 있어요. 탕수육을 먹을 수 있는 사람을 찾아보세요.

민희	주희	석진
$36-12=\square$	$38-15=\square$	$47-22=\square$

답 ____________

수평: 기울지 않고 평평한 상태

융합 2 보기 와 같이 윗접시 저울이 수평을 이루도록 상자의 빈 곳에 알맞은 무게를 써넣으세요.

보기

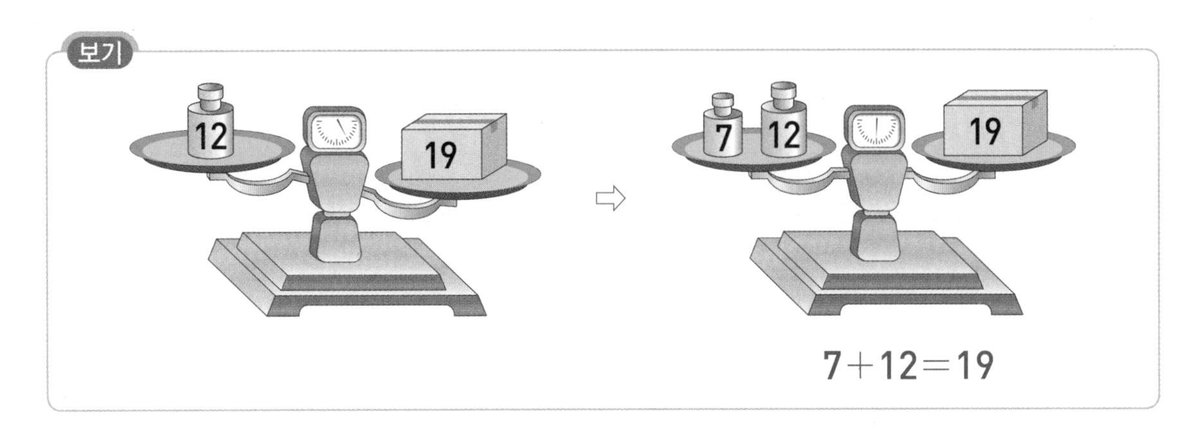

양쪽 무게가 같아야 어느 한쪽으로 기울어지지 않게 수평을 이뤄요.

코딩 3 왼쪽의 명령에 따라 로봇이 지나간 길을 그리고, 로봇이 주운 수 카드에 적힌 두 수의 차를 구하세요.

▶ 시작하기
위쪽으로 2 칸 움직이기 ⬆
카드 줍기
왼쪽으로 2 칸 움직이기 ⬅
카드 줍기

	31		13
23		54	
	20		
41			

답 ______________

MEMO

배움으로 행복한 내일을 꿈꾸는

천재교육 커뮤니티 안내

교재 안내부터 구매까지 한 번에!

천재교육 홈페이지

자사가 발행하는 참고서, 교과서에 대한 소개는 물론
도서 구매도 할 수 있습니다. 회원에게 지급되는 별을 모아
다양한 상품 응모에도 도전해 보세요!

다양한 교육 꿀팁에 깜짝 이벤트는 덤!

천재교육 인스타그램

천재교육의 새롭고 중요한 소식을 가장 먼저 접하고 싶다면?
천재교육 인스타그램 팔로우가 필수!
깜짝 이벤트도 수시로 진행되니 놓치지 마세요!

수업이 편리해지는

천재교육 ACA 사이트

오직 선생님만을 위한, 천재교육 모든 교재에 대한 정보가 담긴
아카 사이트에서는 다양한 수업자료 및 부가 자료는 물론
시험 출제에 필요한 문제도 다운로드하실 수 있습니다.

https://aca.chunjae.co.kr

천재교육을 사랑하는 샘들의 모임

천사샘

학원 강사, 공부방 선생님이시라면 누구나 가입할 수 있는 천사샘!
교재 개발 및 평가를 통해 교재 검토진으로 참여할 수 있는 기회는 물론
다양한 교사용 교재 증정 이벤트가 선생님을 기다립니다.

아이와 함께 성장하는 학부모들의 모임공간

튠맘 학습연구소

튠맘 학습연구소는 초·중등 학부모를 대상으로 다양한 이벤트와 함께
교재 리뷰 및 학습 정보를 제공하는 네이버 카페입니다.
초등학생, 중학생 자녀를 둔 학부모님이라면 튠맘 학습연구소로 오세요!

#차원이_다른_클라쓰 #강의전문교재

#초등교재

수학교재

수학리더 시리즈
- 수학리더 [연산] 예비초~6학년/A·B단계
- 수학리더 [개념] 1~6학년/학기별
- 수학리더 [기본] 1~6학년/학기별
- 수학리더 [유형] 1~6학년/학기별
- 수학리더 [기본+응용] 1~6학년/학기별
- 수학리더 [응용·심화] 1~6학년/학기별
- 신간 수학리더 [최상위] 3~6학년/학기별

독해가 힘이다 시리즈 *문제해결력
- 수학도 독해가 힘이다 1~6학년/학기별
- 신간 초등 문해력 독해가 힘이다 문장제 수학편 1~6학년/단계별

수학의 힘 시리즈
- 수학의 힘 알파[실력] 3~6학년/학기별
- 수학의 힘 베타[유형] 1~6학년/학기별

Go! 매쓰 시리즈
- Go! 매쓰(Start) *교과서 개념 1~6학년/학기별
- Go! 매쓰(Run A/B/C) *교과서+사고력 1~6학년/학기별
- Go! 매쓰(Jump) *유형 사고력 1~6학년/학기별

계산박사 1~12단계

월간교재

NEW 해법수학 1~6학년

해법수학 단원평가 마스터 1~6학년 / 학기별

월간 우등생평가 1~6학년

전과목교재

리더 시리즈
- 국어 1~6학년/학기별
- 사회 3~6학년/학기별
- 과학 3~6학년/학기별

쉽고 빠른 드릴 연산서

해법 전략

수학리더 연산 1B

- 혼자서도 이해할 수 있는 친절한 문제 풀이
- OX퀴즈로 계산 원리 다시 알아보기

천재교육

해법전략
포인트 3가지

- 혼자서도 이해할 수 있는 친절한 문제 풀이
- 참고, 주의 등 자세한 풀이 제시
- OX퀴즈로 계산 원리 다시 알아보기

정답과 해설

1 100까지의 수

개념 OX 퀴즈

옳으면 ○에, 틀리면 ✕에 ○표 하세요.

10개씩 묶음이 8개, 낱개가 2개이면 82입니다.

○ ✕

정답은 4쪽에서 확인하세요.

1일차 기초 계산 연습 6~7쪽

① 70 ② 80 ③ 6, 60
④ 7, 70 ⑤ 8, 80 ⑥ 9, 90
⑦ 60 ⑧ 80 ⑨ 70
⑩ 90 ⑪ 70 ⑫ 60
⑬ 90 ⑭ 80 ⑮ 70
⑯ 60

1일차 플러스 계산 연습 8~9쪽

1 60 ; 육십, 예순 2 90 ; 구십, 아흔
3 80 ; 팔십, 여든 4 70 ; 칠십, 일흔
5
6
7
8
9 70 10 60 11 80
12 90 13 70 14 90
15 80 16 60

9 10원짜리 동전이 7개이면 70원입니다.

10 10원짜리 동전이 6개이면 60원입니다.

11 10원짜리 동전이 8개이면 80원입니다.

12 10원짜리 동전이 9개이면 90원입니다.

2일차 기초 계산 연습 10~11쪽

① 7, 3, 73 ② 6, 7, 67 ③ 5, 9, 59
④ 8, 4, 84 ⑤ 6, 5, 65 ⑥ 9, 8, 98
⑦ 71 ⑧ 58 ⑨ 66
⑩ 93 ⑪ 87 ⑫ 64
⑬ 76 ⑭ 95 ⑮ 57
⑯ 72 ⑰ 86 ⑱ 69

2일차 플러스 계산 연습 12~13쪽

1 53 ; 오십삼, 쉰셋
2 65 ; 육십오, 예순다섯
3 81 ; 팔십일, 여든하나
4 72 ; 칠십이, 일흔둘
5 5, 7 6 6, 2 7 7, 5
8 5, 9 9 9, 5 10 8, 3
11 56 12 68 13 84
14 96 15 72 16 67
17 89 18 54

11 10원짜리 동전 5개와 1원짜리 동전 6개이면 56원입니다.

12 10원짜리 동전 6개와 1원짜리 동전 8개이면 68원입니다.

13 10원짜리 동전 8개와 1원짜리 동전 4개이면 84원입니다.

14 10원짜리 동전 9개와 1원짜리 동전 6개이면 96원입니다.

3일차 기초 계산 연습 14~15쪽

① 57, 59 ② 71, 73 ③ 90, 92
④ 66, 68 ⑤ 82, 84 ⑥ 58, 60
⑦ 97, 99 ⑧ 61, 63 ⑨ 75, 77
⑩ 88, 90 ⑪ 76, 78 ⑫ 87, 89
⑬ 89, 91 ⑭ 51, 53 ⑮ 63, 65
⑯ 77, 79 ⑰ 80, 82 ⑱ 95, 97
⑲ 64, 66 ⑳ 78, 80 ㉑ 50, 52
㉒ 96, 98

3일차 플러스 계산 연습 16~17쪽

1 62, 64	**2** 91, 93	**3** 56, 58
4 72, 74	**5** 81, 83	**6** 94, 96
7 53, 52	**8** 66, 65	**9** 75, 76
10 87, 88	**11** 55	**12** 70
13 94	**14** 86	**15** 54
16 68	**17** 69	**18** 95
19 87	**20** 62	

7 10개씩 묶음 5개와 낱개 3개는 53입니다. 53보다 1만큼 더 작은 수는 52입니다.

8 10개씩 묶음 6개와 낱개 6개는 66입니다. 66보다 1만큼 더 작은 수는 65입니다.

9 10개씩 묶음 7개와 낱개 5개는 75입니다. 75보다 1만큼 더 큰 수는 76입니다.

10 10개씩 묶음 8개와 낱개 7개는 87입니다. 87보다 1만큼 더 큰 수는 88입니다.

4일차 기초 계산 연습 18~19쪽

① 63, 65	② 56, 58	③ 94, 96
④ 72, 74	⑤ 81, 82	⑥ 70, 71
⑦ 87, 88	⑧ 99, 100	⑨ 60, 61
⑩ 80, 81	⑪ 77, 78	⑫ 85, 86
⑬ 91, 93	⑭ 59, 61	⑮ 73, 74
⑯ 64, 65	⑰ 88, 91	⑱ 77, 80
⑲ 66, 68	⑳ 54, 56	㉑ 81, 82
㉒ 95, 96	㉓ 51, 52	㉔ 73, 74

㉑ 83보다 1만큼 더 작은 수는 82, 82보다 1만큼 더 작은 수는 81입니다.

㉒ 97보다 1만큼 더 작은 수는 96, 96보다 1만큼 더 작은 수는 95입니다.

㉓ 53보다 1만큼 더 작은 수는 52, 52보다 1만큼 더 작은 수는 51입니다.

㉔ 75보다 1만큼 더 작은 수는 74, 74보다 1만큼 더 작은 수는 73입니다.

4일차 플러스 계산 연습 20~21쪽

1 65, 67	**2** 74, 77	**3** 52, 54
4 82, 85	**5** 76, 79	**6** 54, 57
7 77, 78, 80	**8** 96, 97, 100	

9 69, 72, 74, 77, 78, 81, 83

10 85, 90, 93, 96, 99, 100

11 73에 ×표	**12** 64에 ×표
13 91에 ×표	**14** 52에 ×표
15 79에 ×표	**16** 81에 ×표
17 74에 ×표	**18** 57
19 73	**20** 83
21 97	

11 74, 75, 76, 77이므로 73에 ×표 합니다.

12 67, 68, 69, 70이므로 64에 ×표 합니다.

13 93, 94, 95, 96이므로 91에 ×표 합니다.

14 58, 59, 60, 61이므로 52에 ×표 합니다.

15 71, 72, 73, 74이므로 79에 ×표 합니다.

16 85, 86, 87, 88이므로 81에 ×표 합니다.

17 79, 80, 81, 82이므로 74에 ×표 합니다.

5일차 기초 계산 연습 22~23쪽

① >	② <	③ >
④ <	⑤ <	⑥ >
⑦ >	⑧ <	⑨ <
⑩ >	⑪ <	⑫ >
⑬ >	⑭ <	⑮ >
⑯ <	⑰ <	⑱ >
⑲ >	⑳ >	㉑ <
㉒ >	㉓ <	㉔ <
㉕ >	㉖ >	㉗ <
㉘ <	㉙ <	㉚ <
㉛ <	㉜ <	㉝ <

㉜ $81 < 83$ ($1 < 3$)

㉝ $95 < 99$ ($5 < 9$)

5일차 플러스 계산 연습 24~25쪽

1 >	2 <	3 <
4 >	5 >	6 >
7 <	8 >	9 <
10 큽니다에 ○표	11 큽니다에 ○표	
12 큽니다에 ○표	13 작습니다에 ○표	
14 작습니다에 ○표	15 큽니다에 ○표	
16 <	17 <	18 <
19 <	20 >	21 <
22 71	23 59	24 78
25 92		

24 $\underset{8>7}{81 > 78}$　　**25** $\underset{2<5}{92 < 95}$

6일차 기초 계산 연습 26~27쪽

❶ 75에 ○표	❷ 92에 ○표	❸ 95에 ○표
❹ 86에 ○표	❺ 79에 ○표	❻ 88에 ○표
❼ 58에 ○표	❽ 65에 ○표	❾ 94에 ○표
❿ 78에 ○표	⓫ 58에 △표	⓬ 65에 △표
⓭ 75에 △표	⓮ 53에 △표	⓯ 52에 △표
⓰ 64에 △표	⓱ 70에 △표	⓲ 87에 △표
⓳ 53에 △표	⓴ 81에 △표	㉑ 54에 △표
㉒ 80에 △표		

❾ 10개씩 묶음의 수를 비교하면 87이 가장 작습니다. 92와 94의 낱개의 수를 비교하면 2<4이므로 가장 큰 수는 94입니다.

❿ 10개씩 묶음의 수를 비교하면 51이 가장 작습니다. 76과 78의 낱개의 수를 비교하면 6<8이므로 가장 큰 수는 78입니다.

㉑ 10개씩 묶음의 수를 비교하면 68이 가장 큽니다. 59와 54의 낱개의 수를 비교하면 9>4이므로 가장 작은 수는 54입니다.

㉒ 10개씩 묶음의 수를 비교하면 91이 가장 큽니다. 83과 80의 낱개의 수를 비교하면 0<3이므로 가장 작은 수는 80입니다.

6일차 플러스 계산 연습 28~29쪽

1 80에 ○표, 57에 △표
2 93에 ○표, 69에 △표
3 91에 ○표, 83에 △표
4 62에 ○표, 53에 △표
5 69에 ○표, 62에 △표
6 96에 ○표, 90에 △표

7 53, 62, 83	8 65, 75, 76	9 68, 71, 90
10 82, 84, 92	11 ( )( )(○)	12 ( )( )(○)
13 (○)( )( )	14 ( )( )(○)	15 55
16 92	17 78	18 85

10 10개씩 묶음의 수를 비교하면 92가 가장 큽니다. 84와 82의 낱개의 수를 비교하면 82가 가장 작습니다.

7일차 기초 계산 연습 30~31쪽

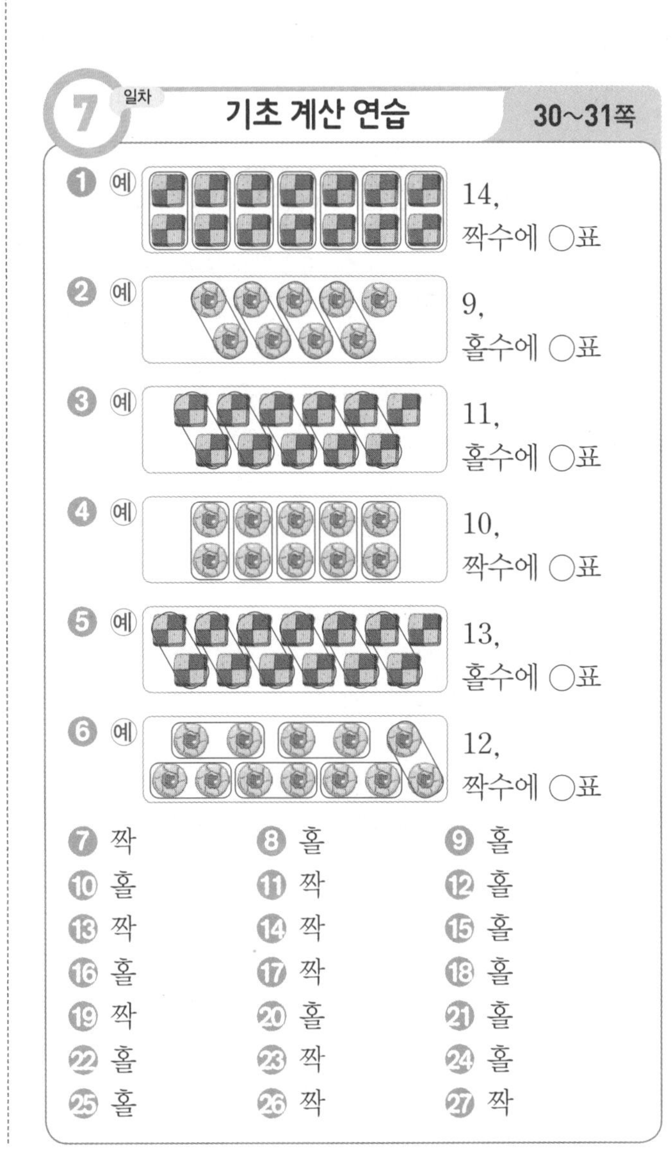

❶ 예 14, 짝수에 ○표
❷ 예 9, 홀수에 ○표
❸ 예 11, 홀수에 ○표
❹ 예 10, 짝수에 ○표
❺ 예 13, 홀수에 ○표
❻ 예 12, 짝수에 ○표

❼ 짝	❽ 홀	❾ 홀
❿ 홀	⓫ 짝	⓬ 홀
⓭ 짝	⓮ 짝	⓯ 홀
⓰ 홀	⓱ 짝	⓲ 홀
⓳ 짝	⓴ 홀	㉑ 홀
㉒ 홀	㉓ 짝	㉔ 홀
㉕ 홀	㉖ 짝	㉗ 짝

⑦ 낱개의 수가 0, 2, 4, 6, 8이면 짝수입니다.

⑧ 낱개의 수가 1, 3, 5, 7, 9이면 홀수입니다.

7일차 플러스 계산 연습 32~33쪽

1 짝　2 홀　3 홀
4 짝　5 짝　6 홀
7 짝　8 홀　9 홀
10 홀수에 ○표　11 홀수에 ○표
12 짝수에 ○표　13 짝수에 ○표
14 홀수에 ○표　15 홀수에 ○표
16 홀수에 ○표　17 짝수에 ○표
18 5, 홀수에 ○표　19 8, 짝수에 ○표
20 10, 짝수에 ○표　21 15, 홀수에 ○표
22 12, 짝수에 ○표　23 6, 짝수에 ○표
24 84　25 15
26 32　27 33

평가 SPEED 연산력 TEST 34~35쪽

① 90 ; 구십, 아흔　② 62 ; 육십이, 예순둘
③ 89 ; 팔십구, 여든아홉
④ 74 ; 칠십사, 일흔넷　⑤ 67, 69
⑥ 77, 79　⑦ 92, 94　⑧ 55, 57
⑨ 85, 87　⑩ 98, 100　⑪ <
⑫ <　⑬ >　⑭ <
⑮ <　⑯ >
⑰ 92에 ○표, 78에 △표
⑱ 90에 ○표, 55에 △표
⑲ 68에 ○표, 62에 △표
⑳ 99에 ○표, 93에 △표
㉑ 홀　㉒ 짝　㉓ 홀
㉔ 짝　㉕ 홀

⑲ 10개씩 묶음의 수가 같으므로 낱개의 수를 비교하면 2<6<8이므로 가장 작은 수는 62, 가장 큰 수는 68입니다.

⑳ 10개씩 묶음의 수가 같으므로 낱개의 수를 비교하면 3<5<9이므로 가장 작은 수는 93, 가장 큰 수는 99입니다.

특강 문장제 문제 도전하기 36~37쪽

1 63 ; 63　2 56 ; 56　3 74 ; 74
4 < ; 민주　5 > ; 파란색 구슬
6 > ; 곰 인형　7 < ; 축구공

4 10개씩 묶음의 수를 비교하면 56<75이므로 민주가 색종이를 더 많이 가지고 있습니다.

5 10개씩 묶음의 수가 같으므로 낱개의 수를 비교하면 89>82이므로 파란색 구슬을 더 많이 가지고 있습니다.

6 10개씩 묶음의 수가 같으므로 낱개의 수를 비교하면 56>55이므로 곰 인형의 수가 더 적습니다.

7 10개씩 묶음의 수가 같으므로 낱개의 수를 비교하면 95<98이므로 축구공의 수가 더 적습니다.

특강 창의·융합·코딩·도전하기 38~39쪽

창의 1 5, 4 ; 54 / 5, 9 ; 59
융합 2 (1) 66 (2) 75 (3) 97 (4) 64
코딩 3 78

창의 1 건우: 10개씩 5봉지와 낱개 4개이므로 54개입니다.
민정: 10개씩 5봉지와 낱개 9개이므로 59개입니다.

융합 2 (1) 예순여섯 ➔ 66 (6 6)　(2) 칠십오 ➔ 75 (7 5)
(3) 아흔일곱 ➔ 97 (9 7)　(4) 육십사 ➔ 64 (6 4)

코딩 3 로봇이 참이라고 했으므로 수 카드에 적힌 수 중 10개씩 묶음이 7개인 수를 찾습니다.
- 58 ➔ 10개씩 묶음 5개와 낱개 8개
- 78 ➔ 10개씩 묶음 7개와 낱개 8개
- 87 ➔ 10개씩 묶음 8개와 낱개 7개

개념 OX 퀴즈 정답

2 덧셈과 뺄셈(1)

개념 ○✕ 퀴즈

옳으면 ○에, 틀리면 ✕에 ○표 하세요.

10은 2와 7로 가르기 할 수 있습니다.

정답은 9쪽에서 확인하세요.

1 일차 기초 계산 연습 42~43쪽

(계산 순서대로)

❶ 4, 6, 6 ❷ 5, 8, 8
❸ 4, 5, 5 ❹ 5, 9, 9
❺ 2, 4, 4 ❻ 7, 8, 8
❼ 6, 8, 8 ❽ 6, 7, 7
❾ 7, 8, 8 ❿ 7, 9, 9
⓫ 8, 9, 9 ⓬ 3, 7, 7
⓭ 7, 8, 8 ⓮ 7, 9, 9
⓯ 8, 9, 9 ⓰ 8, 9, 9

1 일차 플러스 계산 연습 44~45쪽

1 6 **2** 9 **3** 9
4 8 **5** 8 **6** 7
7 8 **8** 9 **9** 9
10 5 **11** 7 **12** 7
13 3, 1, 6 **14** 4, 2, 3, 9 **15** 5, 2, 1, 8
16 3, 1, 2, 6 **17** 4, 2, 7 **18** 6, 1, 8
19 2, 3, 4, 9 **20** 4, 1, 2, 7

7 $2+2+4=8$ (2+2 → 4, 4+4 → 8)

8 $3+3+3=9$ (3+3 → 6, 6+3 → 9)

2 일차 기초 계산 연습 46~47쪽

(계산 순서대로)

❶ 2, 1, 1 ❷ 4, 3, 3
❸ 5, 4, 4 ❹ 3, 1, 1
❺ 5, 2, 2 ❻ 6, 3, 3
❼ 4, 1, 1 ❽ 6, 4, 4
❾ 3, 2, 2 ❿ 4, 3, 3
⓫ 6, 4, 4 ⓬ 5, 1, 1
⓭ 4, 1, 1 ⓮ 5, 2, 2
⓯ 3, 2, 2 ⓰ 3, 2, 2

2 일차 플러스 계산 연습 48~49쪽

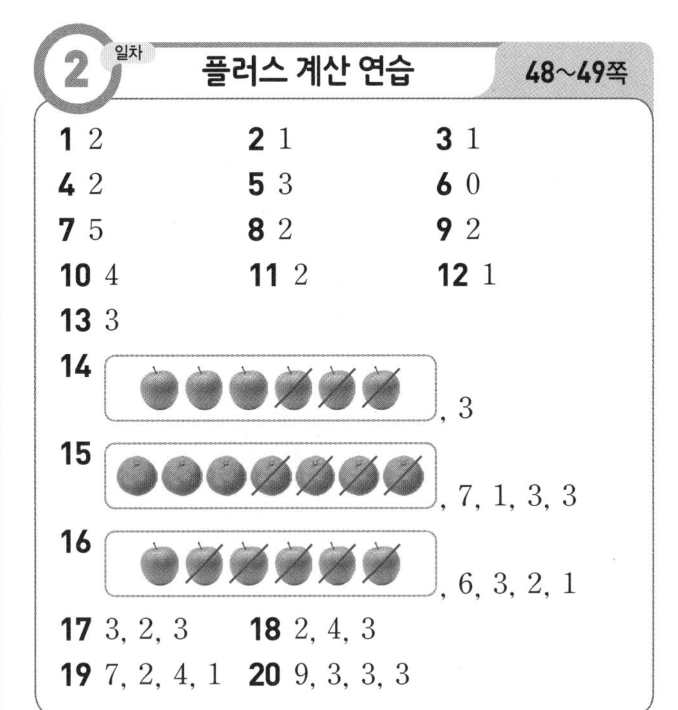

1 2 **2** 1 **3** 1
4 2 **5** 3 **6** 0
7 5 **8** 2 **9** 2
10 4 **11** 2 **12** 1
13 3
14 , 3
15 , 7, 1, 3, 3
16 , 6, 3, 2, 1
17 3, 2, 3 **18** 2, 4, 3
19 7, 2, 4, 1 **20** 9, 3, 3, 3

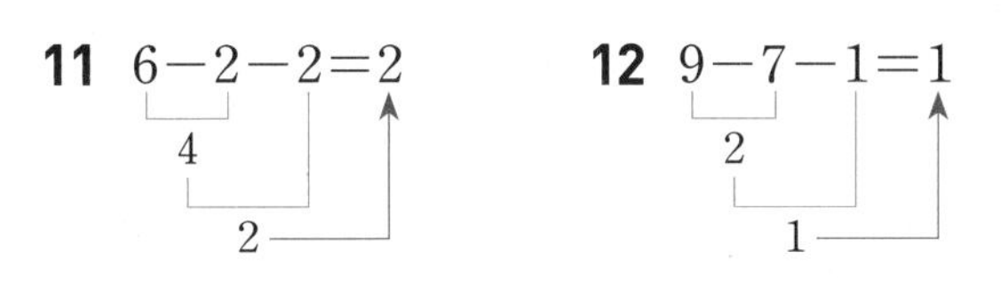

11 $6-2-2=2$ (6−2 → 4, 4−2 → 2)

12 $9-7-1=1$ (9−7 → 2, 2−1 → 1)

3 일차 기초 계산 연습 50~51쪽

❶ 7 ❷ 4 ❸ 5, 5
❹ 4, 6 ❺ 8, 2 ❻ 1, 9
❼ 9, 1 ❽ 7, 3 ❾ 5, 5
❿ 2, 8 ⓫ 4, 6 ⓬ 3, 7
⓭ 10 ⓮ 10 ⓯ 10
⓰ 10 ⓱ 10 ⓲ 10
⓳ 10 ⓴ 10

3일차 플러스 계산 연습 52~53쪽

1 2, 8에 ○표
2 3, 7에 ○표
3 9, 1에 ○표
4 6, 4에 ○표
5 7, 3에 ○표
6 5, 5에 ○표

7

7+2	9+1
2+3	6+3

8

2+7	4+4
3+7	9+0

9

5+5	4+2
3+6	8+1

10

8+2	4+3
3+5	6+2

11

2+3	8+0
5+4	7+3

12

7+1	4+4
4+6	5+2

13

14

15 7, 10　**16** 4, 10
17 5, 5, 10　**18** 2, 8, 10
19 6, 10　**20** 2, 10

13 두 수의 합이 10이 되는 경우는 7과 3, 1과 9, 4와 6입니다.

14 두 수의 합이 10이 되는 경우는 2와 8, 5와 5, 3과 7입니다.

19 (어제 읽은 동화책의 쪽수)
+(오늘 읽은 동화책의 쪽수)
=4+6=10(쪽)

20 (어제 읽은 위인전의 쪽수)
+(오늘 읽은 위인전의 쪽수)
=8+2=10(쪽)

4일차 기초 계산 연습 54~55쪽

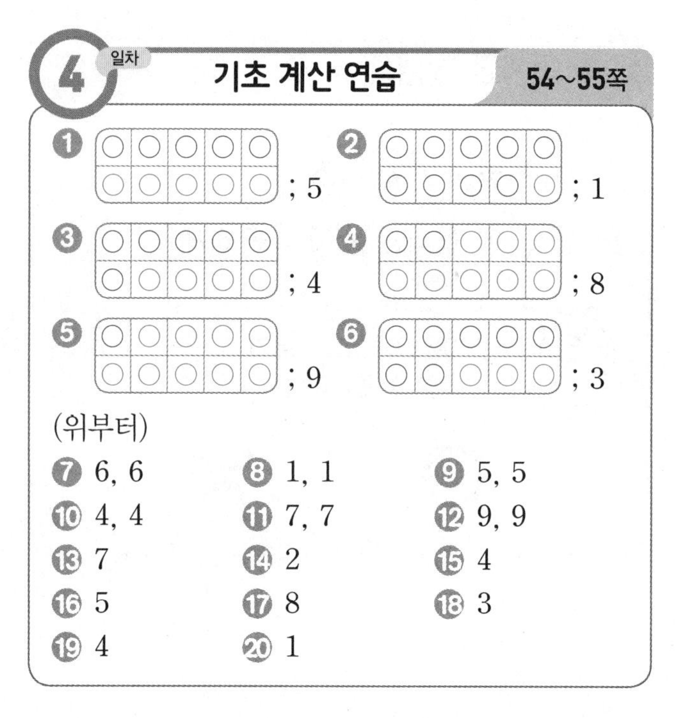

❶ ; 5　❷ ; 1
❸ ; 4　❹ ; 8
❺ ; 9　❻ ; 3

(위부터)
❼ 6, 6　❽ 1, 1　❾ 5, 5
❿ 4, 4　⓫ 7, 7　⓬ 9, 9
⓭ 7　⓮ 2　⓯ 4
⓰ 5　⓱ 8　⓲ 3
⓳ 4　⓴ 1

❶ 합이 10이 되려면 ○를 5개 더 그려야 합니다.

❹ 합이 10이 되려면 ○를 8개 더 그려야 합니다.

❾ 5를 더해서 10이 되는 수는 5입니다.

⓬ 1을 더해서 10이 되는 수는 9입니다.

4일차 플러스 계산 연습 56~57쪽

1 9, 7　**2** 3, 8　**3** 5, 6
4 9, 2　**5** 2, 4　**6** 1, 7
7 1　**8** 3　**9** 4
10 2　**11** 7　**12** 5
13 4　**14** 3　**15** 6
16 7　**17** 8　**18** 9, 10 ; 1
19 3, 10 ; 7　**20** 5, 10 ; 5

1 1과 더해서 10이 되는 수는 9입니다.
3과 더해서 10이 되는 수는 7입니다.

2 7을 더해서 10이 되는 수는 3입니다.
2를 더해서 10이 되는 수는 8입니다.

7 9와 더해서 10이 되는 수는 1입니다.

11 3을 더해서 10이 되는 수는 7입니다.

13 6과 더해서 10이 되는 수는 4입니다.

15 4와 더해서 10이 되는 수는 6입니다.

5일차 기초 계산 연습 58~59쪽

❶ 5 ❷ 1 ❸ 3
❹ 4 ❺ 9 ❻ 2
❼ 4 ❽ 6 ❾ 3, 7
❿ 5, 5 ⓫ 8 ⓬ 7
⓭ 6 ⓮ 5 ⓯ 3
⓰ 1 ⓱ 9 ⓲ 4

❶ 사과 10개에서 5개를 빼면 5개가 남습니다.

❷ 바나나 10개와 귤 9개를 하나씩 연결해 보면 바나나가 1개 더 많습니다.

❸ 파프리카 10개에서 7개를 빼면 3개가 남습니다.

❹ 달 10개와 별 6개를 하나씩 연결해 보면 달이 4개 더 많습니다.

⓫ 10에서 2를 빼면 8입니다.

⓭ 10에서 4를 빼면 6입니다.

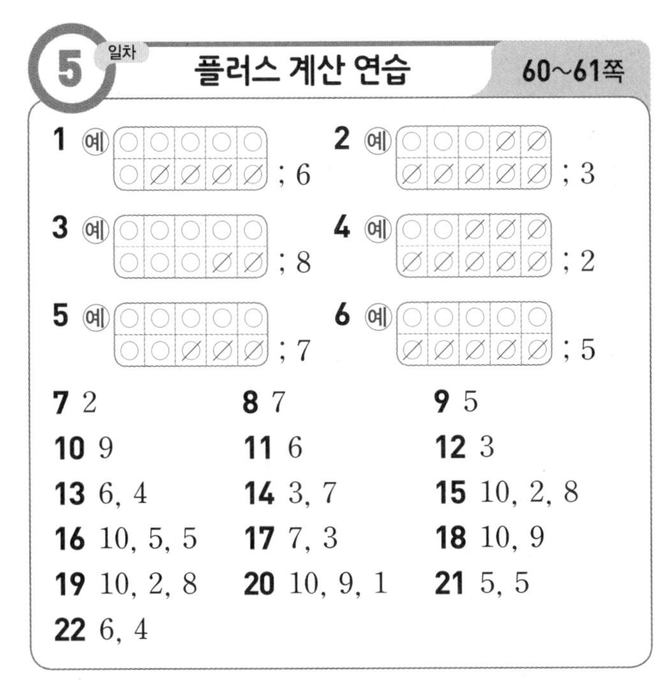

5일차 플러스 계산 연습 60~61쪽

1 예 ; 6 2 예 ; 3
3 예 ; 8 4 예 ; 2
5 예 ; 7 6 예 ; 5
7 2 8 7 9 5
10 9 11 6 12 3
13 6, 4 14 3, 7 15 10, 2, 8
16 10, 5, 5 17 7, 3 18 10, 9
19 10, 2, 8 20 10, 9, 1 21 5, 5
22 6, 4

4 ◯ 10개 중에서 8개를 /으로 지우면 2개가 남습니다.

13 구슬 10개가 들어 있는 상자에서 구슬 6개를 꺼냈습니다. ➔ $10-6=4$(개)

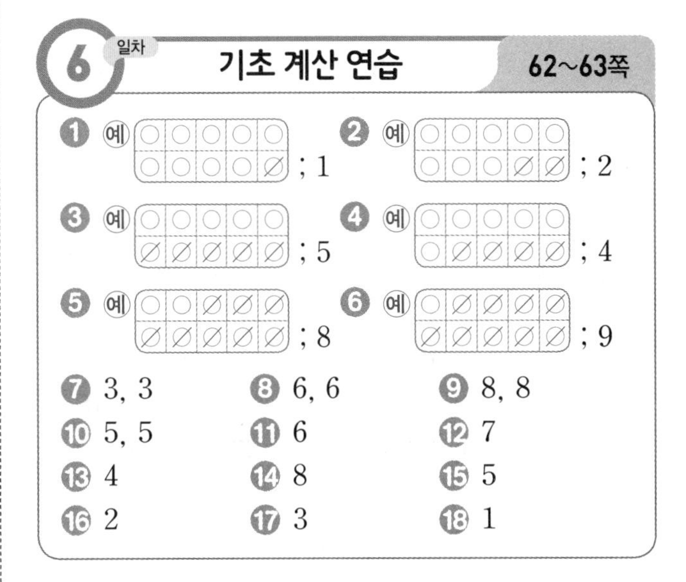

6일차 기초 계산 연습 62~63쪽

❶ 예 ; 1 ❷ 예 ; 2
❸ 예 ; 5 ❹ 예 ; 4
❺ 예 ; 8 ❻ 예 ; 9
❼ 3, 3 ❽ 6, 6 ❾ 8, 8
❿ 5, 5 ⓫ 6 ⓬ 7
⓭ 4 ⓮ 8 ⓯ 5
⓰ 2 ⓱ 3 ⓲ 1

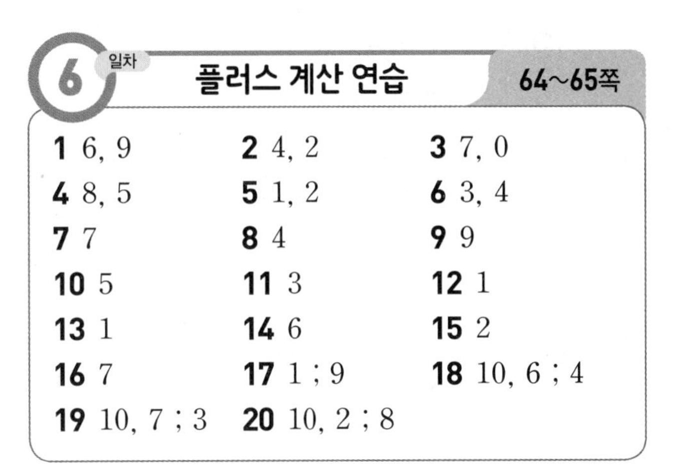

6일차 플러스 계산 연습 64~65쪽

1 6, 9 2 4, 2 3 7, 0
4 8, 5 5 1, 2 6 3, 4
7 7 8 4 9 9
10 5 11 3 12 1
13 1 14 6 15 2
16 7 17 1 ; 9 18 10, 6 ; 4
19 10, 7 ; 3 20 10, 2 ; 8

9 $10-\square=1$ ➔ 10에서 1이 되려면 9를 빼야 합니다.

10 $10-\square=5$ ➔ 10에서 5가 되려면 5를 빼야 합니다.

7일차 기초 계산 연습 66~67쪽

(계산 순서대로)
❶ 13, 13 ❷ 15, 15
❸ 12, 12 ❹ 15, 15
❺ 10, 16, 16 ❻ 10, 15, 15
❼ 10, 18, 18 ❽ 10, 13, 13
❾ 10, 17, 17 ❿ 10, 11, 11
⓫ 10, 14, 14 ⓬ 10, 19, 19

7일차 플러스 계산 연습 68~69쪽

1 (4+6)+3=13　2 (5+5)+4=14
3 (7+3)+1=11　4 (6+4)+7=17
5 (2+8)+4=14　6 (1+9)+6=16
7 (4+6)+9=19　8 (3+7)+2=12
9 14　10 16　11 18
12 15　13 16　14 17
15 14　16 4, 9, 19　17 4, 6, 8, 18
18 3, 7, 6, 16　19 4, 14　20 5, 9, 19

15 [7+3]+4=10+4=14

16 [6+4]+9=10+9=19

19 (노란색 풍선의 수)+(파란색 풍선의 수)
+(빨간색 풍선의 수)
=[8+2]+4=10+4=14(개)

20 (위인전의 수)+(동화책의 수)+(만화책의 수)
=[5+5]+9=10+9=19(권)

8일차 기초 계산 연습 70~71쪽

(계산 순서대로)
❶ 11, 11　❷ 14, 14　❸ 17, 17
❹ 12, 12　❺ 10, 18, 18　❻ 10, 12, 12
❼ 10, 16, 16　❽ 10, 19, 19　❾ 10, 12, 12
❿ 10, 19, 19　⓫ 10, 15, 15　⓬ 10, 17, 17

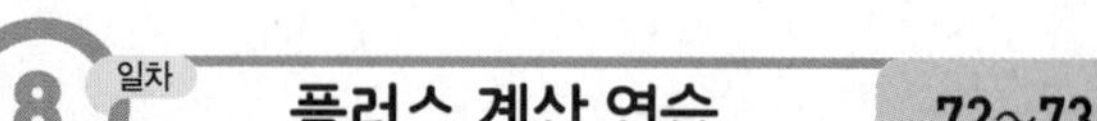

8일차 플러스 계산 연습 72~73쪽

1 3+(4+6)=13　2 9+(7+3)=19
3 3+(2+8)=13　4 3+(5+5)=13
5 5+(9+1)=15　6 8+(4+6)=18
7 3+(8+2)=13　8 2+(1+9)=12
9 11　10 17　11 13
12 15　13 14　14 12
15 12　16 8, 2, 16　17 7, 3, 14
18 1, 9, 18　19 5, 16　20 3, 7, 14

15 2+[4+6]=2+10=12(명)

17 4+[7+3]=4+10=14(명)

19 (야구공의 수)+(탁구공의 수)+(골프공의 수)
=6+[5+5]=6+10=16(개)

20 (사과의 수)+(배의 수)+(키위의 수)
=4+[3+7]=4+10=14(개)

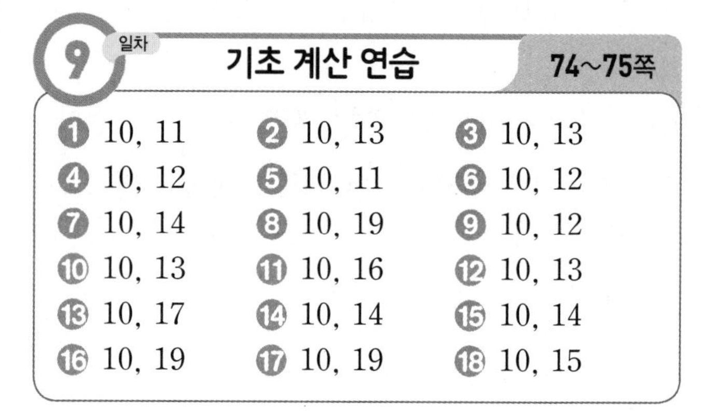

9일차 기초 계산 연습 74~75쪽

❶ 10, 11　❷ 10, 13　❸ 10, 13
❹ 10, 12　❺ 10, 11　❻ 10, 12
❼ 10, 14　❽ 10, 19　❾ 10, 12
❿ 10, 13　⓫ 10, 16　⓬ 10, 13
⓭ 10, 17　⓮ 10, 14　⓯ 10, 14
⓰ 10, 19　⓱ 10, 19　⓲ 10, 15

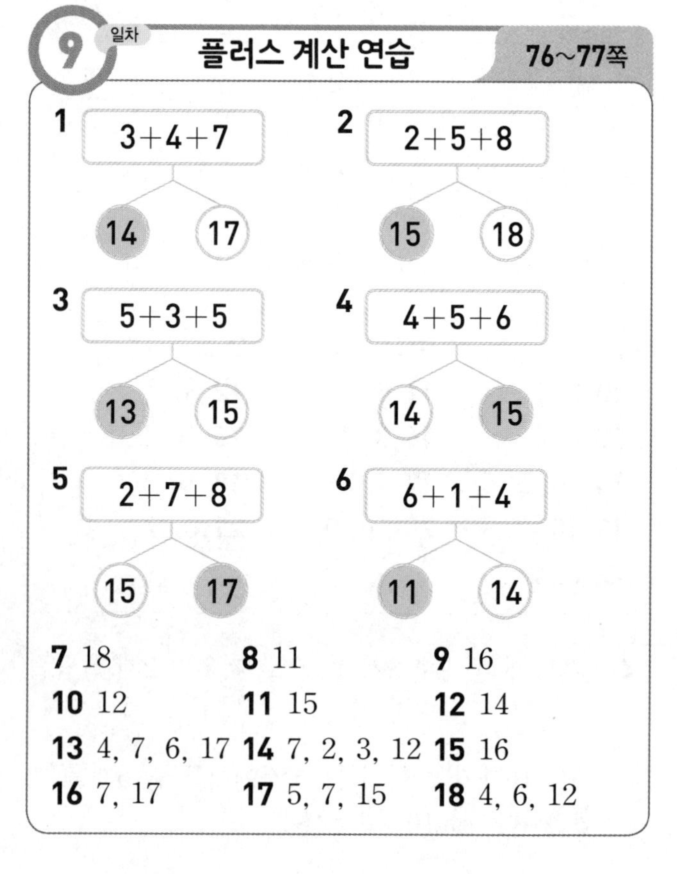

9일차 플러스 계산 연습 76~77쪽

7 18　8 11　9 16
10 12　11 15　12 14
13 4, 7, 6, 17　14 7, 2, 3, 12　15 16
16 7, 17　17 5, 7, 15　18 4, 6, 12

1 $3+4+7$ → $10+4=14$

2 $2+5+8$ → $10+5=15$

3 $5+3+5$ → $10+3=13$

4 $4+5+6$ → $10+5=15$

5 $2+7+8$ → $10+7=17$

6 $6+1+4$ → $10+1=11$

9 $2+6+8$ → $10+6=16$

10 $7+2+3$ → $10+2=12$

15 (장미의 수)+(튤립의 수)+(백합의 수)
$=1+6+9=10+6=16$(송이)

16 (소나무의 수)+(잣나무의 수)+(은행나무의 수)
$=5+7+5=10+7=17$(그루)

17 (참외의 수)+(배의 수)+(감의 수)
$=3+5+7=10+5=15$(개)

18 (곰 인형의 수)+(토끼 인형의 수)+(오리 인형의 수)
$=4+2+6=10+2=12$(개)

평가 SPEED 연산력 TEST 78~79쪽

❶ 8	❷ 9	❸ 1
❹ 5	❺ 3	❻ 1
❼ 10, 13, 13	❽ 10, 18, 18	❾ 10, 16, 16
❿ 10, 15, 15	⓫ 15	⓬ 13
⓭ 16	⓮ 17	⓯ 19
⓰ 18	⓱ 17	⓲ 16
⓳ 14	⓴ 13	㉑ 18

❶ $1+6+1=8$ ($1+6=7$, $7+1=8$)

❸ $9-5-3=1$ ($9-5=4$, $4-3=1$)

⓱ $5+5+7=17$ ($5+5=10$, $10+7=17$)

⓲ $6+9+1=16$ ($9+1=10$, $6+10=16$)

㉑ $3+8+7$ → $10+8=18$

특강 문장제 문제 도전하기 80~83쪽

1 9 ; 3, 2, 4, 9 ; 9 **2** 1 ; 9, 3, 5, 1 ; 1
3 10 ; 8, 2, 10 ; 10 **4** 4, 1, 2, 7
5 8, 2, 4, 2 **6** 10, 7, 3
7 6 ; 10, 4 ; 6 **8** 13 ; 4, 6, 3, 13 ; 13
9 12 ; 4, 2, 6, 12 ; 12 **10** 3
11 5, 5, 2, 12 **12** 9, 3, 1, 13

특강 창의·융합·코딩·도전하기 84~85쪽

융합 1 7, 7 ; 5, 5 ; 도영
창의 2 10과 1에 색칠 ; 10, 1
창의 3 (왼쪽부터) 9, 13, 12

융합 1
• 도영: 10개를 던져서 고리 3개가 바닥에 있으므로 걸린 고리는 7개입니다.
→ 10−□=3, □=7
• 선우: 10개를 던져서 고리 5개가 바닥에 있으므로 걸린 고리는 5개입니다.
→ 10−□=5, □=5
➔ 걸린 고리의 수가 더 많은 사람은 도영입니다.

창의 2 두 수의 차가 9가 되는 두 수는 10과 1입니다.
➔ $10-1=9$

창의 3
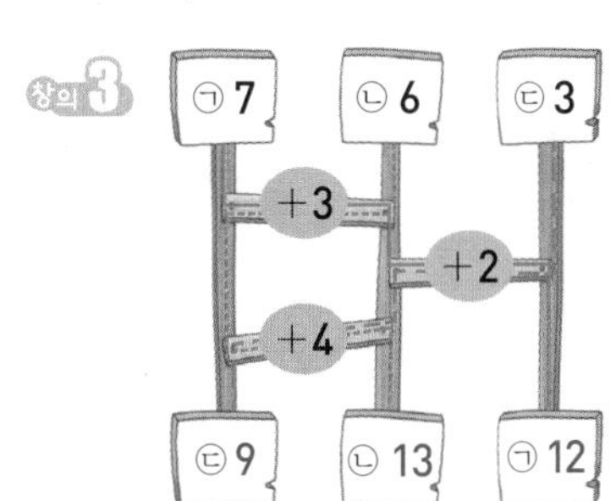

㉠ $7+3+2=10+2=12$
㉡ $6+3+4=10+3=13$
㉢ $3+2+4=5+4=9$

개념 OX 퀴즈 정답

3 덧셈과 뺄셈(2)

개념 ○✕ 퀴즈

옳으면 ○에, 틀리면 ✕에 ○표 하세요.

15−8=7

○ ✕

정답은 14쪽에서 확인하세요.

1일차 기초 계산 연습 88~89쪽

❶ 10, 11 ; 11　❷ 10, 11 ; 11
❸ 11, 12 ; 12　❹ 10, 11, 12 ; 12
❺ 12, 13 ; 13　❻ 11, 12 ; 12
❼ 15　❽ 15　❾ 11
❿ 14　⓫ 14　⓬ 14
⓭ 12　⓮ 17

1일차 플러스 계산 연습 90~91쪽

1 11　2 15　3 14
4 12　5 13　6 16
7 □ / (○)　8 (○) / □　9 (○) / □
10 □ / (○)　11 5, 14　12 7, 15
13 7, 6, 13(또는 6, 7, 13)
14 9, 9, 18　15 9, 13　16 7, 16
17 9, 8, 17(또는 8, 9, 17)
18 5, 8, 13(또는 8, 5, 13)

2일차 기초 계산 연습 92~93쪽

❶ 13, 13, 3　❷ 15, 15, 5
❸ 14, 14, 4　❹ 15, 15, 5
❺ 12, 12, 2　❻ 14, 14, 4
❼ 11, 11, 1　❽ 12, 12, 2
❾ 16, 16, 6　❿ 13, 13, 3
⓫ 15, 15, 5　⓬ 18, 18, 8
⓭ 17, 17, 7

❸ 8과 6을 모으기 하면 14가 되고, 14는 10과 4로 가르기 할 수 있습니다.

❹ 6과 9를 모으기 하면 15가 되고, 15는 10과 5로 가르기 할 수 있습니다.

❺ 5와 7을 모으기 하면 12가 되고, 12는 10과 2로 가르기 할 수 있습니다.

❻ 6과 8을 모으기 하면 14가 되고, 14는 10과 4로 가르기 할 수 있습니다.

❾ 9와 7을 모으기 하면 16이 되고, 16은 10과 6으로 가르기 할 수 있습니다.

❿ 7과 6을 모으기 하면 13이 되고, 13은 10과 3으로 가르기 할 수 있습니다.

⓫ 8과 7을 모으기 하면 15가 되고, 15는 10과 5로 가르기 할 수 있습니다.

⓬ 9와 9를 모으기 하면 18이 되고, 18은 10과 8로 가르기 할 수 있습니다.

2일차 플러스 계산 연습 94~95쪽

1 16, 6　2 11, 1
3 14, 4　4 15, 5
5 15, 5　6 12, 2
7 13, 3　8 12, 2
9 2　10 4
11 1　12 3
13 17, 17, 7 ; 7　14 6, 12, 12, 2 ; 2

1 8과 8을 모으기 하면 16이 되고, 16은 10과 6으로 가르기 할 수 있습니다.

2 5와 6을 모으기 하면 11이 되고, 11은 10과 1로 가르기 할 수 있습니다.

3 5와 9를 모으기 하면 14가 되고, 14는 10과 4로 가르기 할 수 있습니다.

4 8과 7을 모으기 하면 15가 되고, 15는 10과 5로 가르기 할 수 있습니다.

5 9와 6을 모으기 하면 15가 되고, 15는 10과 5로 가르기 할 수 있습니다.

3 일차 기초 계산 연습 96~97쪽

(왼쪽부터)

❶ 3, 13	❷ 2, 12	❸ 1, 14
❹ 3, 12	❺ 4, 12	❻ 1, 12
❼ 4, 11	❽ 2, 15	❾ 3, 11
❿ 1, 17	⓫ 2, 16	⓬ 4, 13
⓭ 2, 13	⓮ 1, 15	

❶ 7과 3을 더해 10을 만들고 남은 3을 더합니다.

❷ 8과 2를 더해 10을 만들고 남은 2를 더합니다.

❸ 9와 1을 더해 10을 만들고 남은 4를 더합니다.

❹ 7과 3을 더해 10을 만들고 남은 2를 더합니다.

❺ 6과 4를 더해 10을 만들고 남은 2를 더합니다.

❻ 9와 1을 더해 10을 만들고 남은 2를 더합니다.

❼ 6과 4를 더해 10을 만들고 남은 1을 더합니다.

3 일차 플러스 계산 연습 98~99쪽

1 $8+6=14$ (6을 2와 4로 가르기)

2 $9+5=14$ (5를 1과 4로 가르기)

3 $7+4=11$ (4를 3과 1로 가르기)

4 $9+3=12$ (3을 1과 2로 가르기)

5 $8+7=15$ (7을 2와 5로 가르기)

6 11

7 12	**8** 17	**9** 16
10 13	**11** 16	**12** 12
13 13	**14** 7, 8, 15	**15** 4, 7, 11
16 12	**17** 6, 15	**18** 6, 7, 13
19 8, 4, 12		

8 $9+8=17$ (8을 1과 7로 가르기)

9 $8+8=16$ (8을 2와 6으로 가르기)

10 $7+6=13$ (6을 3과 3으로 가르기)

11 $9+7=16$ (7을 1과 6으로 가르기)

14 $7+8=15$ (8을 3과 5로 가르기)

15 $4+7=11$ (4를 6과 1로... 7을 6과 1로 가르기)

16 (전체 참새 수)=(처음 있던 참새 수)
+(더 날아온 참새 수)
=6+6=12(마리)

17 (전체 바둑돌 수)=(흰색 바둑돌 수)
+(검은색 바둑돌 수)
=9+6=15(개)

18 (오늘 읽은 쪽수)=(어제 읽은 쪽수)+7
=6+7=13(쪽)

19 (오늘 마신 우유잔 수)
=(어제 마신 우유잔 수)+4
=8+4=12(잔)

4 일차 기초 계산 연습 100~101쪽

(왼쪽부터)

❶ 3, 13	❷ 2, 15	❸ 4, 12
❹ 3, 11	❺ 1, 17	❻ 1, 12
❼ 2, 13	❽ 1, 13	❾ 2, 12
❿ 1, 15	⓫ 4, 11	⓬ 3, 14
⓭ 1, 11	⓮ 2, 11	

❷ 8과 2를 더해 10을 만들고 남은 5를 더합니다.

❸ 6과 4를 더해 10을 만들고 남은 2를 더합니다.

❹ 7과 3을 더해 10을 만들고 남은 1을 더합니다.

❺ 9와 1을 더해 10을 만들고 남은 7을 더합니다.

❻ 9와 1을 더해 10을 만들고 남은 2를 더합니다.

❼ 8과 2를 더해 10을 만들고 남은 3을 더합니다.

4 일차 플러스 계산 연습 102~103쪽

1 $3+8=11$
1 2

2 $7+9=16$
6 1

3 $6+7=13$
3 3

4 $4+9=13$
3 1

5 $9+9=18$
8 1

6 11

7 17	8 12	9 14
10 15	11 12	12 13
13 16	14 15	15 14
16 12	17 16	18 11
19 12	20 14	21 5, 13
22 6, 5, 11	23 4, 7, 11	

20 (전체 김밥 줄 수)=(참치 김밥 줄 수)
+(야채 김밥 줄 수)
$=7+7=14$(줄)

21 (전체 구슬 수)=(연두색 구슬 수)
+(주황색 구슬 수)
$=8+5=13$(개)

22 (전체 빵 수)=(팥빵의 수)+(크림빵의 수)
$=6+5=11$(개)

23 (전체 나무 수)=(소나무의 수)+(참나무의 수)
$=4+7=11$(그루)

5 일차 기초 계산 연습 104~105쪽

(왼쪽부터)

❶ 4, 9	❷ 3, 6	❸ 7, 9
❹ 2, 9	❺ 5, 8	❻ 4, 8
❼ 1, 7	❽ 5, 7	❾ 6, 7
❿ 3, 5	⓫ 1, 4	⓬ 3, 8
⓭ 2, 6	⓮ 7, 8	

❶ 14에서 먼저 4를 뺀 다음 다시 1을 더 빼면 9가 됩니다.

❷ 13에서 먼저 3을 뺀 다음 다시 4를 더 빼면 6이 됩니다.

❸ 17에서 먼저 7을 뺀 다음 다시 1을 더 빼면 9가 됩니다.

❹ 12에서 먼저 2를 뺀 다음 다시 1을 더 빼면 9가 됩니다.

❺ 15에서 먼저 5를 뺀 다음 다시 2를 더 빼면 8이 됩니다.

❻ 14에서 먼저 4를 뺀 다음 다시 2를 더 빼면 8이 됩니다.

5 일차 플러스 계산 연습 106~107쪽

1 $12-6=6$
2 4

2 $14-7=7$
4 3

3 $16-9=7$
6 3

4 $13-4=9$
3 1

5 $13-6=7$
3 3

6 $11-6=5$
1 5

7 $18-9=9$
8 1

8 $15-7=8$
5 2

9 7	10 6
11 8	12 3
13 7	14 4
15 4, 8	16 7, 5
17 6	18 5, 8
19 15, 9, 6	20 16, 8, 8

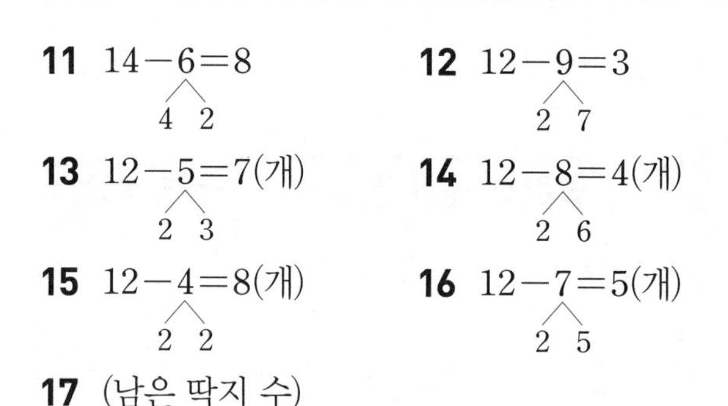

11 $14-6=8$
4 2

12 $12-9=3$
2 7

13 $12-5=7$(개)
2 3

14 $12-8=4$(개)
2 6

15 $12-4=8$(개)
2 2

16 $12-7=5$(개)
2 5

17 (남은 딱지 수)
=(처음에 있던 딱지 수)−(친구에게 준 딱지 수)
$=14-8=6$(장)

18 (남은 치킨 조각 수)
=(전체 치킨 조각 수)−(먹은 치킨 조각 수)
$=13-5=8$(조각)

19 (남은 색종이 수)
=(처음에 있던 색종이 수)−(사용한 색종이 수)
$=15-9=6$(장)

20 (남은 땅콩 수)
=(처음에 있던 땅콩 수)−(먹은 땅콩 수)
$=16-8=8$(개)

6일차 기초 계산 연습 108~109쪽

(왼쪽부터)

① 1, 6　② 4, 7　③ 6, 7
④ 7, 8　⑤ 3, 5　⑥ 1, 4
⑦ 2, 4　⑧ 5, 9　⑨ 3, 6
⑩ 6, 8　⑪ 2, 7　⑫ 5, 6
⑬ 4, 9　⑭ 7, 9

① 10에서 5를 먼저 뺀 다음 남은 1을 더하면 6이 됩니다.

② 10에서 7을 먼저 뺀 다음 남은 4를 더하면 7이 됩니다.

④ 10에서 9를 먼저 뺀 다음 남은 7을 더하면 8이 됩니다.

⑤ 10에서 8을 먼저 뺀 다음 남은 3을 더하면 5가 됩니다.

6일차 플러스 계산 연습 110~111쪽

1 $11-5=6$ (11 → 10, 1)　**2** $14-9=5$ (14 → 10, 4)
3 $18-9=9$ (18 → 10, 8)　**4** $15-6=9$ (15 → 10, 5)
5 $17-8=9$ (17 → 10, 7)　**6** $16-7=9$ (16 → 10, 6)
7 $12-4=8$ (12 → 10, 2)　**8** $13-6=7$ (13 → 10, 3)
9 9　**10** 5
11 6　**12** 8
13 9, 8　**14** 4, 9
15 15, 8, 7　**16** 11, 6, 5
17 7　**18** 9, 7
19 13, 8, 5　**20** 11, 7, 4

9 $11-2=9$ (11 → 10, 1)　**10** $12-7=5$ (12 → 10, 2)

11 $14-8=6$ (14 → 10, 4)　**12** $13-5=8$ (13 → 10, 3)

7일차 기초 계산 연습 112~113쪽

① 11, 11　② 14, 14　③ 13, 13
④ 11, 11　⑤ 11, 11　⑥ 16, 16
⑦ 13, 13　⑧ 12, 12　⑨ 8
⑩ 4　⑪ 6　⑫ 6
⑬ 9　⑭ 5　⑮ 2
⑯ 6　⑰ 6　⑱ 8

7일차 플러스 계산 연습 114~115쪽

1 11, 11　**2** 11, 11　**3** 15, 15
4 13, 13　**5** 12, 12　**6** 12, 12
7 17, 17　**8** 15, 15　**9** 11, 11
10 14, 14　**11** 12, 12　**12** 13, 13
13 7, 13 ; 6, 13　**14** 5, 8, 13 ; 8, 5, 13
15 9, 4, 13 ; 4, 9, 13
16 ○　**17** ×　**18** ○
19 ×

7 $8+9=17$이고, $9+8=17$이므로 8과 9를 바꾸어 더해도 결과는 17로 같습니다.

16 $4+7=11$이고, $7+4=11$이므로 같습니다.

19 $6+5=11$이고, $3+6=9$이므로 다릅니다.

8일차 기초 계산 연습 116~117쪽

① 13, 12 ; >　② 11, 14 ; <
③ 13, 12 ; >　④ 11, 14 ; <
⑤ 14, 15 ; <　⑥ 14, 18 ; <
⑦ 16, 16 ; =　⑧ 15, 13 ; >
⑨ 6, 8 ; <　⑩ 9, 4 ; >
⑪ 7, 7 ; =　⑫ 6, 9 ; <
⑬ 6, 7 ; <　⑭ 8, 5 ; >
⑮ 7, 8 ; <　⑯ 9, 3 ; >

② $2+9=11$, $8+6=14$ (9 → 1, 1 ; 6 → 2, 4)

③ $6+7=13$, $8+4=12$ (7 → 3, 3 ; 4 → 2, 2)

8 일차 플러스 계산 연습 118~119쪽

1 $<$ **2** $>$
3 $<$ **4** $>$
5 $=$ **6** $<$
7 [○][△][ ] **8** [○][△][ ]
9 [○][ ][△] **10** [ ][○][△]
11 [ ][△][○] **12** [ ][△][○]
13 [ ][○] **14** [○][ ]
15 [ ][○] **16** [○][ ]
17 16, 14 ; 윤아 **18** 13, 12 ; 남희

3 $4+7=11$, $6+6=12$ ➜ $11<12$

7 $5+9=14$, $3+8=11$, $7+6=13$
➜ $14>13>11$

9 $6+7=13$, $3+9=12$, $8+3=11$
➜ $13>12>11$

12 $17-9=8$, $14-8=6$, $18-9=9$
➜ $9>8>6$

17 • 윤아: $9+7=16$(점)
• 민호: $6+8=14$(점)
➜ $16>14$이므로 점수가 더 높은 사람은 윤아입니다.

평가 SPEED 연산력 TEST 120~121쪽

❶ 13, 13 ❷ 17, 17 ❸ 12, 12
❹ 15, 15 ❺ 14, 14 ❻ 11, 11
❼ 12 ❽ 14 ❾ 15
❿ 12 ⓫ 13 ⓬ 11
⓭ 6 ⓮ 9 ⓯ 7
⓰ 9 ⓱ 9 ⓲ 8
⓳ $<$ ⓴ $>$ ㉑ $>$
㉒ $=$ ㉓ $<$ ㉔ $<$
㉕ $=$ ㉖ $<$ ㉗ $<$
㉘ $<$ ㉙ $>$ ㉚ $>$

❸ $4+8=8+4=12$

❻ $4+7=7+4=11$

특강 문장제 문제 도전하기 122~123쪽

1 11 ; 4, 7, 11 ; 11 **2** 5 ; 13, 8, 5 ; 5
3 $>$; 5, 13, 6, 12 ; 지훈
4 8, 7, 15 **5** 12, 9, 3
6 7, 12 ; 8, 14 ; 진우

3 지훈: $8+5=13$ (5를 2와 3으로 가르기), 성주: $6+6=12$ (6을 4와 2로 가르기)
➜ $13>12$이므로 달걀을 더 많이 가지고 있는 사람은 지훈입니다.

특강 창의·융합·코딩·도전하기 124~125쪽

융합1 7, 9 ; 9

코딩2 4, 9, 13 또는 9, 4, 13

창의3

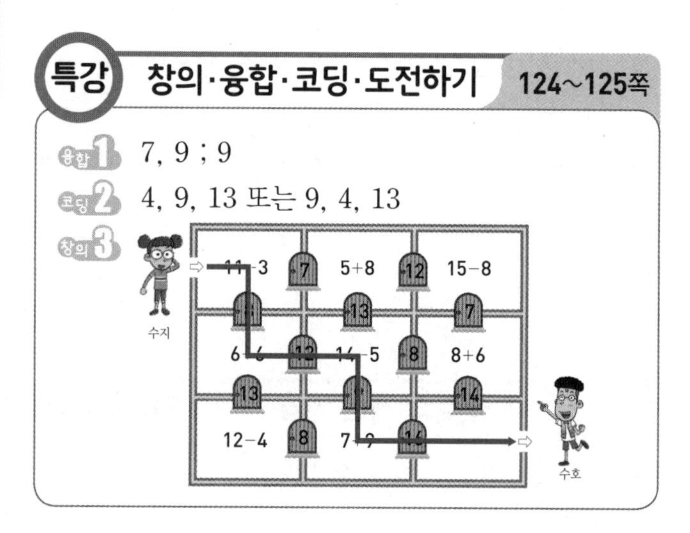

융합1 (버스에 남은 사람 수)
=(처음 버스에 타고 있던 사람 수)
−(정류장에서 내린 사람 수)
$=16-7=9$(명)

코딩2 (몇)+(몇)=(십몇)에서 십몇이 될 수 있는 경우는 13, 14, 19이고 남은 수 카드로 만들 수 있는 식을 만족하는 경우는 $4+9=13$ 또는 $9+4=13$입니다.

창의3 $11-3=8$, $6+6=12$, $14-5=9$, $7+9=16$의 순서대로 선을 긋습니다.

4 덧셈과 뺄셈(3)

개념 ○✕ 퀴즈

옳으면 ○에, 틀리면 ✕에 ○표 하세요.

25+12=37

○ ✕

정답은 20쪽에서 확인하세요.

1일차 기초 계산 연습 128~129쪽

❶ 16	❷ 18	❸ 29
❹ 38	❺ 48	❻ 58
❼ 67	❽ 78	❾ 27
❿ 19	⓫ 47	⓬ 37
⓭ 49	⓮ 18	⓯ 29
⓰ 37	⓱ 95	⓲ 27
⓳ 58	⓴ 49	㉑ 39
㉒ 88	㉓ 65	㉔ 88
㉕ 85	㉖ 48	㉗ 28

1일차 플러스 계산 연습 130~131쪽

1 28 **2** 39 **3** 44
4 55 **5** 66 **6** 38
7 96 **8** 39 **9** 29
10 59 **11** 46 **12** 19
13 44 **14** 59
15 16 **16** 67
17 79 **18** 48
19 44 **20** 57
21 29 **22** 87
23 5, 36 **24** 8, 68
25 19 **26** 23
27 5, 37 **28** 3, 47

19 $\begin{array}{r} 41 \\ +\ \ 3 \\ \hline 44 \end{array}$ **20** $\begin{array}{r} 51 \\ +\ \ 6 \\ \hline 57 \end{array}$

21 $\begin{array}{r} 27 \\ +\ \ 2 \\ \hline 29 \end{array}$ **22** $\begin{array}{r} 80 \\ +\ \ 7 \\ \hline 87 \end{array}$

23 $\begin{array}{r} 31 \\ +\ \ 5 \\ \hline 36 \end{array}$ **24** $\begin{array}{r} 60 \\ +\ \ 8 \\ \hline 68 \end{array}$

25 $\begin{array}{r} 15 \\ +\ \ 4 \\ \hline 19 \end{array}$ **26** $\begin{array}{r} 21 \\ +\ \ 2 \\ \hline 23 \end{array}$

27 $\begin{array}{r} 32 \\ +\ \ 5 \\ \hline 37 \end{array}$ **28** $\begin{array}{r} 44 \\ +\ \ 3 \\ \hline 47 \end{array}$

2일차 기초 계산 연습 132~133쪽

❶ 14	❷ 25	❸ 18
❹ 77	❺ 18	❻ 49
❼ 78	❽ 49	❾ 63
❿ 39	⓫ 94	⓬ 27
⓭ 54	⓮ 69	⓯ 27
⓰ 48	⓱ 87	⓲ 27
⓳ 48	⓴ 59	㉑ 67
㉒ 37	㉓ 45	㉔ 19
㉕ 89	㉖ 37	㉗ 76

2일차 플러스 계산 연습 134~135쪽

1 15 **2** 34 **3** 29
4 69 **5** 75 **6** 58
7 39 **8** 69 **9** 87
10 49 **11** 29 **12** 85
13 17 **14** 86
15 97 **16** 69
17 65 **18** 28
19 27 **20** 27
21 16 **22** 18
23 21, 24 **24** 24, 28
25 28 **26** 47
27 36, 38 **28** 55, 59

19 $\begin{array}{r} 6 \\ +21 \\ \hline 27 \end{array}$ **20** $\begin{array}{r} 3 \\ +24 \\ \hline 27 \end{array}$

21 $\begin{array}{r} 4 \\ +12 \\ \hline 16 \end{array}$ **22** $\begin{array}{r} 6 \\ +12 \\ \hline 18 \end{array}$

23 $\begin{array}{r} 3 \\ +21 \\ \hline 24 \end{array}$ **24** $\begin{array}{r} 4 \\ +24 \\ \hline 28 \end{array}$

25 $\begin{array}{r} 5 \\ +23 \\ \hline 28 \end{array}$ **26** $\begin{array}{r} 7 \\ +40 \\ \hline 47 \end{array}$

27 $\begin{array}{r} 2 \\ +36 \\ \hline 38 \end{array}$ **28** $\begin{array}{r} 4 \\ +55 \\ \hline 59 \end{array}$

3일차 기초 계산 연습 136~137쪽

❶ 60	❷ 70	❸ 40
❹ 30	❺ 50	❻ 60
❼ 70	❽ 70	❾ 90
❿ 60	⓫ 80	⓬ 40
⓭ 90	⓮ 80	⓯ 60
⓰ 60	⓱ 90	⓲ 90
⓳ 90	⓴ 40	㉑ 70
㉒ 70	㉓ 90	㉔ 80
㉕ 50	㉖ 80	㉗ 80

3일차 플러스 계산 연습 138~139쪽

1 20 **2** 50 **3** 50
4 30 **5** 90 **6** 80
7 80 **8** 70 **9** 70
10 60 **11** 90 **12** 90
13 70 **14** 70
15 60 **16** 80
17 60 **18** 80
19 60 **20** 70
21 70 **22** 80
23 30 **24** 80
25 20, 40 **26** 50, 90

19 $\begin{array}{r} 20 \\ +40 \\ \hline 60 \end{array}$ **20** $\begin{array}{r} 50 \\ +20 \\ \hline 70 \end{array}$

21 $\begin{array}{r} 60 \\ +10 \\ \hline 70 \end{array}$ **22** $\begin{array}{r} 30 \\ +50 \\ \hline 80 \end{array}$

23 (전체 구슬 수)=(파란 구슬 수)+(노란 구슬 수)
=10+20=30(개)

24 (전체 구슬 수)=(빨간 구슬 수)+(초록 구슬 수)
=50+30=80(개)

25 (전체 바둑돌 수)=(흰 바둑돌 수)+(검은 바둑돌 수)
=20+20=40(개)

26 (전체 바둑돌 수)=(흰 바둑돌 수)+(검은 바둑돌 수)
=40+50=90(개)

4일차 기초 계산 연습 140~141쪽

❶ 29	❷ 54	❸ 68
❹ 38	❺ 59	❻ 77
❼ 58	❽ 56	❾ 73
❿ 45	⓫ 47	⓬ 77
⓭ 59	⓮ 75	⓯ 44
⓰ 38	⓱ 84	⓲ 76
⓳ 57	⓴ 83	㉑ 88
㉒ 63	㉓ 99	㉔ 39
㉕ 87	㉖ 77	㉗ 68

4일차 플러스 계산 연습 142~143쪽

1 39 **2** 85 **3** 64
4 87 **5** 47 **6** 67
7 59 **8** 38 **9** 59
10 42 **11** 98 **12** 88
13 45 **14** 68
15 77 **16** 77
17 49 **18** 58
19 36 **20** 65
21 39 **22** 61
23 40, 72 **24** 24, 49
25 35 **26** 32, 54
27 75 **28** 31, 85

23
$$\begin{array}{r} 32 \\ +40 \\ \hline 72 \end{array}$$

24
$$\begin{array}{r} 25 \\ +24 \\ \hline 49 \end{array}$$

25
$$\begin{array}{r} 12 \\ +23 \\ \hline 35 \end{array}$$

26
$$\begin{array}{r} 22 \\ +32 \\ \hline 54 \end{array}$$

27
$$\begin{array}{r} 62 \\ +13 \\ \hline 75 \end{array}$$

28
$$\begin{array}{r} 54 \\ +31 \\ \hline 85 \end{array}$$

5일차 기초 계산 연습 144~145쪽

❶ 36 ❷ 48 ❸ 47
❹ 75 ❺ 66 ❻ 85
❼ 89 ❽ 79 ❾ 87
❿ 27 ⓫ 48 ⓬ 48
⓭ 69 ⓮ 69 ⓯ 95
⓰ 89 ⓱ 95 ⓲ 89
⓳ 65 ⓴ 77 ㉑ 76
㉒ 59 ㉓ 78 ㉔ 77
㉕ 59 ㉖ 74 ㉗ 58

5일차 플러스 계산 연습 146~147쪽

1 34 **2** 64 **3** 75
4 75 **5** 87 **6** 89
7 77 **8** 56 **9** 87
10 57 **11** 47 **12** 77
13 46 **14** 37
15 81 **16** 67
17 77 **18** 89
19 27 **20** 38
21 34 **22** 39
23 47 **24** 37
25 79 **26** 26, 58
27 64 **28** 21, 94

23
$$\begin{array}{r} 22 \\ +25 \\ \hline 47 \end{array}$$

24
$$\begin{array}{r} 16 \\ +21 \\ \hline 37 \end{array}$$

26 (전체 물고기 수)=(금붕어 수)+(열대어 수)
=32+26=58(마리)

28 (전체 단추 수)=(노란 단추 수)+(파란 단추 수)
=73+21=94(개)

6일차 기초 계산 연습 148~149쪽

❶ 15 ❷ 31 ❸ 24
❹ 51 ❺ 40 ❻ 74
❼ 21 ❽ 33 ❾ 42
❿ 14 ⓫ 24 ⓬ 41
⓭ 33 ⓮ 52 ⓯ 64
⓰ 70 ⓱ 82 ⓲ 11
⓳ 42 ⓴ 93 ㉑ 82
㉒ 33 ㉓ 43 ㉔ 91
㉕ 50 ㉖ 62 ㉗ 21

6일차 플러스 계산 연습 150~151쪽

1 11 **2** 23 **3** 34
4 51 **5** 60 **6** 81
7 91 **8** 63 **9** 44
10 23 **11** 41 **12** 73
13 70 **14** 92
15 62 **16** 51
17 41 **18** 35
19 11 **20** 11
21 17 **22** 10
23 4, 14 **24** 3, 12
25 24 **26** 43
27 6, 60 **28** 3, 73

23 $$\begin{array}{r} 18 \\ -\ \ 4 \\ \hline 14 \end{array}$$

24 $$\begin{array}{r} 15 \\ -\ \ 3 \\ \hline 12 \end{array}$$

25 $$\begin{array}{r} 29 \\ -\ \ 5 \\ \hline 24 \end{array}$$

26 $$\begin{array}{r} 47 \\ -\ \ 4 \\ \hline 43 \end{array}$$

27 $$\begin{array}{r} 66 \\ -\ \ 6 \\ \hline 60 \end{array}$$

28 $$\begin{array}{r} 76 \\ -\ \ 3 \\ \hline 73 \end{array}$$

7일차 기초 계산 연습 152~153쪽

❶ 30	❷ 30	❸ 10
❹ 40	❺ 60	❻ 20
❼ 40	❽ 60	❾ 30
❿ 10	⓫ 30	⓬ 60
⓭ 20	⓮ 50	⓯ 50
⓰ 10	⓱ 20	⓲ 20
⓳ 20	⓴ 30	㉑ 50
㉒ 20	㉓ 10	㉔ 20
㉕ 70	㉖ 40	㉗ 40

7일차 플러스 계산 연습 154~155쪽

1 10 **2** 70 **3** 10
4 40 **5** 10 **6** 50
7 10 **8** 80 **9** 30
10 30 **11** 30 **12** 20
13 10 **14** 20
15 30 **16** 20
17 20 **18** 40
19 40 **20** 40
21 20 **22** 30
23 30 **24** 20, 50
25 20 **26** 50, 10

19 $$\begin{array}{r} 60 \\ -20 \\ \hline 40 \end{array}$$

20 $$\begin{array}{r} 50 \\ -10 \\ \hline 40 \end{array}$$

21 $$\begin{array}{r} 40 \\ -20 \\ \hline 20 \end{array}$$

22 $$\begin{array}{r} 80 \\ -50 \\ \hline 30 \end{array}$$

24 (남은 사탕 수)=(처음 사탕 수)−(먹은 사탕 수)
=70−20=50(개)

26 (남은 연필 수)=(처음 연필 수)−(판 연필 수)
=60−50=10(자루)

8일차 기초 계산 연습 156~157쪽

❶ 33	❷ 27	❸ 25
❹ 12	❺ 23	❻ 16
❼ 41	❽ 34	❾ 17
❿ 15	⓫ 26	⓬ 13
⓭ 29	⓮ 28	⓯ 44
⓰ 27	⓱ 25	⓲ 27
⓳ 29	⓴ 31	㉑ 33
㉒ 12	㉓ 45	㉔ 12
㉕ 34	㉖ 35	㉗ 24

8일차 플러스 계산 연습 158~159쪽

1 14 **2** 25 **3** 26
4 13 **5** 27 **6** 23
7 46 **8** 38 **9** 45
10 29 **11** 48 **12** 31
13 9 **14** 19
15 16 **16** 37
17 43 **18** 35
19 24 **20** 12
21 18 **22** 13
23 20, 16 **24** 30, 15
25 35 **26** 70, 17
27 49 **28** 10, 36

23 $$\begin{array}{r} 36 \\ -20 \\ \hline 16 \end{array}$$

24 $$\begin{array}{r} 45 \\ -30 \\ \hline 15 \end{array}$$

25 $$\begin{array}{r} 55 \\ -20 \\ \hline 35 \end{array}$$

26 $$\begin{array}{r} 87 \\ -70 \\ \hline 17 \end{array}$$

27 $$\begin{array}{r} 79 \\ -30 \\ \hline 49 \end{array}$$

28 $$\begin{array}{r} 46 \\ -10 \\ \hline 36 \end{array}$$

9일차 기초 계산 연습 160~161쪽

❶ 32	❷ 23	❸ 14
❹ 21	❺ 23	❻ 44
❼ 16	❽ 21	❾ 12
❿ 24	⓫ 24	⓬ 3
⓭ 42	⓮ 22	⓯ 31
⓰ 61	⓱ 15	⓲ 31
⓳ 13	⓴ 34	㉑ 20
㉒ 2	㉓ 12	㉔ 13
㉕ 22	㉖ 34	㉗ 13

9일차 플러스 계산 연습 162~163쪽

1 5 **2** 14 **3** 4
4 33 **5** 10 **6** 3
7 46 **8** 45 **9** 26
10 13 **11** 36 **12** 32
13 10 **14** 16
15 11 **16** 14
17 15 **18** 42
19 82 **20** 52
21 15 **22** 23
23 21 **24** 21
25 44 **26** 21
27 11, 21 **28** 15, 12

23 $\begin{array}{r} 67 \\ -46 \\ \hline 21 \end{array}$ **24** $\begin{array}{r} 36 \\ -15 \\ \hline 21 \end{array}$

25 (남은 귤 수)=(처음 귤 수)−(먹은 귤 수)
=58−14=44(개)

26 (남은 딸기 수)=(처음 딸기 수)−(먹은 딸기 수)
=46−25=21(개)

27 (남은 사과 수)=(처음 사과 수)−(먹은 사과 수)
=32−11=21(개)

28 (남은 감 수)=(처음 감 수)−(먹은 감 수)
=27−15=12(개)

10일차 기초 계산 연습 164~165쪽

❶ 43	❷ 14	❸ 42
❹ 10	❺ 62	❻ 14
❼ 52	❽ 41	❾ 1
❿ 21	⓫ 22	⓬ 10
⓭ 33	⓮ 11	⓯ 33
⓰ 36	⓱ 4	⓲ 40
⓳ 44	⓴ 23	㉑ 31
㉒ 33	㉓ 13	㉔ 10
㉕ 21	㉖ 32	㉗ 24

10일차 플러스 계산 연습 166~167쪽

1 14 **2** 11 **3** 16
4 14 **5** 25 **6** 52
7 50 **8** 81 **9** 23
10 26 **11** 24 **12** 51
13 43 **14** 51
15 42 **16** 63
17 53 **18** 32
19 12 **20** 22
21 22 **22** 34
23 15, 31 **24** 13, 10
25 32 **26** 23
27 25, 43 **28** 14, 13

23 $\begin{array}{r} 46 \\ -15 \\ \hline 31 \end{array}$ **24** $\begin{array}{r} 23 \\ -13 \\ \hline 10 \end{array}$

25 (남은 과자 수)=(처음 과자 수)−(먹은 과자 수)
=55−23=32(개)

26 (남은 초콜릿 수)=(처음 초콜릿 수)
−(먹은 초콜릿 수)
=35−12=23(개)

27 (남은 사탕 수)=(처음 사탕 수)−(먹은 사탕 수)
=68−25=43(개)

28 (남은 빵 수)=(처음 빵 수)−(먹은 빵 수)
=27−14=13(개)

평가 SPEED 연산력 TEST 168~169쪽

① 15	② 26	③ 77
④ 46	⑤ 69	⑥ 60
⑦ 75	⑧ 69	⑨ 57
⑩ 51	⑪ 40	⑫ 24
⑬ 26	⑭ 41	⑮ 23
⑯ 19	⑰ 37	⑱ 86
⑲ 97	⑳ 80	㉑ 70
㉒ 79	㉓ 88	㉔ 57
㉕ 22	㉖ 40	㉗ 48
㉘ 31	㉙ 71	㉚ 32

16 $14+5=19$ **17** $33+4=37$ **18** $3+83=86$

19 $6+91=97$ **20** $40+40=80$ **21** $50+20=70$

22 $55+24=79$ **23** $73+15=88$ **24** $22+35=57$

25 $27-5=22$ **26** $90-50=40$ **27** $88-40=48$

28 $57-26=31$ **29** $94-23=71$ **30** $89-57=32$

특강 문장제 문제 도전하기 170~173쪽

1 37 ; 25, 37 ; 37 **2** 39 ; 16, 39 ; 39
3 54 ; 21, 54 ; 54 **4** 15, 24, 39
5 12, 37, 49 **6** 15, 31, 46
7 13 ; 14, 13 ; 13 **8** 12 ; 21, 12 ; 12
9 22 ; 31, 22 ; 22 **10** 58, 18, 40
11 39, 27, 12 **12** 44, 31, 13

1 $12+25=37$ **2** $23+16=39$ **3** $33+21=54$

4 $15+24=39$ **5** $12+37=49$ **6** $15+31=46$

7 $27-14=13$ **8** $33-21=12$ **9** $53-31=22$

10 $58-18=40$ **11** $39-27=12$ **12** $44-31=13$

특강 창의·융합·코딩·도전하기 174~175쪽

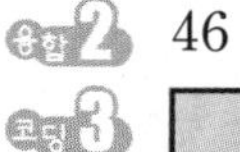
창의 1 24, 23, 25 ; 석진
융합 2 46
코딩 3 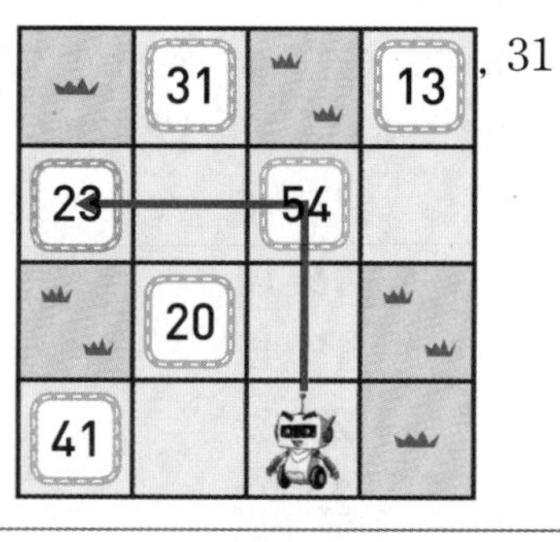, 31

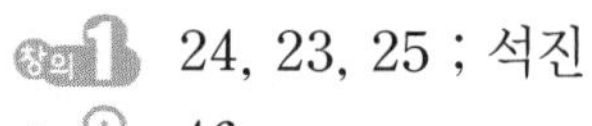

창의 1 민희: $36-12=24$ 주희: $38-15=23$ 석진: $47-22=25$

➔ 탕수육을 먹을 수 있는 사람은 쿠폰을 25장 가지고 있는 석진입니다.

융합 2 (상자의 무게)$=34+12=46$

코딩 3 로봇이 주운 수 카드에 적힌 두 수: 54, 23
➔ $54-23=31$

개념 OX 퀴즈 정답

기본기와 서술형을 한 번에, 확실하게
수학 자신감은 덤으로!

수학리더 시리즈 (초1 ~ 6 / 학기용)

[연산]
(*예비초~초6/총14단계)

[개념]

[기본]

[유형]

[기본 + 응용]

[응용·심화]

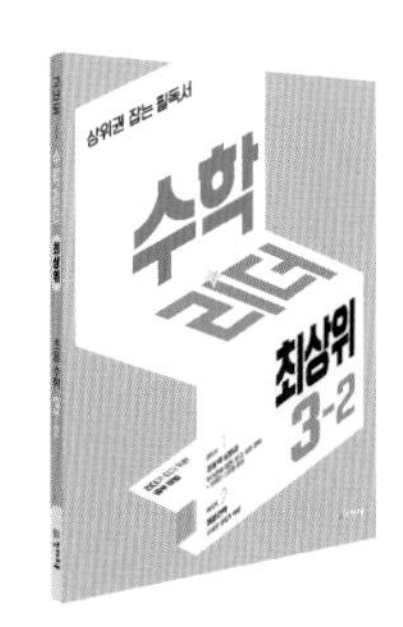

[최상위]
(*초3~6)

정답은
이 안에
있어!

시험 대비교재

올백 전과목 단원평가	1~6학년/학기별 (1학기는 2~6학년)
HME 수학 학력평가	1~6학년/상·하반기용
HME 국어 학력평가	1~6학년

논술·한자교재

YES 논술	1~6학년/총 24권
천재 NEW 한자능력검정시험 자격증 한번에 따기	8~5급(총 7권) / 4급~3급(총 2권)

영어교재

READ ME	
– Yellow 1~3	2~4학년(총 3권)
– Red 1~3	4~6학년(총 3권)
Listening Pop	Level 1~3
Grammar, ZAP!	
– 입문	1, 2단계
– 기본	1~4단계
– 심화	1~4단계
Grammar Tab	총 2권
Let's Go to the English World!	
– Conversation	1~5단계, 단계별 3권
– Phonics	총 4권

예비중 대비교재

천재 신입생 시리즈	수학 / 영어
천재 반편성 배치고사 기출 & 모의고사	